Maximilian Selinka
Jörg Stark

Training Intensiv

Analysis

Mathematik

Klett Lerntraining

Dr. Maximilian Selinka, langjähriger Schulbuchautor, ist Lehrer für Mathematik und Physik an einem Gymnasium, Fachberater für Mathematik und Ausbilder für Schulpädagogik.

Jörg Stark, langjähriger Schulbuchautor, war Gymnasiallehrer für Mathematik und Physik und als Fachleiter für Mathematik am Seminar für Schulpädagogik in der Lehrerausbildung und Lehrerfortbildung tätig.

Bibliografische Information der Deutschen Bibliothek
Die Deutsche Bibliothek verzeichnet diese Publikation in der Deutschen Nationalbibliografie; detaillierte bibliografische Daten sind im Internet über http://dnb.ddb.de abrufbar.

Auflage 5. 4. 3. | 2014 2013 2012
Die letzten Zahlen bezeichnen jeweils die Auflage und das Jahr des Druckes.
Dieses Werk folgt der neuesten Rechtschreibung und Zeichensetzung. Ausnahmen bilden Texte, bei denen künstlerische, philologische, lizenzrechtliche oder andere Gründe einer Änderung entgegenstehen.

Internetadresse: www.klett.de/lernhilfen
Umschlaggestaltung: Sabine Kaufmann
Satz: DTP-studio Andrea Eckhardt, Göppingen
Druck: Medienhaus Plump, Rheinbreitbach
Printed in Germany
ISBN 978-3-12-927169-8

9 783129 271698

Einleitung

Gleichungen

Funktionen und ihre Graphen

Differentialrechnung

Integralrechnung

Erläuterungen zum Aufbau von Analysis-Aufgaben in der schriftlichen Abiturprüfung

Die Analysis besteht aus den beiden großen Gebieten Differential- und Integralrechnung. Wichtigster Begriff der Differentialrechnung ist die **Ableitung** mit der geometrischen Deutung als **Tangentensteigung**. In der Integralrechnung ist das **Integrieren** die wichtigste Tätigkeit mit der Interpretation der Berechnung eines **Flächeninhalts**.

Seit einigen Jahren zeigen sich in den Mathematik-Lehrplänen deutliche Akzentverschiebungen bei den Begriffsbildungen. So ist heute die Deutung der **Ableitung als lokale Änderungsrate** wichtiger Bestandteil des Unterrichts. Entsprechendes gilt für das Integral, mit dem man den Wert einer Größe aus ihrer Änderungsrate und einem Anfangswert zurückgewinnen kann. Dieser Sachverhalt wird mit den Worten **Rekonstruktion eines Bestandes aus Änderungen** umschrieben.

Im Zusammenhang mit diesen anwendungsorientierten Interpretationen wichtiger Begriffe ist die Untersuchung **realitätsnaher Probleme** durch mathematische **Modelle** zu sehen. Hier geht es darum, konkrete Situationen durch geeignete Funktionen zu beschreiben und zu untersuchen.

Die zur Verfügung stehenden Funktionsklassen sind durch die Bildungspläne vorgeschrieben. Diese sind:
- ganzrationale Funktionen,
- gebrochenrationale Funktionen,
- Exponentialfunktionen,
- Sinus- und Kosinusfunktionen

und ihre einfachen Verknüpfungen und Verkettungen.
In einigen Bundesländern kommen noch Logarithmusfunktionen hinzu.

Alle diese Inhalte und Aspekte sind natürlich untereinander vernetzt und kommen in den Aufgaben zur schriftlichen Abiturprüfung vor. Überblickt man aber die Aufgaben aller Bundesländer aus den letzten Jahren, erkennt man dennoch gewisse **Grundstrukturen** in den Aufgaben. Diese sind:

Innermathematische Aufgaben:

1) Gegeben ist eine **Funktion**.
   Die Aufgabe besteht z. B. in der Untersuchung dieser Funktion; Lösen einer Extremwertaufgabe; Bestimmung eines Flächeninhalts.

2) Gegeben ist eine **Funktionenschar**.
   Die Aufgabe besteht z. B. in der Untersuchung der Schar; Bestimmung des Parameters aus einer Bedingung; Ermittlung einer Ortslinie; Lösen einer Extremwertaufgabe; Bestimmung eines Flächeninhaltes.

Anwendungsorientierte Aufgaben:

3) Ein Sachverhalt kann durch eine **vorgegebene Funktion modelliert** werden.
Gesucht sind die Lösungen **sachbezogener Fragestellungen** in diesem Modell.
Es geht also wesentlich darum, erlerntes mathematisches Wissen sinnvoll einzusetzen.
Wird z. B. die Konzentration eines Medikaments durch eine Funktion modelliert, kann der Zeitpunkt des stärksten Medikamentenabbaus mithilfe des Ableitungsbegriffs ermittelt werden.

4) Die **Änderungsrate eines Bestandes** kann durch eine vorgegebene Funktion modelliert werden. Diese Funktion kann zunächst untersucht werden.
Berechnung des Bestandes zu einem Zeitpunkt durch Integration.

5) Ein vorgegebener Sachverhalt wie der Verlauf einer Straße oder die Form eines Gefäßes soll **modelliert** werden; **Aufstellen verschiedener Modelle** mithilfe von Funktionen; Vergleich der Modelle.

Lerneinheiten

Ganzrationale Gleichungen

In dieser Lerneinheit üben Sie
Standardtechniken zur Bestimmung der exakten Lösungen einer ganzrationalen Gleichung.

Gleichungen wie $3x^2 + \frac{3}{4}x - 10 = 0$ oder $2x^4 - \frac{5}{3}x^3 + \frac{1}{4}x - 8 = 0$ sind **ganzrationale Gleichungen.**

1. Für eine quadratische Gleichung in der **abc-Form** $ax^2 + bx + c = 0$ erhält man die Lösungen mit den **abc-Formeln:** $x_1 = \frac{-b + \sqrt{b^2 - 4ac}}{2a}$; $x_2 = \frac{-b - \sqrt{b^2 - 4ac}}{2a}$.
   So wird z.B. die Gleichung $x(2x-3) = 10x(1-2x) - 1$ zuerst **vereinfacht** zu $22x^2 - 13x + 1 = 0$ und dann mit den abc-Formeln gelöst:
   Mit $a = 22$, $b = -13$ und $c = 1$ ergeben sich die **Lösungen** $x_1 = \frac{1}{2}$, $x_2 = \frac{1}{11}$.

2. Ist der höchste Exponent von x in der Gleichung größer als 2, kann man eine solche Gleichung nur in **Sonderfällen** exakt lösen.
   a) Bei der Gleichung $x^3 - 3x^2 = 0$ fehlt das Absolutglied und man kann **ausklammern:** $x^2(x-3) = 0$.
   Nach dem **Satz vom Nullprodukt** ist dann $x^2 = 0$ oder $x - 3 = 0$.
   Damit hat die gegebene Gleichung die Lösungen 0 und 3.
   b) Aus der Gleichung $x^4 - 6x^2 + 8 = 0$ wird durch die **Substitution** $x^2 = z$ die Gleichung $z^2 - 6z + 8 = 0$ mit den Lösungen $z_1 = 4$; $z_2 = 2$. Rücksubstitution: $x^2 = 4$ ergibt $x_1 = 2$; $x_2 = -2$ und $x^2 = 2$ ergibt $x_3 = \sqrt{2}$; $x_4 = -\sqrt{2}$.

Aufgabe 1 | Lösung S. 118

Lösen Sie die Gleichung.

a) $3x^2 - 4x - 4 = 0$

b) $2x^2 - 3 = 5x$

c) $x(6x^2 + 6x - 13) = 6(x^3 - 1)$

d) $x^4 + 2x + 5 = x^2(x^2 + 1)$

Aufgabe 2

Lösen Sie die Gleichung durch Ausklammern.

a) $x^3 - 8x^2 = 0$

b) $2x^3 + 7x^2 + 3x = 0$

c) $4x^4 - 21x^3 - 18x^2 = 0$

d) $2x^3(x^2 + 5) = 5x^3(x+7)$

Aufgabe 3

Bestimmen Sie die Lösungsmenge der Gleichung durch Substitution.

a) $x^4 - 3x^2 - 4 = 0$

b) $x^4 + 14 = 9x^2$

c) $9x^5 + 11x^3 = 48x$

d) $x^8 + x^4 = 18x^4 - 16$

Aufgabe 4

Bestimmen Sie die Nullstellen der Funktion f.

a) $f(x) = x(x-4)(x+9)$

b) $f(x) = 2x^2 - 3x - 9$

c) $f(x) = x^4 - 13x^2 - 48$

d) $f(x) = 4x^4 - 29x^3 + 7x^2$

Aufgabe 5

Informieren Sie sich über das Verfahren der so genannten Polynomdivision.
Bestimmen Sie mit der Polynomdivision die weiteren Lösungen der Gleichung.

a) $x^3 - 2x^2 - 9x + 18 = 0$; Lösung: 2

b) $3x^3 + x^2 - 62x + 40 = 0$; Lösung: 4

c) $x^4 + 3x^3 - 4x^2 - 12x = 0$; Lösung: -3

Das müssen Sie wissen:

Schreibweisen

- **abc-Formeln**
  Die quadratische Gleichung in der abc-Form $ax^2 + bx + c = 0$ hat die **Lösungen**
  $x_1 = \frac{-b + \sqrt{b^2 - 4ac}}{2a}$; $x_2 = \frac{-b - \sqrt{b^2 - 4ac}}{2a}$.
- Die Gleichung $x^2 + 6x + 5 = 0$ hat die Lösungen $x_1 = -1$; $x_2 = -5$.
  Für die zugehörige **Lösungsmenge** schreibt man $L = \{-1; -5\}$.

Standardtechniken

- Quadratische Gleichung:
  Auf **abc-Form** bringen, dann **abc-Formeln** anwenden
- Gleichung hat kein Absolutglied:
  Ausklammern, Satz vom Nullprodukt
- Gleichung hat die Form $ax^4 + bx^2 + c = 0$:
  Substitution $x^2 = z$ liefert eine quadratische Gleichung in z; diese lösen und dann die Substitution rückgängig machen.

Bruchgleichungen

In dieser Lerneinheit üben Sie
die Standardtechnik zur Bestimmung der exakten Lösungen einer Bruchgleichung.

Eine Gleichung wie $\frac{7}{x-5} = \frac{2}{x}$ mit der Variablen x im Nenner einzelner Bruchterme heißt **Bruchgleichung.**
Um zu verhindern, dass die Nenner null werden, muss zunächst die **Definitionsmenge** der Bruchgleichung bestimmt werden: $D = \mathbb{R} \setminus \{0; 5\}$.

Multipliziert man die Bruchgleichung mit dem **Hauptnenner** $x(x-5)$ durch, ergibt sich die bruchtermfreie Gleichung $7x = 2(x-5)$ mit der Lösung -2.
Da diese Lösung zur Definitionsmenge der Bruchgleichung gehört, hat die gegebene Bruchgleichung die Lösung -2.

Die Bruchgleichung $\frac{6}{x(x-3)} = \frac{2}{x-3}$ hat die Definitionsmenge $D = \mathbb{R} \setminus \{0; 3\}$ und den Hauptnenner $x(x-3)$. Aus der bruchtermfreien Gleichung $6 = 2x$ folgt $x = 3$.
Da aber 3 nicht zur Definitionsmenge gehört, hat die gegebene Bruchgleichung keine Lösung und es gilt: $L = \{\ \}$.

Aufgabe 1 | Lösung S. 120

Geben Sie die Definitionsmenge an und bestimmen Sie dann die Lösungen.

a) $\frac{3}{x} + \frac{4x+1}{x} = 5$ b) $\frac{3+x}{x^2} + \frac{2x+3}{x^2} = 3$ c) $\frac{x^2-x}{x} = 2$

d) $\frac{2}{x+1} - \frac{x}{x+1} = 3$ e) $\frac{x^2+3}{x^2-4} + \frac{2x+3}{x-2} = 3$ f) $\frac{2x^2-7x+6}{2x-3} = 0$

Aufgabe 2

Bestimmen Sie die Lösungsmenge.

a) $\frac{x^2+3x+2}{x(x-1)} = \frac{2}{x} + \frac{4}{x(x-1)}$ b) $\frac{2}{x+1} - \frac{x}{x+1} = 2x$ c) $\frac{3x-1}{x^2-4x+3} = \frac{2x-2}{x-3}$

Aufgabe 3

Bestimmen Sie die Lösungsmenge.

a) $\frac{2}{x-1} = \frac{3x-1}{x-1}$ b) $\frac{1}{(x+1)(x+2)} = \frac{1}{x(x+2)} - \frac{1}{x(x+1)}$

c) $\frac{1}{x+2} + \frac{1}{x-2} = \frac{4}{x^2-4}$

Aufgabe 4

In der Physik bezeichnet man bei einer Linse die Gegenstandsweite mit g, die Bildweite mit b und die Brennweite mit f. Man erhält ein scharfes Bild, wenn die sogenannte „Linsengleichung" erfüllt ist:

$$\frac{1}{g} + \frac{1}{b} = \frac{1}{f}.$$

Lösen Sie die Linsengleichung nach g, nach b und nach f auf.

Aufgabe 5

Für einen geraden Kreiskegel mit dem Grundkreisradius r, der Höhe h und der Mantellinie s gilt für das Volumen V und den Oberflächeninhalt O:

$$V = \frac{1}{3}\pi r^2 \cdot h; \quad O = \pi r^2 + \pi r \cdot s.$$

a) Lösen Sie die Gleichung für das Volumen nach h und nach r auf.

b) Lösen Sie die Gleichung für den Oberflächeninhalt nach s und nach r auf.

Das müssen Sie wissen:

Standardtechnik zum Lösen einer Bruchgleichung

1. **Definitionsmenge** der Bruchgleichung bestimmen
2. Bruchgleichung mit dem **Hauptnenner** multiplizieren und die entstehende (bruchtermfreie) Gleichung lösen
3. **Überprüfen**, ob die Lösungen der bruchtermfreien Gleichung zur Definitionsmenge der Bruchgleichung gehören

Exponentialgleichungen

In dieser Lerneinheit üben Sie
Standardtechniken zur Bestimmung der Lösungen einer Exponentialgleichung.

Eine Gleichung wie $2{,}05^x = 6$ mit der **Basis** 2,05 und der Variablen x im **Exponenten** heißt **Exponentialgleichung**. Die Auflösung nach x gelingt, wenn man beide Seiten der Gleichung logarithmiert und das **Logarithmengesetz** $\log(a^b) = b \cdot \log(a)$ anwendet. Denn hierdurch wird die Variable x „nach unten geholt".

1. Exponentialgleichung mit **beliebiger Basis**

$$2{,}05^x = 6$$

$\log(2{,}05^x) = \log(6)$ Beide Seiten der Gleichung wurden logarithmiert.

$x \cdot \log(2{,}05) = \log(6)$ Das Logarithmengesetz wurde angewandt.

$$x = \frac{\log(6)}{\log(2{,}05)} \approx 2{,}5$$

2. **Sonderfall: Basis e** (EULERsche Zahl $e \approx 2{,}718$)

$$e^{2x+3} = 5$$

$$\ln(e^{2x+3}) = \ln(5)$$

$$(2x+3) \cdot \ln(e) = \ln(5)$$

Da $\ln(e) = 1$ ist, ergibt sich $2x + 3 = \ln(5)$; hieraus folgt $x = \frac{1}{2} \cdot [\ln(5) - 3] \approx -0{,}695$.

3. Bei komplizierteren Exponentialgleichungen helfen die gleichen Techniken wie bei ganzrationalen Gleichungen, um einfachere Gleichungen zu erhalten: **Vereinfachen, Ausklammern, Substitution.**

Vereinfachen:
Aus $5 \cdot e^{x-2} = 10$ folgt $e^{x-2} = 2$ und somit $x - 2 = \ln(2)$ bzw. $x = 2 + \ln(2)$.

Ausklammern und Satz vom Nullprodukt:
Aus $3e^{2x} = 4e^x$ folgt $3e^{2x} - 4e^x = 0$ und hieraus $e^x(3e^x - 4) = 0$.
Da $e^x > 0$ ist für alle $x \in \mathbb{R}$, ergibt sich $3e^x - 4 = 0$ und somit $x = \ln\left(\frac{4}{3}\right)$.

Substitution:
Aus $e^{2x} + e^x - 6 = 0$ erhält man mit der Substitution $e^x = z$ die quadratische Gleichung $z^2 + z - 6 = 0$ mit den Lösungen 2 und -3.
Aus $e^x = 2$ folgt $x = \ln(2)$, während die Gleichung $e^x = -3$ unlösbar ist.

Aufgabe 1 | Lösung S. 122

Lösen Sie die Gleichung durch Logarithmieren.

a) $5^x = 14$ b) $100 \cdot 1{,}08^x = 500$ c) $20 \cdot 1{,}07^{2x-1} = 80$

Aufgabe 2

Bestimmen Sie die Lösung der Gleichung durch Logarithmieren.

a) $e^{3x} = 7{,}5$ b) $4e^{3x-2} = 7{,}5$ c) $3e^{5x-1} = 2e^{3x}$

Aufgabe 3

Bestimmen Sie die Lösung der Gleichung durch Ausklammern.

a) $\frac{2}{7}e^{2x} - 3e^x = 0$ b) $4e^{3x} = 3e^x$ c) $6e^{3x} = 3xe^{3x}$

Aufgabe 4

Bestimmen Sie die Lösung der Gleichung durch Substitution.

a) $e^{2x} - 12e^x + 27 = 0$ b) $8e^{2x} = 3 - 2e^x$ c) $e^{2x} = 3e^{x+1} - 2e^2$

Aufgabe 5

Bestimmen Sie die Schnittpunkte der Graphen der Funktionen f und g.

a) $f(x) = e^x$ und $g(x) = e^{x+1} - 1$ b) $f(x) = e^{2x+4}$ und $g(x) = 5e^x$

Das müssen Sie wissen:

Standardtechniken zum Lösen einer Exponentialgleichung

1. Exponentialgleichungen wie $1{,}05^x = 6$ oder auch $e^{2x+1} = 10$ löst man durch **Logarithmieren** beider Seiten und **Anwendung** von $\log(a^b) = b \cdot \log(a)$ bzw. $\ln(e^b) = b \cdot \ln(e) = b$ auf der linken Seite. Beachten Sie: Es ist $\mathbf{\ln(e) = 1}$ und $\mathbf{\ln(1) = 0}$.
2. Eine Exponentialgleichung wie $e^{2x} - 3e^x = 0$ löst man durch **Ausklammern**: $e^x(e^x - 3) = 0$. Da $\mathbf{e^x > 0}$ **für alle** $\mathbf{x \in \mathbb{R}}$, ergibt sich $e^x - 3 = 0$ und somit $x_1 = \ln(3)$.
3. Eine Exponentialgleichung wie $e^{2x} + e^x - 4 = 0$ löst man durch **Substitution**. Mit $e^x = z$ ist wegen $e^{2x} = (e^x)^2$ dann $e^{2x} = z^2$ und damit $z^2 + z - 4 = 0$.

Trigonometrische Gleichungen

In dieser Lerneinheit üben Sie
Standardtechniken zur Bestimmung der exakten Lösungen einer trigonometrischen Gleichung.

Eine Gleichung wie $\sin\left(x + \frac{\pi}{2}\right) = \frac{1}{2}\sqrt{2}$ heißt **trigonometrische Gleichung**.
Da trigonometrische Funktionen periodisch sind, sucht man meistens nur Lösungen in einem vorgegebenen Intervall.

Zur Bestimmung exakter Lösungen sind die folgenden Wertetabellen wichtig.

Für **sin(bx + c) = d** gilt für $0 \leqq x \leqq \frac{\pi}{2}$:

d	0	$\frac{1}{2}$	$\frac{1}{2}\sqrt{2}$	$\frac{1}{2}\sqrt{3}$	1
bx + c	0	$\frac{\pi}{6}$	$\frac{\pi}{4}$	$\frac{\pi}{3}$	$\frac{\pi}{2}$

Tabelle 1

Für **cos(bx + c) = d** gilt für $0 \leqq x \leqq \frac{\pi}{2}$:

d	1	$\frac{1}{2}\sqrt{3}$	$\frac{1}{2}\sqrt{2}$	$\frac{1}{2}$	0
bx + c	0	$\frac{\pi}{6}$	$\frac{\pi}{4}$	$\frac{\pi}{3}$	$\frac{\pi}{2}$

Tabelle 2

1. Für $\sin\left(\frac{1}{2}x\right) = \frac{1}{2}\sqrt{2}$ mit $0 \leqq x < 2\pi$ entnimmt man der **Tabelle 1**: $\frac{1}{2}x = \frac{\pi}{4}$, also $x_1 = \frac{\pi}{2}$.
   Weitere Lösungen erkennt man am **Graphen der Sinusfunktion:**
   Es ist auch $\frac{1}{2}x = \pi - \frac{\pi}{4} = \frac{3}{4}\pi$, also $x_2 = \frac{3}{2}\pi$.
   Die Lösungen sind also $\frac{\pi}{2}$ und $\frac{3}{2}\pi$.

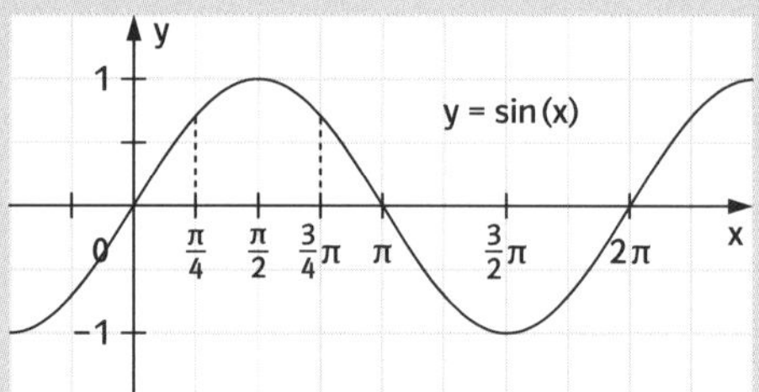

2. Lösung von komplizierteren trigonometrischen Gleichungen
   a) **Substitution:**
   Aus der Gleichung $2 \cdot \sin^2(x) - \sin(x) = 1$; $0 \leqq x < 2\pi$; erhält man mit $\sin(x) = z$ die quadratische Gleichung $2z^2 - z = 1$ mit den Lösungen $z_1 = 1$; $z_2 = -0{,}5$.
   Rücksubstitution: $\sin(x) = 1$ liefert $x_1 = \frac{\pi}{2}$; $\sin(x) = -0{,}5$ liefert $x_2 = \frac{7}{6}\pi$; $x_3 = \frac{11}{6}\pi$.
   Damit hat die gegebene Gleichung für $0 \leqq x < 2\pi$ die Lösungen $\frac{\pi}{2}; \frac{7}{6}\pi; \frac{11}{6}\pi$.
   b) **Anwendung der Formel** $\sin^2(x) + \cos^2(x) = 1$:
   Aus der Gleichung $\sin^2(x) + 4 \cdot \cos^2(x) = 4$; $0 \leqq x < 2\pi$; erhält man mit $\cos^2(x) = 1 - \sin^2(x)$ die Gleichung $\sin^2(x) + 4 \cdot [1 - \sin^2(x)] = 4$ und hieraus $-3 \cdot \sin^2(x) = 0$ bzw. $\sin^2(x) = 0$ mit den Lösungen 0 und π.
   Dies sind auch die Lösungen der gegebenen Gleichung für $0 \leqq x < 2\pi$.

Aufgabe 1 | Lösung S. 123

Bestimmen Sie die Lösungen der Gleichung im Interval $0 \leqq x < 2\pi$.

a) $\sin\left(\frac{1}{2}x\right) = \frac{1}{2}\sqrt{3}$

b) $\sin\left(\frac{1}{4}x\right) = \frac{1}{2}$

c) $2 \cdot \sin(2x - 1) = -1$

d) $\sin\left(\frac{\pi}{2}x - 1\right) = -\frac{1}{2}\sqrt{2}$

e) $\cos\left(\frac{1}{3}x\right) = \frac{1}{2}$

f) $\cos(2x + \pi) = \frac{1}{2}\sqrt{3}$

Aufgabe 2

Bestimmen Sie die Lösungen der Gleichung im angegebenen Intervall.

a) $\sin^2(x) + \sin(x) - 2 = 0; \quad 0 \leqq x < \pi$

b) $2 \cdot \sin^2(x) - 3 \cdot \sin(x) + 1 = 0; \quad 0 \leqq x < 2\pi$

c) $2 \cdot \cos^2(x) + 3 \cdot \cos(x) + 1 = 0; \quad -2\pi \leqq x < 0$

Aufgabe 3

Bestimmen Sie die Lösungen der Gleichung im Intervall $0 \leqq x < 2\pi$.

a) $2 \cdot \sin^2(x) = 3 \cdot \cos(x)$

b) $2 \cdot \sin^2(x) + 3 \cdot \cos^2(x) - 3 = 0$

c) $\cos^2(x) + 2 \cdot \sin(x) + 2 = 0$

Das müssen Sie wissen:

Standardtechniken zum Lösen einer trigonometrischen Gleichung

1. Trigonometrische Gleichungen der Form $\sin(bx + c) = d$ bzw. $\cos(bx + c) = d$ löst man mithilfe von **Tabelle 1** bzw. **Tabelle 2** und den **Graphen der Sinus- bzw. Kosinusfunktion.**

2. Lösungsverfahren für kompliziertere trigonometrische Gleichungen:
   a) **Substitution** $\sin(x) = z$ bzw. $\cos(x) = z$
   b) Anwendung der **Formel** $\sin^2(x) + \cos^2(x) = 1$
   Diese dient dazu, in der gegebenen Gleichung entweder $\sin^2(x)$ durch $1 - \cos^2(x)$ oder $\cos^2(x)$ durch $1 - \sin^2(x)$ zu ersetzen.

Logarithmusgleichungen

In dieser Lerneinheit üben Sie
Standardtechniken zur Bestimmung der Lösungen einer Logarithmusgleichung.

Eine Gleichung wie $\log_2(x+1) = 5$ heißt Logarithmusgleichung zur Basis 2. Von besonderem Interesse sind **Logarithmusgleichungen zur Basis e** wie $\ln(2x-1) = 1$. Die Auflösung nach x gelingt mit der Beziehung $e^{\ln(x)} = x$, d.h. indem man eine Gleichung auf beiden Seiten **„exponiert"**.

Bei komplizierteren Logarithmusgleichungen helfen die gleichen Techniken wie bei ganzrationalen Gleichungen, um einfachere Gleichungen zu erhalten:
Vereinfachen, Ausklammern, Substitution.

Vereinfachen:
Aus $1 - 2\cdot\ln(4x) = 0$ folgt $\ln(4x) = \frac{1}{2}$ und hieraus $4x = e^{\frac{1}{2}}$ bzw. $x = \frac{1}{4}\cdot e^{\frac{1}{2}} = \frac{1}{4}\sqrt{e}$.

Ausklammern:
Aus $[\ln(x-1)]^2 - 2\cdot\ln(x-1) = 0$ folgt $\ln(x-1)\cdot[\ln(x-1) - 2] = 0$.
Nach dem Satz vom Nullprodukt ist dann $\ln(x-1) = 0$ oder $\ln(x-1) - 2 = 0$.
Daraus ergibt sich $x-1 = 1$ oder $x-1 = e^2$, d.h. $x = 2$ oder $x = e^2+1 \approx 8{,}3891$.

Substitution:
Aus $[\ln(x)]^2 + 2\cdot\ln(x) - 8 = 0$ folgt mit der Substitution $\ln(x) = v$ die quadratische Gleichung $v^2 + 2v - 8 = 0$ mit den beiden Lösungen 2 und -4.
Aus $v = \ln(x) = 2$ folgt $x = e^2 \approx 7{,}3891$ und aus $v = \ln(x) = -4$ folgt $x = e^{-4} \approx 0{,}0183$.
Damit hat die Gleichung die beiden Lösungen e^2 und e^{-4}.

Aufgabe 1 | Lösung S. 125

Bestimmen Sie die Lösungen der Gleichung.

a) $\ln(2-3e^{-x}) = 0$ b) $\ln(2x-1) = 0$ c) $\ln(4-x^2) = 0$

Aufgabe 2

Bestimmen Sie die Lösungen der Gleichung.

a) $2 - \ln(3x) = 1$ b) $2 - \ln\left(\frac{1}{3}x^2\right) = 0$ c) $\ln(x^2) + 2\cdot\ln(x) = 3$

Aufgabe 3

Bestimmen Sie die Lösungen der Gleichung durch Ausklammern.

a) $x \cdot \ln(x) - 2 \cdot \ln(x) = 0$ b) $2x \cdot \ln(x+1) - 5 \cdot \ln(x+1) = 0$

Aufgabe 4

Bestimmen Sie die Lösungen der Gleichung durch Substitution.

a) $[\ln(x)]^2 - \ln(x) = 2$ b) $[\ln(2x)]^2 + \ln(2x) = 2$

c) $[\ln(x^2)]^2 + 8 = 6 \cdot \ln(x^2)$

Aufgabe 5

Für welche Werte von t hat die Gleichung Lösungen?

a) $\ln(x^2 + t) = 0$ b) $\ln \frac{1+x}{t-x} = 0$

Das müssen Sie wissen:

Standardtechniken zum Lösen einer Logarithmusgleichung

Logarithmusgleichungen wie $\ln(x+1) = 4$ löst man durch **Exponieren** beider Seiten und Anwendung von $e^{\ln(x)} = x$.

Kompliziertere Logarithmusgleichungen löst man durch **Vereinfachen**, **Ausklammern** und **Substitution**.

Lineare Gleichungssysteme

In dieser Lerneinheit üben Sie
die Standardtechnik zur Bestimmung der Lösungsmenge eines linearen **Gleichungssystems.**

Ein lineares Gleichungssystem (LGS) wird nach dem **GAUSS-Verfahren** zunächst durch **Äquivalenzumformungen** auf **Stufenform** gebracht.

Äquivalenzumformungen sind:
1) Vertauschen von Gleichungen,
2) Multiplikation einer Gleichung mit einer von null verschiedenen Zahl,
3) Addition von Gleichungen.

Aus der Stufenform kann dann die Lösungsmenge ermittelt werden, indem man die Stufen **von unten** nach oben **„hochrechnet"**.

Aus
$$\begin{aligned} x_1 + x_2 - 2x_3 &= -5 \quad (1)\\ x_1 + 2x_2 + x_3 &= 3 \quad (2)\\ 4x_1 + x_2 + x_3 &= 10 \quad (3)\end{aligned}$$
folgt
$$\begin{aligned} x_1 + x_2 - 2x_3 &= -5 \quad (1)\\ x_2 + 3x_3 &= 8 \quad (4) = (2) - (1)\\ 3x_2 - 9x_3 &= -30 \quad (5) = 4\cdot(1)-(3)\end{aligned}$$

und hieraus die Stufenform
$$\begin{aligned} x_1 + x_2 - 2x_3 &= -5 \quad (1)\\ x_2 + 3x_3 &= 8 \quad (4)\\ 18x_3 &= 54 \quad (6) = 3\cdot(4)-(5)\end{aligned}$$
.

Gleichung (6) ergibt $x_3 = 3$; aus (4) folgt dann $x_2 + 3\cdot 3 = 8$ und damit $x_2 = -1$.
Gleichung (1) ergibt dann $x_1 + (-1) - 2\cdot 3 = -5$ und somit $x_1 = 2$.
Die Lösung des LGS ist (2; −1; 3) und die Lösungsmenge ist $L = \{(2; -1; 3)\}$.
Ein LGS hat entweder **genau eine**, **keine** oder **unendlich** viele Lösungen.

$x_1 + x_2 - 3x_3 = 5$	$x_1 + 2x_2 - x_3 = -1$	$-x_1 + x_2 - 8x_3 = 4$
$x_2 + x_3 = 1$	$5x_2 + x_3 = 2$	$x_2 - 3x_3 = -1$
$x_3 = 4$	$0x_3 = 1$	$0x_3 = 0$
genau eine Lösung	keine Lösung	unendlich viele Lösungen
$L = \{(20; -3; 4)\}$	$L = \{\ \}$	$L = \{(-5t-5; 3t-1; t), t \in \mathbb{R}\}$
	Die letzte Gleichung ist vom Typ $0 = 1$.	Setzt man $x_3 = t$, erhält man x_2 und x_1 auch in Abhängigkeit von t.

Aufgabe 1 | Lösung S. 126

Bestimmen Sie die Lösung des linearen Gleichungssystems.

a) $2x_1 - x_2 = 11$
$4x_1 + 2x_2 = 2$

b) $3x_1 - 4x_2 = 12$
$21x_1 + 24x_2 = -46$

c) $4x_1 + 5x_2 = 8$
$5x_1 - 9x_2 = 16$

d) $x_1 - 4x_2 - x_3 = 1$
$x_1 + 2x_2 + 2x_3 = 7$
$3x_1 + 8x_2 - 2x_3 = -4$

e) $3x_1 - 2x_2 - x_3 = -28$
$x_1 + 2x_3 = 18$
$x_1 + 2x_2 = 10$

f) $3x_1 - 4x_2 + 2x_3 = -15$
$3x_2 - 5x_3 = -14$
$-3x_1 + 3x_3 = 22$

Aufgabe 2

Bestimmen Sie die Lösungsmenge.

a) $x_1 - 2x_2 - x_3 = -4$
$3x_1 + 4x_2 - 8x_3 = 8$
$2x_1 + x_2 - \frac{9}{2}x_3 = 2$

b) $x_1 + x_2 + 2x_3 = 6$
$2x_1 - x_2 - x_3 = -5$
$4x_1 + x_2 + 3x_3 = 6$

c) $3x_1 - 4x_2 + 5x_3 = 16$
$x_1 + 2x_2 = -3$
$x_1 - 6x_2 + 4x_3 = 17$

Aufgabe 3

Für welche Werte von t hat das LGS genau eine Lösung? Geben Sie für diesen Fall die Lösung in Abhängigkeit von t an.

a) $2x_1 - x_2 = 7$
$tx_1 + 2x_2 = 5$

b) $tx_1 + 2tx_2 = 5$
$3x_1 + 8x_2 = 9$

c) $2x_1 - tx_2 = 3$
$2tx_1 - x_2 = 10$

Das müssen Sie wissen:

Standardtechnik zum Lösen eines linearen Gleichungssystems

Das LGS wird zunächst nach dem **GAUSS-Verfahren** auf Stufenform gebracht; dann löst man die letzte Gleichung und ermittelt schließlich die anderen Variablen durch Einsetzen.
Ein LGS hat **genau eine**, **keine** oder **unendlich viele** Lösungen.
Welcher Fall vorliegt, erkennt man an der letzten Gleichung in der Stufenform.
Hat das LGS unendlich viele Lösungen, ersetzt man in der Stufenform eine Variable durch t und schreibt dann die anderen Variablen auch in Abhängigkeit von t.

Ganzrationale Funktionen

In dieser Lerneinheit üben Sie
wichtige Eigenschaften ganzrationaler Funktionen zu erkennen und anzuwenden.

Eine Funktion f mit $f(x) = a_n x^n + a_{n-1} x^{n-1} + \ldots + a_1 x + a_0$; $a_n \neq 0$; $n \in \mathbb{N}$ heißt **ganzrationale Funktion n-ten Grades.** Die Definitionsmenge ist $D = \mathbb{R}$.
Eine ganzrationale Funktion vom Grad n hat **höchstens n** Nullstellen.
Lässt sich f(x) in der Form $f(x) = (x - x_1)^r \cdot g(x)$ mit $r \in \mathbb{N}^*$ schreiben, heißt x_1 eine **r-fache Nullstelle.**
Das **Verhalten der Funktionswerte** von f für $x \to +\infty$ bzw. $x \to -\infty$ wird von dem Summanden $\boldsymbol{a_n x^n}$ bestimmt.

Der Graph einer ganzrationalen Funktion mit
- **nur geraden** Potenzen ist **achsensymmetrisch** zur y-Achse,
- **nur ungeraden Potenzen** ist **punktsymmetrisch** zum Ursprung O(0 | 0).

Die ganzrationale Funktion f mit
$f(x) = x^3 - 4x^2 + 4x$ hat den Grad 3.
Wegen $f(x) = x^3 - 4x^2 + 4x$
$= x(x^2 - 4x + 4) = x(x-2)^2$
hat f an der Stelle 0 eine einfache und an der Stelle 2 eine zweifache bzw. doppelte Nullstelle. An der Stelle 2 berührt der Graph von f die x-Achse.
Das Verhalten für $x \to \pm\infty$ wird durch den Summanden x^3 bestimmt:
Für $x \to +\infty$ strebt $f(x) \to +\infty$;
für $x \to -\infty$ strebt $f(x) \to -\infty$.
Fig. 1 zeigt den Graphen von f.

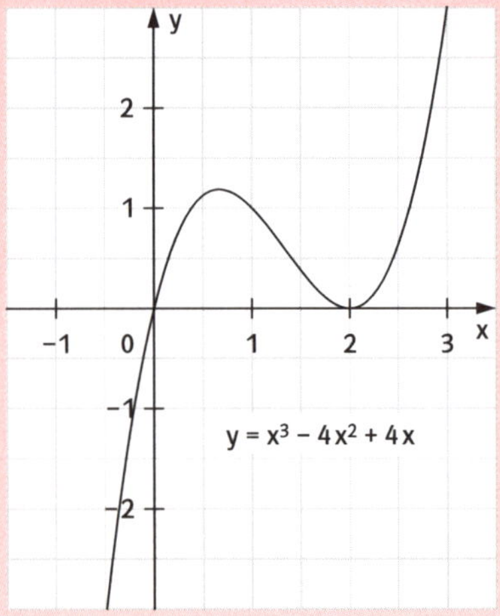

Fig. 1

Aufgabe 1 | Lösung S. 128

Geben Sie möglichst viele Eigenschaften der Funktion f an. Skizzieren Sie damit dann den Graphen von f.

a) $f(x) = 2x^2(x+2)$
b) $f(x) = -\frac{1}{2}x(x-3)^2$
c) $f(x) = \frac{1}{4}x^2(x-4)^2$
d) $f(x) = \frac{1}{5}(x-2)^3(x+1)$
e) $f(x) = \frac{1}{15}(x-1)(x^2-9)$
f) $f(x) = \frac{1}{4}(x-2)^2(x+2)^2$

Aufgabe 2

Berechnen Sie die Nullstellen und geben Sie das Verhalten für $x \to \pm\infty$ an.

a) $f(x) = x^3 - 5x^2 + 6x$

b) $f(x) = -\frac{1}{2}x^4 + \frac{3}{2}x^2 + 2$

Aufgabe 3

Es ist f eine Funktion vom Grad 3 mit den einfachen Nullstellen −3, 1 und 4. Der Graph von f geht durch den Punkt P(2 | 2). Ermitteln Sie einen möglichen Funktionsterm von f.

Aufgabe 4

Fig. 1 und Fig. 2 zeigen Graphen ganzrationaler Funktionen.
Ermitteln Sie jeweils einen möglichen Funktionsterm.

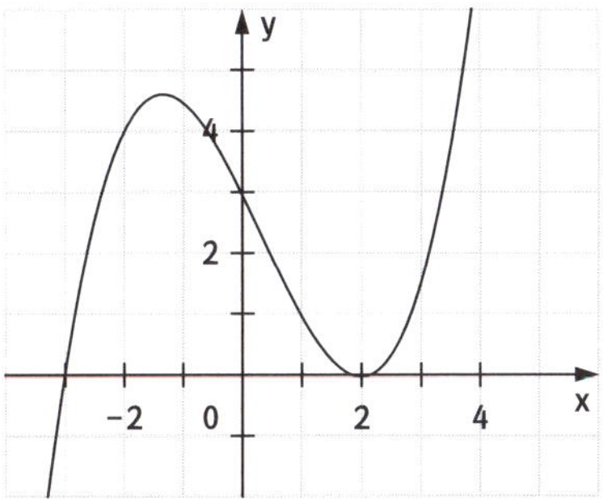

Fig. 1

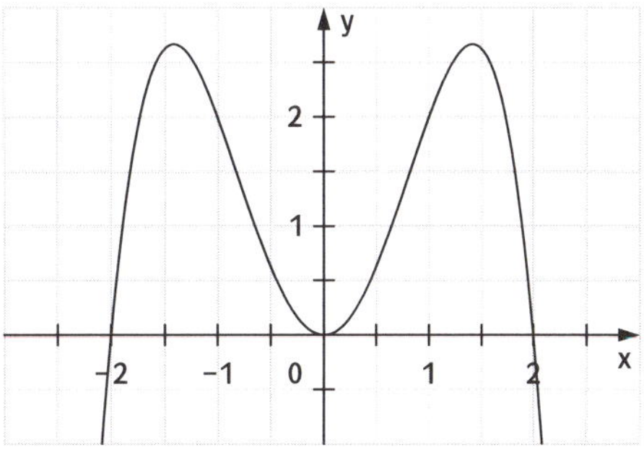

Fig. 2

Das müssen Sie wissen:

Wichtige Eigenschaften ganzrationaler Funktionen

- **Termdarstellung:** $f(x) = a_n x^n + a_{n-1}x^{n-1} + \ldots + a_1 x + a_0;\ a_n \neq 0;\ n \in \mathbb{N}$
- n heißt **Grad** der ganzrationalen Funktion
- Eine ganzrationale Funktion n-ten Grades hat **höchstens n Nullstellen.**
- Lässt sich f(x) schreiben in der Form $f(x) = (x - x_1)^r \cdot g(x)$, heißt x_1 **r-fache Nullstelle.**
- Das **Verhalten von f** für $x \to +\infty$ bzw. $x \to -\infty$ wird durch $\mathbf{a_n x^n}$ bestimmt.
- f(x) hat **nur gerade** Potenzen: Der Graph ist **achsensymmetrisch zur y-Achse.**
- f(x) hat **nur ungerade** Potenzen: Der Graph ist **punktsymmetrisch zum Ursprung.**

Gebrochenrationale Funktionen

In dieser Lerneinheit üben Sie,
wichtige Eigenschaften gebrochenrationaler Funktionen zu erkennen und anzuwenden.

Eine Funktion f mit $f(x) = \frac{p(x)}{q(x)}$, wobei p(x) und q(x) ganzrationale Terme sind, heißt **gebrochenrationale** Funktion. Die Definitionsmenge ist $D = \mathbb{R} \setminus \{x \mid q(x) = 0\}$.

Gilt $q(x_1) = 0$, aber $p(x_1) \neq 0$, so nennt man x_1 eine **Polstelle** und sagt:
Die Funktion f hat an der Stelle x_1 einen **Pol**.
Die Gerade mit der Gleichung $x = x_1$ ist **senkrechte Asymptote.**

Das **Verhalten von f(x) für $x \to \pm\infty$** wird durch den Zählergrad n und den Nennergrad m bestimmt:
Ist $n < m$, so ist die x-Achse waagrechte Asymptote.
Ist $n = m$, so ist eine Parallele zur x-Achse waagrechte Asymptote.
Ist $n = m + 1$, so gibt es eine schiefe Asymptote, die man durch Division erhält.

Typische Graphen:

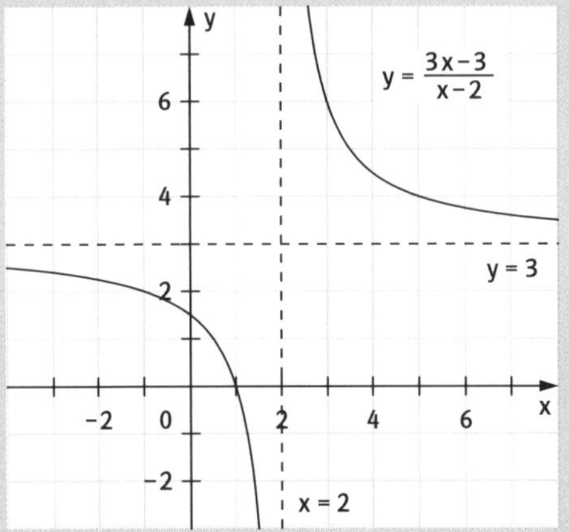

Fig. 1

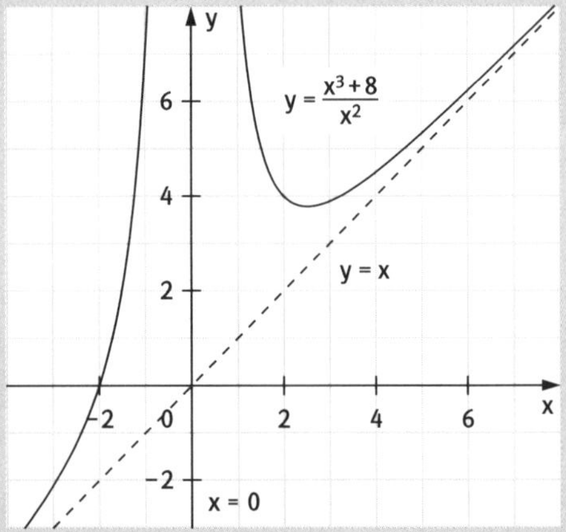

Fig. 2

$f(x) = \frac{3x-3}{x-2}$; $D = \mathbb{R} \setminus \{2\}$

$p(x) = 3x - 3$; $q(x) = x - 2$

$p(1) = 0$; $q(1) \neq 0$: Nullstelle 1

$q(2) = 0$; $p(2) \neq 0$: Polstelle 2

senkrechte Asymptote: $x = 2$

Verhalten für $x \to \pm\infty$:

$f(x) = \frac{3x-3}{x-2} = \frac{3 - \frac{3}{x}}{1 - \frac{2}{x}}$

waagrechte Asymptote: $y = 3$

$f(x) = \frac{x^3+8}{x^2}$; $D = \mathbb{R} \setminus \{0\}$

$p(x) = x^3 + 8$; $q(x) = x^2$

$p(-2) = 0$; $q(-2) \neq 0$: Nullstelle −2

$q(0) = 0$; $p(0) \neq 0$: Polstelle 0

senkrechte Asymptote: $x = 0$

Verhalten für $x \to \pm\infty$:

$f(x) = \frac{x^3+8}{x^2} = x + \frac{8}{x^2}$

schiefe Asymptote: $y = x$

Aufgabe 1 | Lösung S. 130

Untersuchen Sie den Graphen der Funktion f auf alle Eigenschaften, die man ohne Ableitungen ermitteln kann. Skizzieren Sie den Graphen von f.

a) $f(x) = \frac{3x+3}{(x-1)(x+2)}$ b) $f(x) = \frac{3}{x^2+3}$ c) $f(x) = \frac{x^2-4}{x-3}$

Aufgabe 2

Geben Sie eine gebrochenrationale Funktion an, deren Graph

a) die x-Achse im Punkt $N(-3\,|\,0)$ schneidet und Asymptoten mit den Gleichungen $x = -1$ bzw. $y = 1$ hat.

b) die x-Achse an der Stelle 0 berührt und Asymptoten mit den Gleichungen $x = -2$, $x = +2$ bzw. $y = 1$ hat.

c) durch den Punkt $P(1\,|\,2)$ geht und Asymptoten mit den Gleichungen $x = 0$ bzw. $y = \frac{1}{2}x$ hat.

Aufgabe 3

Fig. 1 und Fig. 2 zeigen Graphen ganzrationaler Funktionen.
Ermitteln Sie jeweils einen möglichen Funktionsterm.

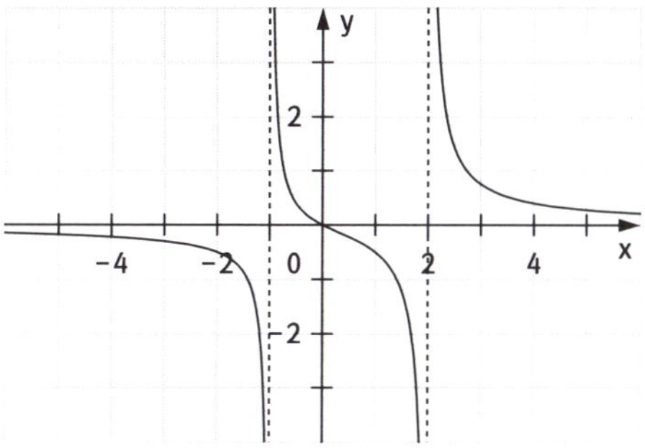

Fig. 1

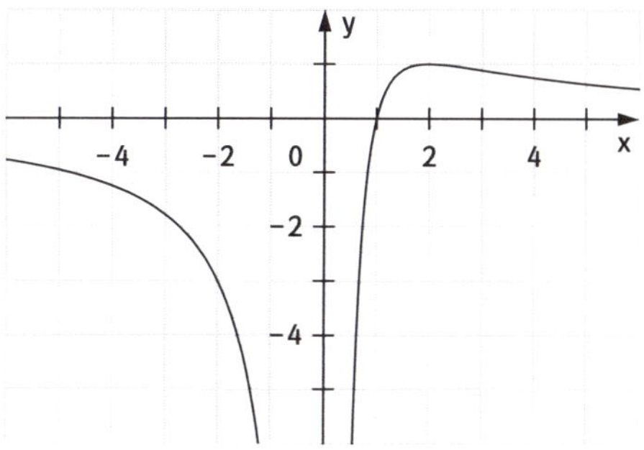

Fig. 2

Das müssen Sie wissen:

Wichtige Eigenschaften gebrochenrationaler Funktionen

- **Termdarstellung:** $f(x) = \frac{p(x)}{q(x)} = \frac{a_n x^n + \ldots + a_1 x + a_0}{b_m x^m + \ldots + b_1 x + b_0}$; $a_n \neq 0$; $b_m \neq 0$; $D = \mathbb{R} \setminus \{x \,|\, q(x) = 0\}$
- Ist $q(x_1) = 0$, aber $p(x_1) \neq 0$, so heißt x_1 **Polstelle; senkrechte Asymptote:** $x = x_1$
- **Verhalten für $x \to \pm\infty$:**
  $n < m$: x-Achse ist waagrechte Asymptote
  $n = m$: $y = \frac{a_n}{b_m}$ ist waagrechte Asymptote
  $n = m + 1$: schiefe Asymptote; die Gleichung erhält man durch Polynomdivision

Exponentialfunktionen

In dieser Lerneinheit üben Sie,
wichtige Eigenschaften von Exponentialfunktionen zu erkennen und anzuwenden.

Funktionen f mit $f(x) = c \cdot a^x$; $c \in \mathbb{R}$; $c \neq 0$; $a > 0$; $a \neq 1$; nennt man **Exponentialfunktionen.**

Ist $a = e$ (eulersche Zahl), spricht man von der **natürlichen Exponentialfunktion.**
Wegen $e^{\ln(a)} = a$ ist **jede** Exponentialfunktion mit der **Basis e** darstellbar:
$f(x) = c \cdot a^x = c \cdot e^{x \cdot \ln(a)}$.

Wichtige **Eigenschaften** von Exponentialfunktionen:

- Sie haben **keine Nullstellen.**
- Alle Graphen gehen durch den Punkt **S(0 | c).**
- Für $c > 0$ liegen die Graphen **oberhalb**, für $c < 0$ **unterhalb** der x-Achse.
- Für $c > 0$ und $0 < a < 1$ ist f streng monoton **fallend**; für $a > 1$ streng monoton **wachsend.**
- Die **x-Achse ist waagrechte Asymptote**:
  Für $0 < a < 1$ und $x \to +\infty$ gilt $a^x \to 0$; für $a > 1$ und $x \to -\infty$ gilt $a^x \to 0$.

Graphen für $0 < a < 1$ (Fig. 1):

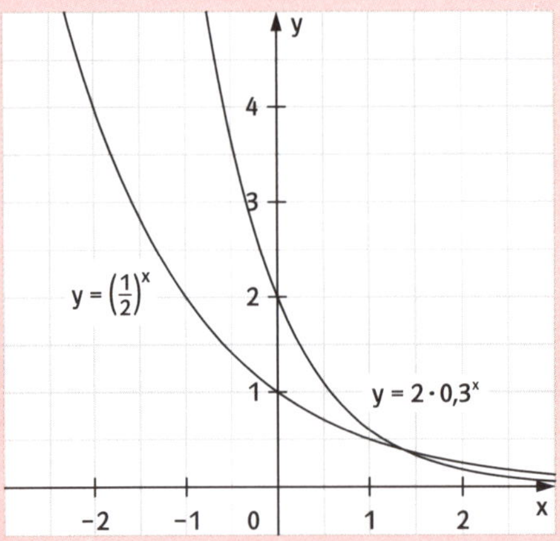

Fig. 1

Graphen für $a > 1$ (Fig. 2):

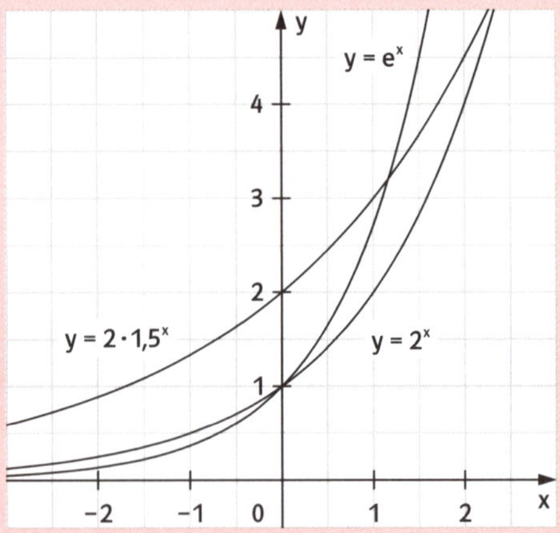

Fig. 2

Aufgabe 1 | Lösung S. 131

Skizzieren Sie den Graphen von f.

a) $f(x) = 3^x$ b) $f(x) = \left(\frac{1}{4}\right)^x$ c) $f(x) = 2 \cdot 1{,}5^x$ d) $f(x) = \frac{1}{3} \cdot \left(\frac{1}{2}\right)^x$

Aufgabe 2

Der Graph der Exponentialfunktion f mit $f(x) = a^x$ geht durch den Punkt P.
Bestimmen Sie a.

a) $P(2\,|\,2{,}25)$ b) $P(-2\,|\,25)$ c) $P(-2\,|\,0{,}16)$ d) $P\left(-1\,\middle|\,\frac{10}{3}\right)$

Aufgabe 3

Der Graph der Exponentialfunktion f mit $f(x) = c \cdot a^x$ geht durch die Punkte P und Q.
Bestimmen Sie a und c.

a) $P(-1\,|\,5)$; $Q(1\,|\,0{,}8)$ b) $P(1\,|\,0{,}5)$; $Q(2\,|\,0{,}75)$ c) $P(1\,|\,-1{,}5)$; $Q(2\,|\,-4{,}5)$

Aufgabe 4

Schreiben Sie den Funktionsterm mit der Basis e.

a) $f(x) = 3 \cdot 1{,}5^x$ b) $f(x) = 2 \cdot 0{,}5^x$ c) $f(x) = 0{,}9 \cdot 1{,}1^x$ d) $f(x) = 1{,}2 \cdot 0{,}8^x$

Das müssen Sie wissen:

Wichtige Eigenschaften von Exponentialfunktionen

- **Termdarstellung:** $f(x) = c \cdot a^x$; $c \in \mathbb{R}$; $c \neq 0$; $a > 0$; $a \neq 1$; $D = \mathbb{R}$
- **Sonderfall:** $a = e$ (eulersche Zahl; $e \approx 2{,}718$);
  f mit $f(x) = e^x$ heißt **natürliche Exponentialfunktion.**
- **Jede** Exponentialfunktion ist mit der **Basis e** darstellbar: $f(x) = c \cdot a^x = c \cdot e^{x \cdot \ln(a)}$.
- Ist $c > 0$, so ist f für $0 < a < 1$ streng monoton **fallend**; für $a > 1$ streng monoton **wachsend.**
- Alle Graphen gehen durch den Punkt **S(0 | c).**
  Die x-Achse ist **Asymptote.**

Gleichungen
Funktionen
Differentialrechnung
Integralrechnung
Modellieren

e-Funktionen

In dieser Lerneinheit üben Sie,
Graphen von e-Funktionen zu skizzieren.

Graphen von Exponentialfunktionen sind einfach. Verknüpft man aber eine Exponentialfunktion mit einer anderen Funktion, können kompliziertere Graphen entstehen. Funktionen mit Termen wie $f(x) = x \cdot e^{2x+1}$ oder auch $g(x) = e^{-x} + x + 1$ nennt man kurz **e-Funktionen.**

Graphen solcher Funktionen kann man **skizzieren**, wenn man die **gemeinsamen Punkte mit den Achsen** und das **Verhalten von f für $x \to \pm\infty$** und damit die **Asymptoten des Graphen** kennt.

Für eine **Zeichnung** müsste dann die **genaue Lage** eventueller Extrem- oder Wendepunkte mithilfe der Differentialrechnung ermittelt werden.
Verhalten für $x \to +\infty$ für spezielle e-Funktionen ($n \geqq 1$):
$x^n \cdot e^x \to +\infty$ für $x \to +\infty$ bzw. $x^n \cdot e^{-x} \to 0$ für $x \to +\infty$.

Typische Graphen von e-Funktionen:

$f(x) = 3x \cdot e^{1-x}$
$N(0|0)$;
Asymptote:
x-Achse für $x \to +\infty$

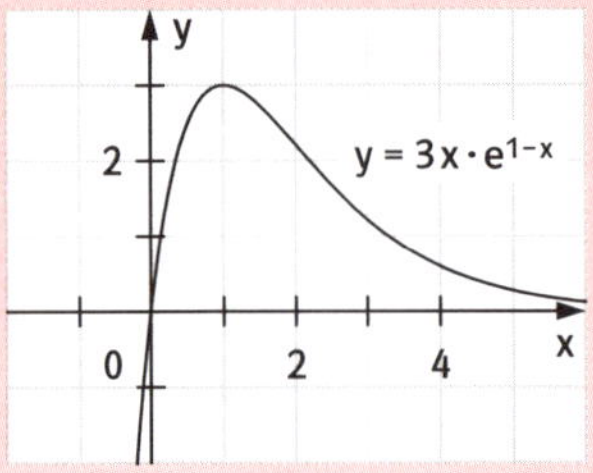

Fig. 1

$f(x) = 2(1 - x^2) \cdot e^x$
$N_1(-1|0)$; $N_2(1|0)$; $S(0|2)$
Asymptote:
x-Achse für $x \to -\infty$

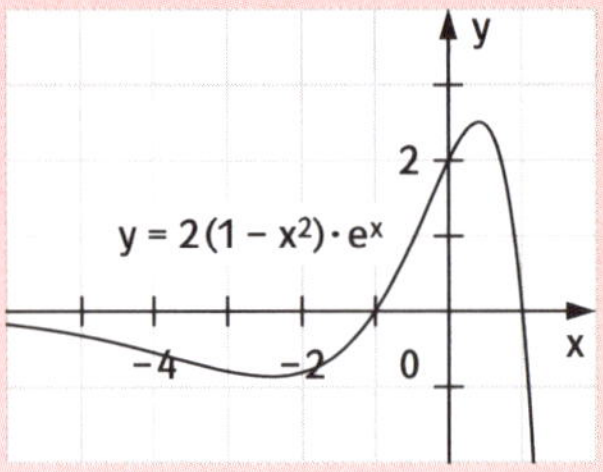

Fig. 2

$f(x) = e^{1-x} + x - 1$
$S(0|e-1)$
Asymptote:
$y = x - 1$ für $x \to +\infty$

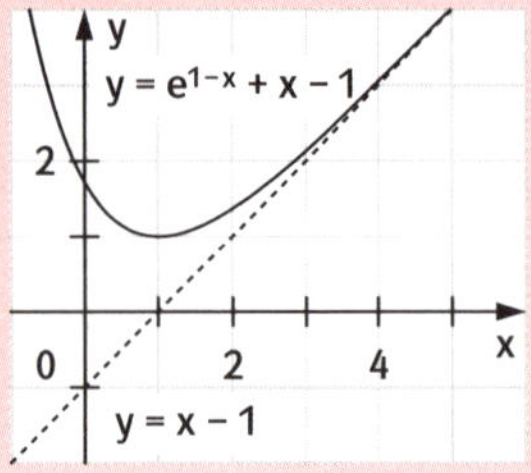

Fig. 3

Aufgabe 1 | Lösung S. 132

Ermitteln Sie die gemeinsamen Punkte mit den Achsen und untersuchen Sie das Verhalten von f für $x \to +\infty$. Skizzieren Sie den Graphen von f. Überprüfen Sie Ihr Ergebnis mit dem GTR.

a) $f(x) = (x + 1) \cdot e^{-x}$

b) $f(x) = (1 - x) \cdot e^x$

c) $f(x) = x^2 \cdot e^{-x}$

d) $f(x) = \frac{1}{4} \cdot e^x - 2 \cdot e^{-x}$

Aufgabe 2

Vorgegeben sind die Funktionen f, g, h und k mit

$f(x) = (1 - x) \cdot e^x$, $g(x) = 2 + x \cdot e^{-x}$, $h(x) = \frac{1}{1 + e^x}$ und $k(x) = (x + 1)^2 \cdot e^{-x}$.

Ordnen Sie diese Funktionen den vier Graphen aus Fig. 1 zu.
Begründen Sie Ihre Entscheidung.

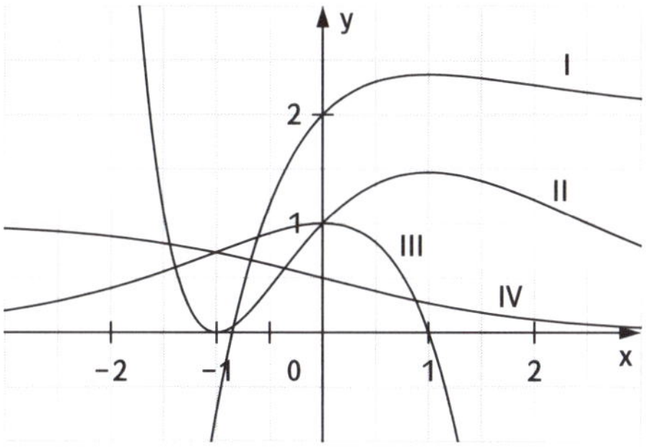

Fig. 1

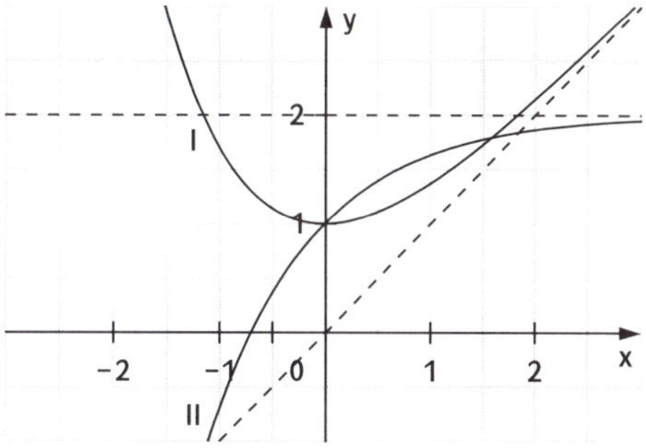

Fig. 2

Aufgabe 3

Fig. 2 zeigt zwei Graphen I und II von e-Funktionen. Ermitteln Sie mögliche Terme für Funktionen mit diesen Graphen.

Das müssen Sie wissen:

Skizzieren von e-Funktionen

Funktionen mit Termen wie $f(x) = (1 - x) \cdot e^x$ nennt man **e-Funktionen.**

Um den Graphen einer e-Funktion **skizzieren** zu können,
- ermittelt man die **gemeinsamen Punkte mit den Achsen** und
- untersucht das **Verhalten von f für $x \to \pm\infty$.**

Speziell gilt ($n \geqq 1$):
$x^n \cdot e^x \to +\infty$ für $x \to +\infty$ bzw. $x^n \cdot e^{-x} \to 0$ für $x \to +\infty$.

Sinus- und Kosinusfunktionen

In dieser Lerneinheit üben Sie,
die wichtigsten Eigenschaften von Sinus- und Kosinusfunktionen anzuwenden.

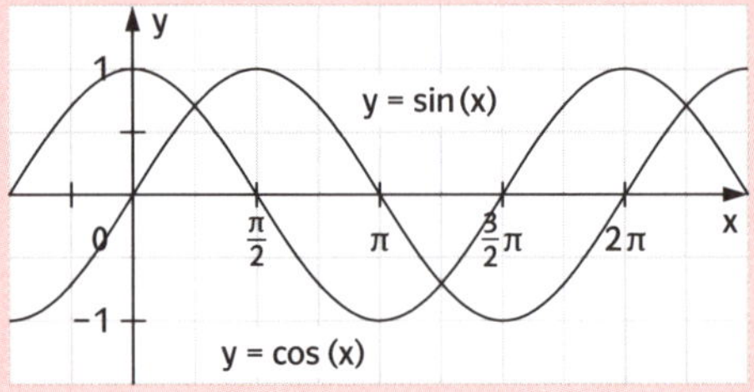

Fig. 1

Die Funktion f mit $f(x) = \sin(x)$ heißt **Sinusfunktion**; die Funktion g mit $g(x) = \cos(x)$ heißt **Kosinusfunktion.** Beide Funktionen haben die **Definitionsmenge** $\mathbb{R}$ und die **Wertemenge** $[-1; +1]$. Sie sind periodisch mit der **Periode** $p = 2\pi$.
Der Graph der Sinusfunktion ist **punktsymmetrisch** zum Ursprung; der Graph der Kosinusfunktion ist **achsensymmetrisch** zur y-Achse (Fig. 1).

Den Graphen der **allgemeinen Sinusfunktion f** mit $f(x) = a \cdot \sin[b(x - c)] + d$ mit $a, b, c, d \in \mathbb{R}$ und $b > 0$ kann man schrittweise aus dem Graphen der Sinusfunktion herstellen: Durchführung an der Funktion f mit $f(x) = 2 \cdot \sin\left[2\left(x - \frac{\pi}{2}\right)\right] + 1$.

1. **Streckung um den Faktor a** in y-Richtung unter Beachtung des Vorzeichens; Amplitude $|a|$ (Fig. 2).
2. **Streckung um den Faktor $\frac{1}{b}$** in x-Richtung; f hat die Periode $p = \frac{2\pi}{b}$ (Fig. 3).
3. **Verschiebung in x-Richtung um c** unter Beachtung des Vorzeichens (Fig. 4).
4. **Verschiebung in y-Richtung um d** unter Beachtung des Vorzeichens (Fig. 5).

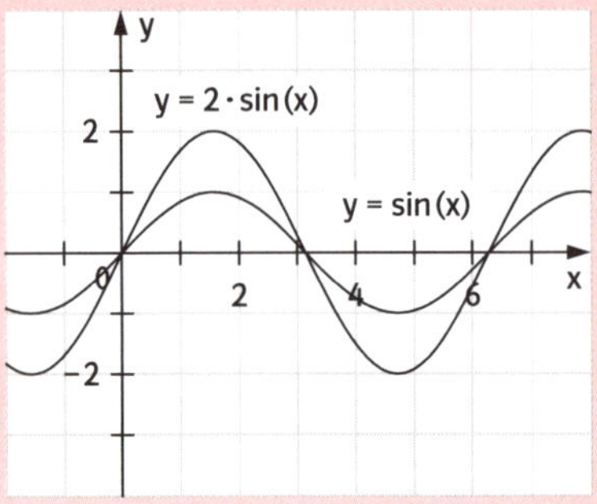

Fig. 2

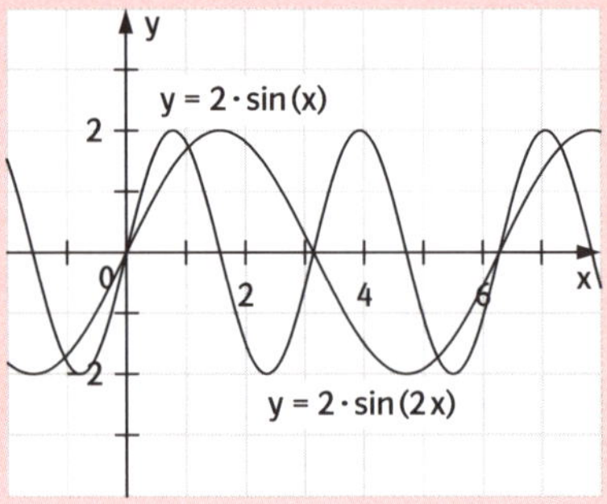

Fig. 3

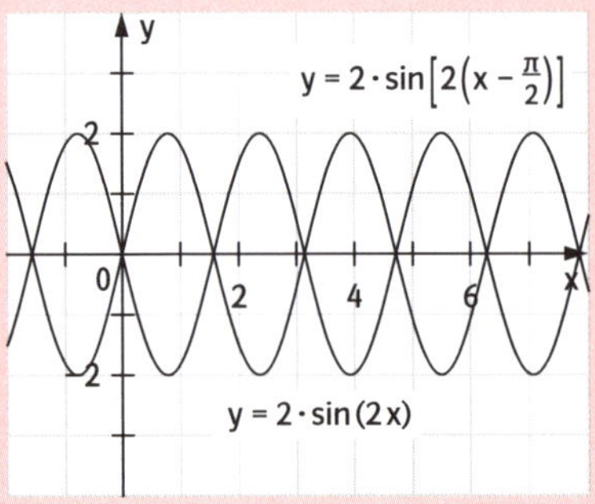

Fig. 4

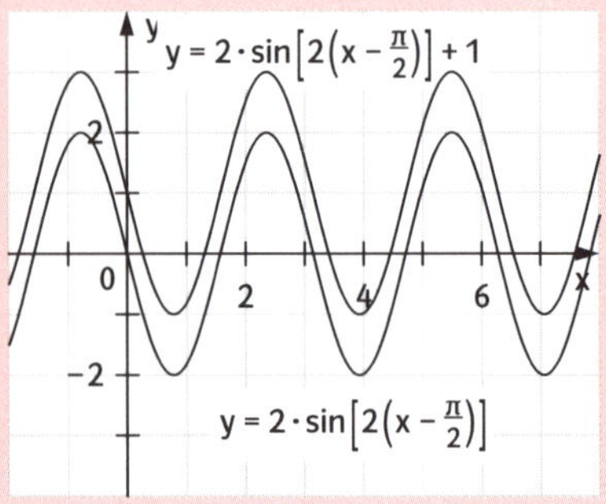

Fig. 5

Aufgabe 1 | Lösung S. 134

Beschreiben Sie, wie man den Graphen der Funktion f aus dem der Sinusfunktion her-- stellen kann.

a) $f(x) = 2 \cdot \sin(\pi x) + 1$

b) $f(x) = \frac{1}{2} \cdot \sin\left(\frac{1}{3}x\right) - 3$

c) $f(x) = 3 \cdot \sin\left[\frac{1}{2}\left(x - \frac{\pi}{4}\right)\right] + 2$

d) $f(x) = 0{,}8 \cdot \sin(2x - \pi) - 0{,}5$

Aufgabe 2

Der Graph der Sinusfunktion hat im Intervall $[0; 2\pi]$ einen Hochpunkt H.

Notieren Sie die Koordinaten von H.

Der Graph der Funktion f mit $f(x) = 3 \cdot \sin\left[\frac{1}{2}\left(x + \frac{\pi}{2}\right)\right] - 1$ kann aus dem Graphen der Sinusfunktion in vier Schritten hergestellt werden. Ermitteln Sie die Koordinaten der Punkte H_1, H_2, H_3 und H_4, die sich aus dem Punkt H bei den vier Schritten ergeben.

Aufgabe 3

Geben Sie die Amplitude, die Periode und den Funktionsterm an.

a)

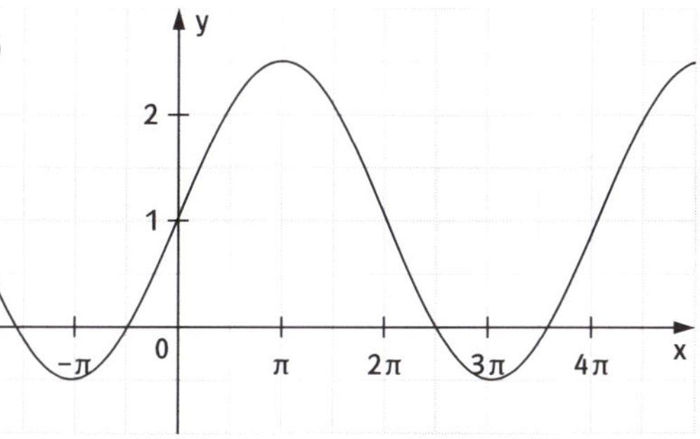

b)

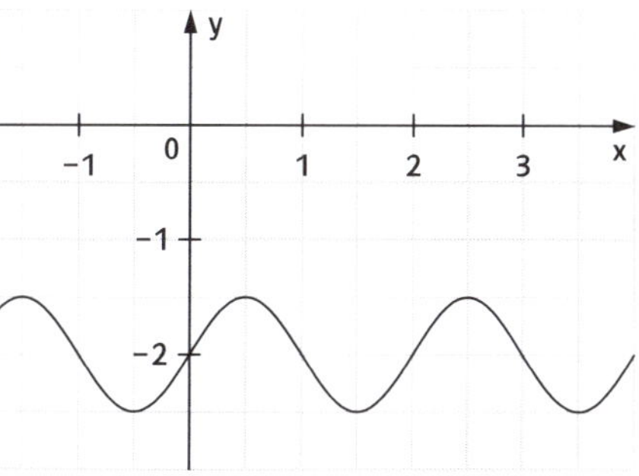

Das müssen Sie wissen:

Spezielle Sinus- und Kosinusfunktion

$f(x) = \sin(x)$; $f(x) = \cos(x)$

Definitionsbereich: $D = \mathbb{R}$

Wertebereich: $[-1; +1]$

Periode: $p = 2\pi$

Symmetrie:
Der Graph der Sinusfunktion ist **punktsymmetrisch** zum Ursprung.
Der Graph der Kosinusfunktion ist **achsensymmetrisch** zur y-Achse.

Allgemeine Sinusfunktion

$f(x) = a \cdot \sin[b(x - c)] + d$; $b > 0$

Vergleich mit der speziellen Sinusfunktion:

- $|a|$: **Streckung** in y-Richtung; bei $a < 0$ noch Spiegelung; $|a|$ Amplitude
- b: **Streckung** in x-Richtung; Streckfaktor $\frac{1}{b}$; Periode: $p = \frac{2\pi}{b}$
- c: **Verschiebung** um c in x-Richtung
- d: **Verschiebung** um d in y-Richtung

Natürliche Logarithmusfunktion

In dieser Lerneinheit üben Sie,
wichtige Eigenschaften der natürlichen Logarithmusfunktion zu erkennen und anzuwenden.

Spiegelt man den Graphen der natürlichen Exponentialfunktion an der 1. Winkelhalbierenden (Fig. 1), ergibt sich der Graph der **natürlichen Logarithmusfunktion** f mit $f(x) = \ln(x)$.

Wichtige **Eigenschaften** der natürlichen Logarithmusfunktion:

- Definitionsmenge $D = \mathbb{R}^+$
- Wertemenge $W = \mathbb{R}$
- Der Graph geht durch $N(1 \mid 0)$.
- Für $0 < x < 1$ ist $\ln(x) < 0$; für $x > 1$ ist $\ln(x) > 0$.
- Für $x \to 0$ strebt $\ln(x) \to -\infty$; die y-Achse ist also Asymptote.
- Für $x \to +\infty$ strebt $\ln(x) \to +\infty$; es gibt keine Asymptote für $x \to +\infty$.

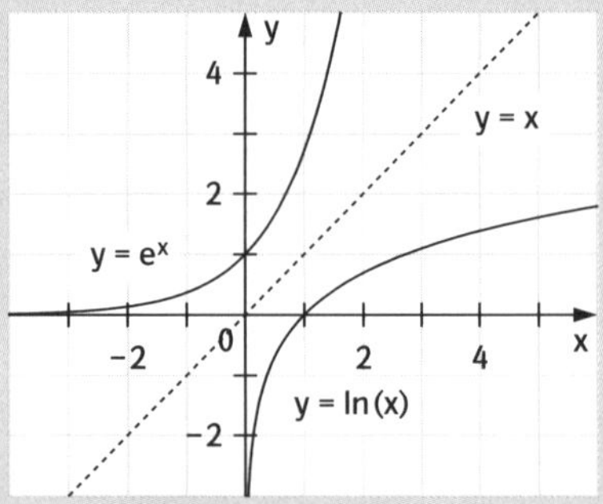

Fig. 1

Beachtet man die Logarithmengesetze, kann man eventuell den Term einer vorgegebenen Funktion **vereinfachen** und daran erkennen, wie sich der Graph dieser Funktion aus dem Graphen der natürlichen Logarithmusfunktion ergibt.

Logarithmengesetze:

$\ln(a \cdot b) = \ln(a) + \ln(b)$; $\ln\left(\frac{a}{b}\right) = \ln(a) - \ln(b)$; $\ln(a^r) = r \cdot \ln(a)$

Für die Funktion f mit $f(x) = \ln\left(\frac{x}{e}\right)$ gilt:

$$f(x) = \ln\left(\frac{x}{e}\right) = \ln(x) - \ln(e) = \ln(x) - 1.$$

Der Graph der Funktion f ergibt sich also aus dem Graphen der natürlichen Logarithmusfunktion durch **Verschiebung um eine Einheit in die negative y-Richtung** (Fig. 2).

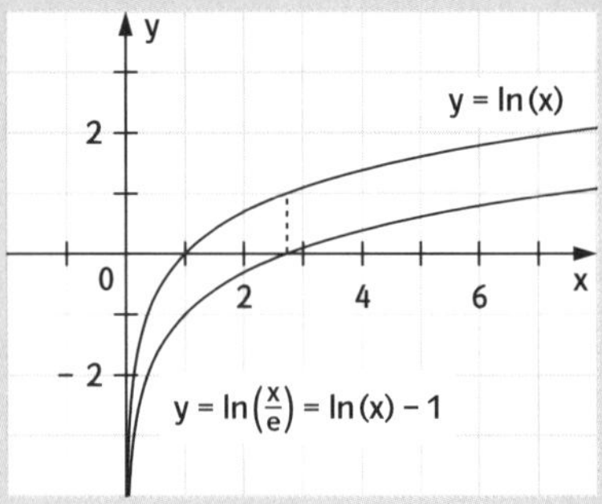

Fig. 2

Aufgabe 1 | Lösung S. 135

Für welche Werte von x gilt:

a) $\ln(x) = 2$ b) $\ln(3x) = -1$ c) $\ln(\sqrt{x}) = 2$ d) $\ln\left(\frac{5}{x}\right) = 2$?

Aufgabe 2

Sie befinden sich an der Stelle $x_0 = 5$. An welcher Stelle ist der Funktionswert der natürlichen Logarithmusfunktion um 3 größer als an dieser Stelle?

Aufgabe 3

Formen Sie den Funktionsterm f(x) um und beschreiben Sie dann mit einer Zeichnung, wie Sie den Graphen der Funktion aus dem Graphen der natürlichen Logarithmusfunktion erhalten können.

a) $f(x) = \ln(3x)$ b) $f(x) = \ln\left(\frac{x}{2}\right)$

c) $f(x) = \ln[4(x-1)]$ d) $f(x) = \ln(\sqrt{2x})$

Aufgabe 4

Für jedes $t > 0$ ist eine Funktion f_t gegeben durch $f_t(x) = \ln\left(\frac{x}{t}\right)$; $x \in D_t$.
Ihr Graph sei K_t.

a) Geben Sie die Definitions- und die Wertemenge an.

b) Untersuchen Sie K_t auf gemeinsame Punkte mit der x-Achse.

c) Beschreiben Sie, wie man den Graphen K_t aus dem Graphen K_1 erhalten kann.

Das müssen Sie wissen:

Wichtige Eigenschaften der natürlichen Logarithmusfunktion

- Der Graph der natürlichen Logarithmusfunktion ergibt sich aus dem Graphen der natürlichen Exponentialfunktion durch **Spiegelung an der 1. Winkelhalbierenden.**
- Die Definitionsmenge ist $\mathbf{D} = \mathbb{R}^+$; die Wertemenge ist $\mathbf{W} = \mathbb{R}$.
- Der Schnittpunkt mit der x-Achse ist **N(1 | 0).**
- Für $x \to 0$ ist die **negative y-Achse senkrechte Asymptote.**

Gleichungen

Funktionen

Differentialrechnung

Integralrechnung

Modellieren

ln-Funktionen

In dieser Lerneinheit üben Sie,
Graphen von ln-Funktionen zu skizzieren.

Der Graph der natürlichen Logarithmusfunktion ist einfach. Verknüpft man aber diese Funktion mit einer anderen, können kompliziertere Graphen entstehen. Funktionen mit Termen wie $f(x) = \ln(1+x^2)$ nennt man kurz **ln-Funktionen**.

Graphen von ln-Funktionen lassen sich **skizzieren**, wenn man
- die **Definitionsmenge D**,
- die **gemeinsamen Punkte mit den Achsen** und
- das **Verhalten von f bei Annäherung an die Ränder von D** kennt.

Verhalten für $x \to 0$ bzw. $x \to +\infty$ für $(n \geqq 1)$:

Für $x \to 0$ strebt $x^n \cdot \ln(x) \to 0$, also ist $\lim\limits_{x \to 0} x^n \cdot \ln(x) = 0$.
für $x \to +\infty$ strebt $x^n \cdot \ln(x) \to +\infty$.
Für $x \to 0$ strebt $\frac{\ln(x)}{x^n} \to -\infty$; die y-Achse ist Asymptote;
für $x \to +\infty$ strebt $\frac{\ln(x)}{x^n} \to 0$, also $\lim\limits_{x \to +\infty} \frac{\ln(x)}{x^n} = 0$; die x-Achse ist Asymptote.

Typische Graphen von ln-Funktionen:

$f(x) = x \cdot (1 - \ln(x))$
$D = \mathbb{R}^+$
$N(e \mid 0)$
Es ist $\lim\limits_{x \to 0} f(x) = 0$
der Ursprung gehört aber nicht zum Graphen von f.

$f(x) = \frac{1 + \ln(x)}{x}$
$D = \mathbb{R}^+$
$N(e^{-1} \mid 0)$
Asymptoten:
x-Achse für $x \to +\infty$;
y-Achse für $x \to 0$.

$f(x) = 2 \cdot \ln\left(\frac{x^2}{4} + \frac{1}{2}\right)$
$D = \mathbb{R}$
$N_1(\sqrt{2} \mid 0)$; $N_2(-\sqrt{2} \mid 0)$
Schnittpunkt mit der y-Achse: $S(0 \mid -2\ln(2))$
Asymptoten: keine

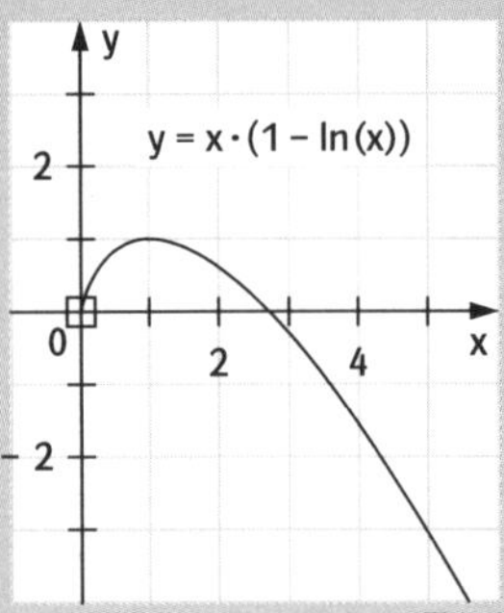

Fig. 1

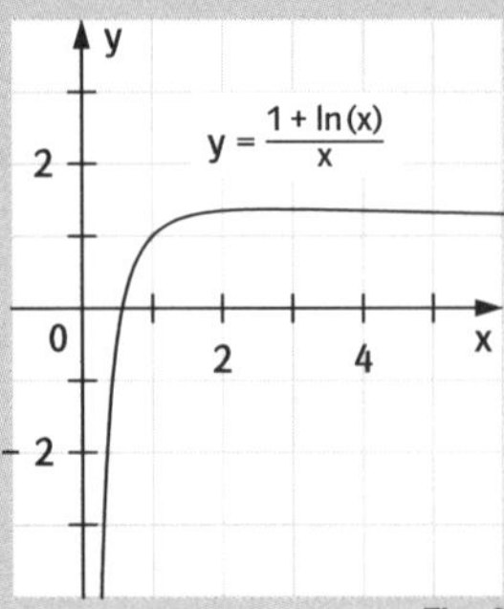

Fig. 2

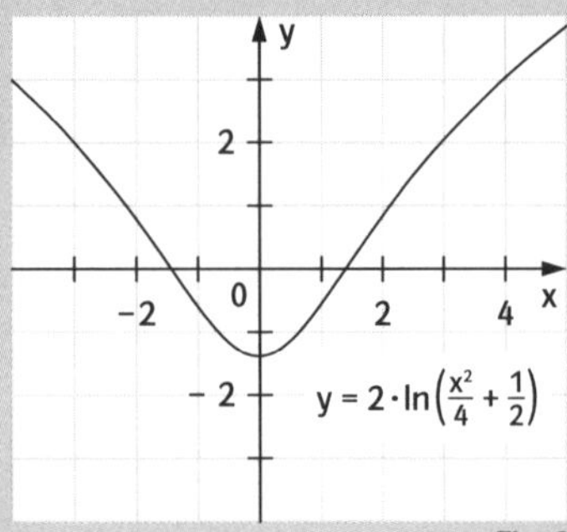

Fig. 3

Aufgabe 1 | Lösung S. 136

Bestimmen Sie die Definitionsmenge.

a) $f(x) = \ln(x - 1)$
b) $f(x) = x \cdot \ln(x^2)$
c) $f(x) = [\ln(x)]^2$
d) $f(x) = \ln(x^2 - 4)$
e) $f(x) = \ln(x^2 + 1)$
f) $f(x) = \ln\left(\frac{1}{x}\right)$

Aufgabe 2

Ermitteln Sie die Definitionsmenge und die gemeinsamen Punkte mit den Achsen. Untersuchen Sie das Verhalten von f bei Annäherung an die Ränder der Definitionsmenge. Skizzieren Sie den Graphen von f. Überprüfen Sie Ihr Ergebnis mit dem GTR.

a) $f(x) = \ln(x^2 + 4)$
b) $f(x) = \ln\left(\frac{x^2}{4} - \frac{1}{2}\right)$
c) $f(x) = [\ln(x + 2)]^2$
d) $f(x) = \ln\left(\frac{1 + x}{1 - x}\right)$

Das müssen Sie wissen:

Skizzieren von ln-Funktionen

Funktionen mit Termen wie $f(x) = \ln(x^2+1)$ nennt man **ln-Funktionen.**

Um den Graphen einer ln-Funktion **skizzieren** zu können,

- ermittelt man die **Definitionsmenge**
- ermittelt man die **gemeinsamen Punkte mit den Achsen**
- untersucht man das **Verhalten von f bei Annäherung an die Ränder der Definitionsmenge.**

Nullstellen

In dieser Lerneinheit üben Sie,
wie man Nullstellen von Funktionen berechnet.

Eine Zahl x_0 aus der Definitionsmenge einer Funktion f, für die $f(x_0) = 0$ ist, heißt **Nullstelle** von f. Die zugehörigen Punkte des Graphen von f sind **Schnittpunkte** mit der x-Achse. Soll der Fall, dass der Graph die x-Achse **berührt** einbezogen werden, spricht man auch von **gemeinsamen** Punkten mit der x-Achse.
Je nach Funktionenklasse ergeben sich unterschiedliche Gleichungen.

Die Bedingung $f(x_0) = 0$ führt bei
- ganzrationalen Funktionen auf ganzrationale Gleichungen
- gebrochenrationalen Funktionen auf gebrochenrationale Gleichungen
- e-Funktionen auf Exponentialgleichungen
- Sinus- und Kosinusfunktionen auf trigonometrische Gleichungen
- ln-Funktionen auf Logarithmusgleichungen.

Die Strategien, mit denen man eine der angegebenen Gleichungen lösen kann, finden Sie in dem Kapitel „Gleichungen" (s. S. 8 ff.).

Aufgabe 1 | Lösung S. 137

Bestimmen Sie die Nullstellen der Funktion.

a) $f(x) = 3x^2 + x - 2$

b) $f(x) = x^2 + 3x - 4$

c) $f(x) = \frac{1}{2}x^3 - \frac{5}{2}x^2 + 2x$

d) $f(x) = x^3 - 6x^2 + 8x$

e) $f(x) = 2x^4 - 3x^2 - 20$

f) $f(x) = 9x^4 - 85x^2 + 36$

Aufgabe 2

Geben Sie eine ganzrationale Funktion vom Grad 3 mit den angegebenen Stellen als gemeinsame Punkte mit der x-Achse an.

a) 2; 1; −3

b) −4; 2

Aufgabe 3

Untersuchen Sie den Graphen der Funktion f_t auf gemeinsame Punkte mit der x-Achse.

a) $f_t(x) = \frac{1}{t} \cdot x^3 - \frac{1}{t^2} \cdot x^4;\ t > 0$

b) $f_t(x) = \frac{1}{2t} \cdot x^3 - 3x^2 + 4{,}5tx;\ t > 0$

c) $f_t(x) = \frac{(x-t)^3}{x^2};\ t > 0$

d) $f_t(x) = \frac{4tx - t^2}{x^3};\ t > 0$

Aufgabe 4

Bestimmen Sie die Nullstellen der Funktion.

a) $f(x) = x \cdot e^{3-x}$

b) $f(x) = (x^2 - 4) \cdot e^{-x^2}$

c) $f(x) = 1 - \frac{2e^x}{e^x + 1}$

d) $f(x) = e^{2x} - 2e^x - 3$

Aufgabe 5

Bestimmen Sie die Nullstellen der Funktion im Intervall $0 \leqq x < 2\pi$.

a) $f(x) = 2 \cdot \cos\left(\frac{\pi}{2} + x\right) + 1$

b) $f(x) = 2 \cdot \sin(2x - 3) - 1$

c) $f(x) = \sin(x) + \sin(2x)$

d) $f(x) = \sin(x) - \cos(2x)$

Aufgabe 6

Bestimmen Sie durch Probieren eine Nullstelle und berechnen Sie danach die weiteren Nullstellen.

a) $f(x) = x^3 - 7x^2 + 15x - 9$

b) $f(x) = x^3 - 4x^2 - 19x - 14$

Aufgabe 7

Bestimmen Sie die Nullstellen der Funktion.

a) $f(x) = 2 + \ln\left(\frac{x}{2}\right)$

b) $f(x) = [\ln(x+1)]^2$

Aufgabe 8

Für jedes $t \in \mathbb{R}$ ist eine Funktion f_t gegeben durch $f_t(x) = \ln\left(\frac{1}{x^2 + t}\right)$.
Für welche Werte von t hat der Graph von f_t keinen, einen oder zwei gemeinsame Punkte mit der x-Achse?

Das müssen Sie wissen:

Nullstellen

Eine Zahl $x_0 \in D_f$ heißt **Nullstelle** der Funktion f, wenn gilt: $f(x_0) = 0$.

Die Strategien zum Lösen der zugehörigen Gleichungen bei den unterschiedlichen Funktionen wurden im Kapitel „Gleichungen" geübt.

Spiegeln, Verschieben und Strecken von Graphen

In dieser Lerneinheit üben Sie,
wie man durch Spiegelungen, Verschiebungen und Streckungen neue Graphen und damit auch neue Funktionen erhalten kann.

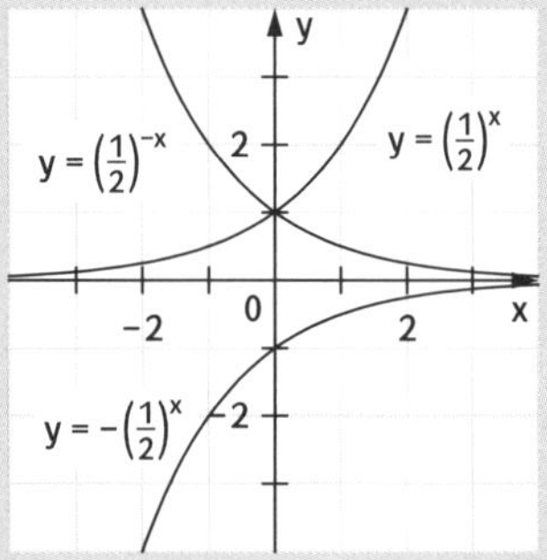

Fig. 1

Spiegelung (Fig. 1)
- Den Graphen von g mit $g(x) = f(-x)$ erhält man durch eine **Spiegelung** an der **y-Achse.**
- Den Graphen von h mit $h(x) = -f(x)$ erhält man durch eine **Spiegelung** an der **x-Achse.**

Verschiebung (Fig. 2 und Fig. 3)
- Den Graphen von g mit $g(x) = f(x+a)$ erhält man durch **horizontale** Verschiebung: Ist a **positiv**, Verschiebung nach **links**; ist a **negativ**, Verschiebung nach **rechts.**
- Den Graphen von h mit $h(x) = f(x)+b$ erhält man durch **vertikale** Verschiebung: Ist b **positiv**, Verschiebung nach **oben**, ist b **negativ**, Verschiebung nach **unten.**

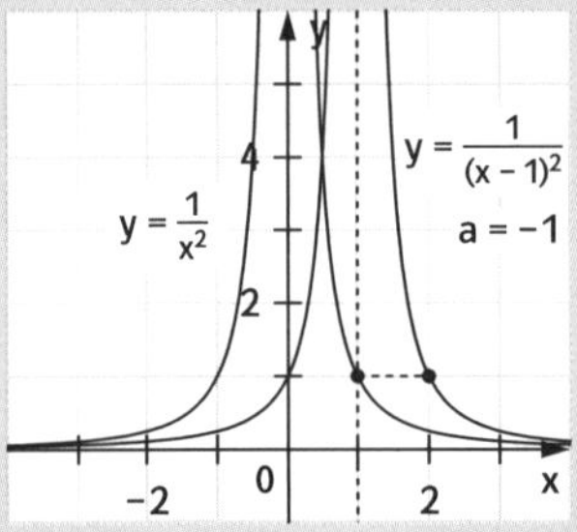

Fig. 2

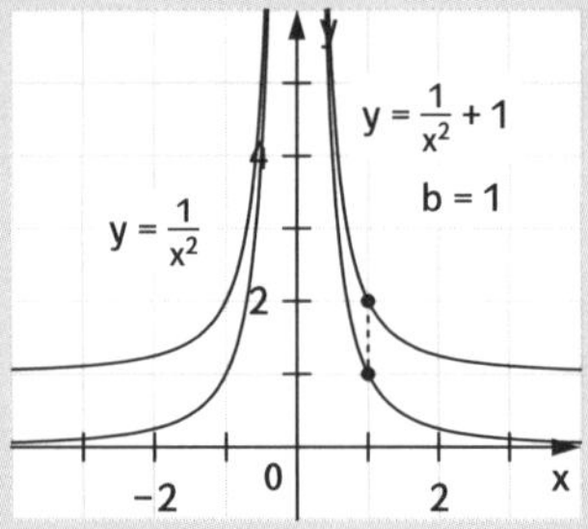

Fig. 3

Streckung (Fig. 4 und Fig. 5)
- Den Graphen von g mit $g(x) = a \cdot f(x)$, $a > 0$, erhält man durch eine **Streckung** von der x-Achse aus parallel zur y-Achse um den Faktor a. Ist $0 < a < 1$, handelt es sich um eine **Stauchung.**
- Den Graphen von h mit $h(x) = f(b \cdot x)$, $b > 0$, erhält man durch eine **Streckung** von der y-Achse aus parallel zur x-Achse um den Faktor $\frac{1}{b}$. Ist $b > 1$, handelt es sich um eine **Stauchung**; ist $0 < b < 1$, um eine **Streckung.**

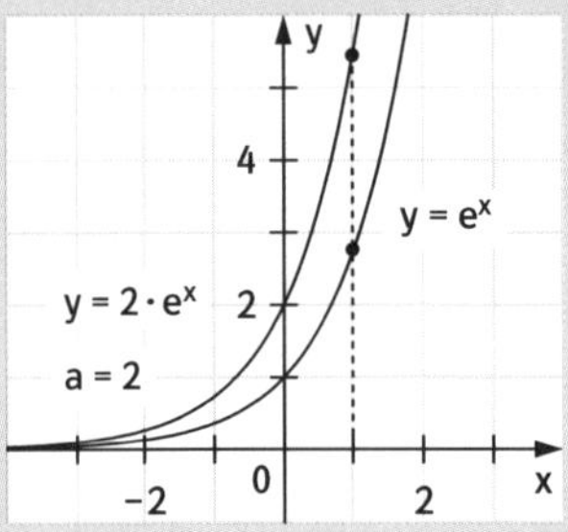

Fig. 4

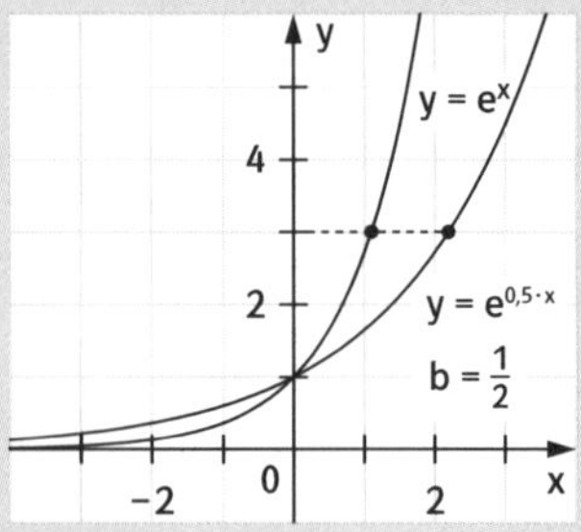

Fig. 5

Aufgabe 1 | Lösung S. 140

Beschreiben Sie, wie man den Graphen von g aus dem von f gewinnen kann.

a) $g(x) = 2 \cdot x^3 + 1;\ f(x) = x^3$

b) $g(x) = \frac{2}{(x-1)^2};\ f(x) = \frac{1}{x^2}$

c) $g(x) = 3 \cdot 2^{0,5 \cdot x};\ f(x) = 2^x$

Aufgabe 2

Geben Sie an, wie man den Graphen von g aus dem von f mit $f(x) = e^x$ gewinnen kann.

a) $g(x) = e^{x+1} - 2$

b) $g(x) = 2e^{\frac{1}{3}x}$

c) $g(x) = e^{\frac{1}{2}x+2}$

d) $g(x) = e^{1-x}$

Aufgabe 3

Den Graphen der Funktion g kann man aus dem Graphen der Funktion f gewinnen. Ermitteln Sie einen Term für g.

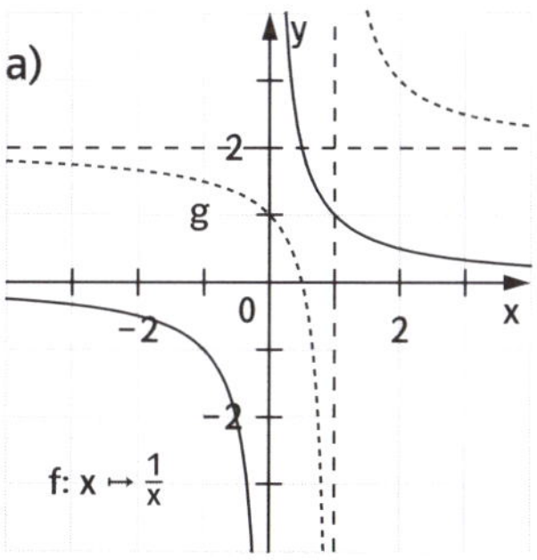

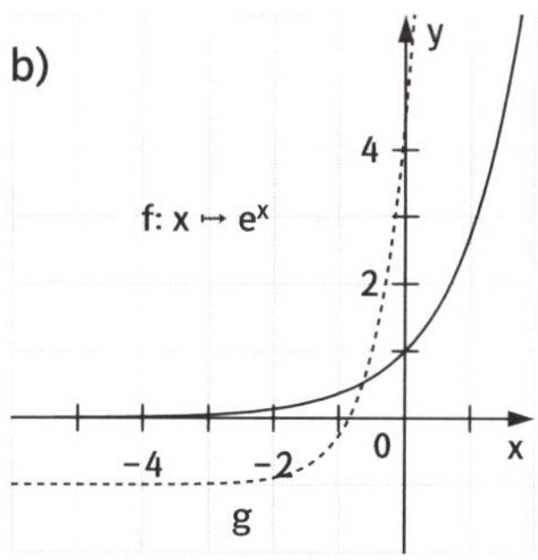

Das müssen Sie wissen:

Spiegeln, Verschieben und Strecken von Graphen

Gegeben sind eine Funktion f und der zugehörige Graph.

Spiegelung des Graphen von f
- an der y-Achse: $g(x) = f(-x)$
- an der x-Achse: $h(x) = -f(x)$

Verschiebung des Graphen von f
- parallel zur x-Achse: $g(x) = f(x+a)$;
  a > 0: Verschiebung nach **links**; **a < 0:** Verschiebung nach **rechts**
- parallel zur y-Achse: $h(x) = f(x) + b$;
  b > 0: Verschiebung nach **oben**; **b < 0:** Verschiebung nach **unten**

Streckung des Graphen von f
- von der x-Achse aus parallel zur y-Achse mit dem Faktor a: $g(x) = a \cdot f(x);\ a > 0$
  a > 1: Streckung; 0 < a < 1: Stauchung
- von der y-Achse aus parallel zur x-Achse mit dem Faktor $\frac{1}{b}$: $h(x) = f(b \cdot x);\ b > 0$
  b > 1: Stauchung; 0 < b < 1: Streckung

Achsensymmetrie zur y-Achse; Punktymmetrie zum Ursprung

In dieser Lerneinheit üben Sie,
wie man bei Funktionen untersucht, ob der Graph achsensymmetrisch zur y-Achse bzw. punktsymmetrisch zum Ursprung ist.

Achsensymmetrie zur y-Achse:
Bedingung: $f(-x) = f(x)$ für alle $x \in D$ (Fig. 1)

Punktsymmetrie zum Koordinatenursprung O (0 | 0):
Bedingung: $f(-x) = -f(x)$ für alle $x \in D$ (Fig. 2)

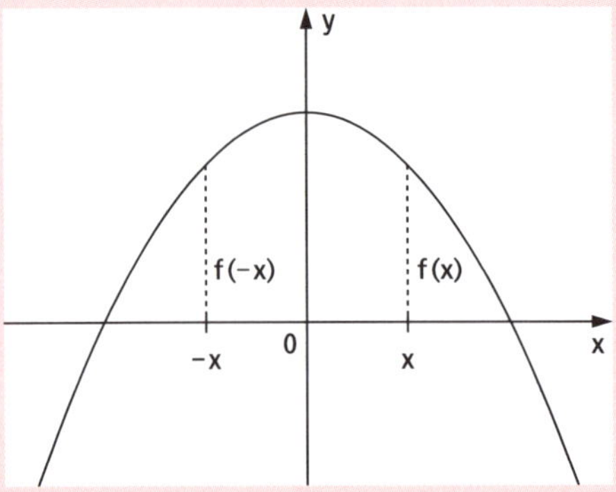

Fig. 1

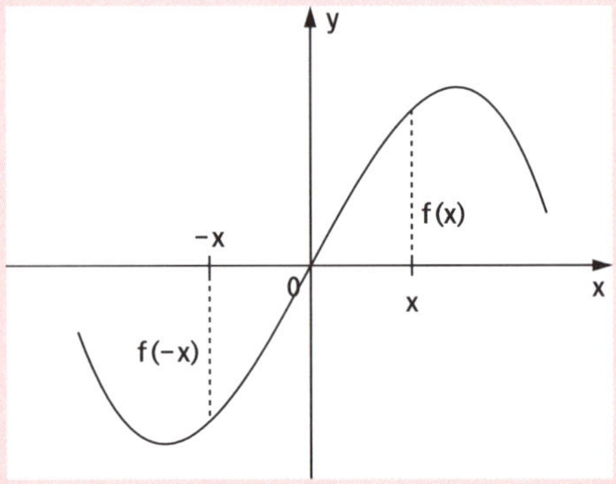

Fig. 2

Strategie für die Untersuchung auf Symmetrie:
- Ersetze im Term f(x) der Funktion die Variable x durch −x,
- vereinfache den sich ergebenden Term,
- vergleiche den vereinfachten Term mit f(x) bzw. −f(x).

Bei **ganzrationalen** Funktionen erkennt man eine Symmetrie einfacher:
Treten **nur gerade** Potenzen auf, ist der Graph **achsensymmetrisch** zur y-Achse, treten nur **ungerade Potenzen** auf, ist der Graph **punktsymmetrisch** zum Ursprung.

Diese Regel darf man nicht direkt auf andere Funktionsklassen anwenden.
Denn für die Funktion f mit $f(x) = \frac{x}{x^2+1}$ gilt:

$$\frac{-x}{(-x)^2+1} = \frac{-x}{x^2+1} = \frac{x}{x^2+1} = -f(x).$$

Der Graph der Funktion f ist also punktsymmetrisch zum Ursprung, obwohl er eine ungerade und eine gerade Potenz enthält.

Aufgabe 1 | Lösung S. 140

Untersuchen Sie den Graphen der ganzrationalen Funktion auf Symmetrie.

a) $f(x) = 2x^4 - 16x^2 + 32$
b) $f(x) = 3x^3 - 2x$
c) $f(x) = 2x^3 - 1$
d) $f(x) = -\frac{1}{20}x^5 + \frac{1}{3}x^3$
e) $f(x) = 2 - 3x + 4x^3$
f) $f(x) = 1 + x^2 - 3x^4$

Aufgabe 2

Untersuchen Sie den Graphen der Funktion f auf Symmetrie.

a) $f(x) = \frac{1}{x}$
b) $f(x) = \frac{1}{x^2 + 8}$
c) $f(x) = \frac{x}{x^2 - 2}$
d) $f(x) = 1 - \frac{2}{x^2 - 1}$
e) $f(x) = \frac{x^4 + 3x^2 - 3}{x^2 - 1}$
f) $f(x) = 4 - e^{-x}$
g) $f(x) = x^3 \cdot e^{-x^2}$
h) $f(x) = x \cdot \sin(x)$
i) $f(x) = x + \frac{x}{x^2 - 4}$

Aufgabe 3

Untersuchen Sie den Graphen der Funktion f auf Symmetrie.

a) $f(x) = \ln\left(\frac{1 + x}{1 - x}\right)$
b) $f(x) = x \cdot \ln\left(\frac{x^2}{4}\right)$

Das müssen Sie wissen:

Symmetrien bei Graphen von Funktionen

Achsensymmetrie zur y-Achse: $f(-x) = f(x)$ für alle $x \in D$

Punktsymmetrie zum Ursprung: $f(-x) = -f(x)$ für alle $x \in D$

Bei **ganzrationalen** Funktionen erkennt man eine Symmetrie ohne Rechnung.
- **Nur gerade** Potenzen: **Achsensymmetrie**;
- **nur ungerade** Potenzen: **Punktsymmetrie**.

Achsensymmetrie zur Geraden $x = a$; Punktsymmetrie zum Punkt $Z(u \mid v)$

In dieser Lerneinheit üben Sie,
wie man bei Funktionen untersucht, ob der Graph achsensymmetrisch zu der Geraden mit der Gleichung $x = a$ bzw. punktsymmetrisch zum Punkt $Z(u \mid v)$ ist.

Achsensymmetrie zur Geraden mit der Gleichung $x = a$ (Fig. 1):
Wenn gilt: $f(a+h) = f(a-h)$ für alle $h > 0$.

Punktsymmetrie zum Punkt $Z(u \mid v)$ (Fig. 2):
Wenn gilt: $\frac{1}{2} \cdot [f(u+h) + f(u-h)] = v$ für alle $h > 0$.

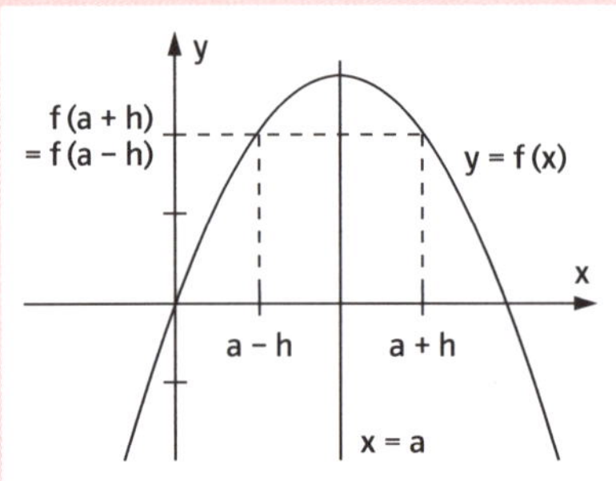

Fig. 1

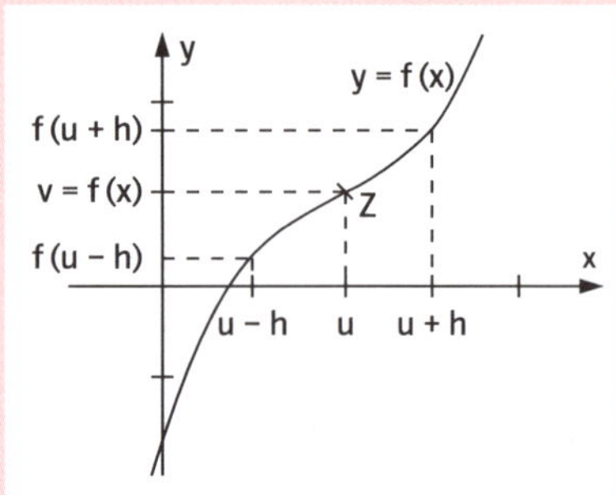

Fig. 2

Fig. 3 zeigt den Graphen der Funktion f mit $f(x) = \frac{2x^2 - 4x + 1}{(x-1)^2}$; $x \neq 1$.
Untersuchung, ob der Graph achsensymmetrisch zur Geraden $x = 1$ ist:

$$f(1+h) = \frac{2(1+h)^2 - 4(1+h) + 1}{((1+h) - 1)^2} = \frac{2h^2 - 1}{h^2},$$

$$f(1-h) = \frac{2(1-h)^2 - 4(1-h) + 1}{((1-h) - 1)^2} = \frac{2h^2 - 1}{h^2},$$

und somit ist $f(1+h) = f(1-h)$.
Also ist der Graph achsensymmetrisch zur Geraden mit der Gleichung $x = 1$.

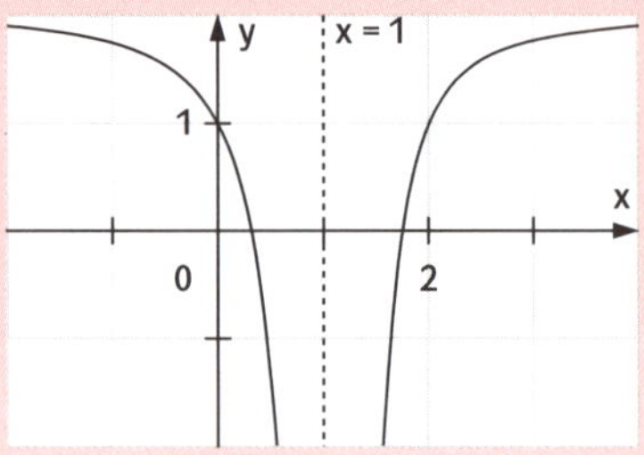

Fig. 3

Aufgabe 1 | Lösung S. 141

Zeigen Sie, dass der Graph der Funktion f zur Geraden mit der Gleichung $x = a$ symmetrisch ist.

a) $f(x) = x^2 - 6x + 8$; $a = 3$

b) $f(x) = \frac{(x-1)^2}{x(x-2)}$; $a = 1$

Aufgabe 2

Zeigen Sie, dass der Graph der Funktion f zum Punkt Z symmetrisch ist.

a) $f(x) = x^3 + 3x^2 + x + 2$; $Z(-1|3)$

b) $f(x) = \frac{16}{1+x}$; $Z(-1|0)$

c) $f(x) = x + 1 + \frac{1}{x-1}$; $Z(1|2)$

d) $f(x) = 1 - \frac{8}{e^{2x}+4}$; $Z(\ln(2)|0)$

e) $f(x) = \ln\left(\frac{4}{x} - 1\right)$; $Z(2|0)$

Aufgabe 3

Fertigen Sie vom Graphen von f eine Skizze an.
Untersuchen Sie den Graphen auf Symmetrie.

a) $f(x) = \frac{2}{1+e^x}$

b) $f(x) = \frac{1}{2}x + \frac{2}{x-2}$

Aufgabe 4

Ermitteln Sie eine Funktion, deren Graph K die angegebene Eigenschaft hat.

a) K ist eine Parabel zweiter Ordnung, die achsensymmetrisch zu der Geraden mit der Gleichung $x = -1$ ist und durch den Punkt $P(2|3)$ verläuft.

b) K ist achsensymmetrisch zur Geraden mit der Gleichung $x = 3$ und hat die x-Achse als waagrechte Asymptote.

c) K ist eine Parabel dritter Ordnung, die punktsymmetrisch zum Punkt $Z(2|5)$ ist und durch $O(0|0)$ verläuft.

Das müssen Sie wissen:

Achsensymmetrie zu einer Geraden; Punktsymmetrie zu einem Punkt

Achsensymmetrie zu $x = a$: $f(a+h) = f(a-h)$ für alle $h > 0$

Punktsymmetrie zu $Z(u|v)$: $\frac{1}{2} \cdot [f(u+h) + f(u-h)] = v$ für alle $h > 0$

Ableitungen

In dieser Lerneinheit üben Sie,
für eine einfache Funktion f die **Ableitungsfunktion f′** bzw. die **Ableitung von f** zu bestimmen. Die Ermittlung einer Ableitung nennt man **ableiten**.

Die Ableitungen folgender „Grundfunktionen“ sollten Sie auswendig kennen.

$f(x)$	$c;\ c \in \mathbb{R}$	$x^r;\ r \in \mathbb{R}$	e^x	$\sin(x)$	$\cos(x)$	$\ln(x)$
$f'(x)$	0	$r \cdot x^{r-1}$	e^x	$\cos(x)$	$-\sin(x)$	$\frac{1}{x}$

Die Ableitung $f'(x) = r \cdot x^{r-1}$ für $f(x) = x^r$ heißt **Potenzregel.**

Für die Potenzfunktion f mit $f(x) = x^4$ gilt $f'(x) = 4 \cdot x^3$.
Die Potenzfunktion g mit $g(x) = \frac{1}{x^2}$ schreibt man zunächst um in $g(x) = x^{-2}$.
Dann gilt $g'(x) = -2x^{-2-1} = -2x^{-3} = -\frac{2}{x^3}$.

Ist die abzuleitende Funktion keine „Grundfunktion“, so gilt

- die **Summenregel**:
  Eine Summe wird „summandenweise“ abgeleitet.
  Für $f(x) = x^3 + 2 + \cos(x)$ gilt $f'(x) = 3x^2 + (-\sin(x)) = 3x^2 - \sin(x)$.
- die **Faktorregel**:
  Ein konstanter Faktor bleibt beim Ableiten erhalten.
  Für $f(x) = 4x^5 - 3e^x - 1$ gilt $f'(x) = 4 \cdot 5x^4 - 3e^x = 20x^4 - 3e^x$.

Aufgabe 1 | Lösung S. 144

Bestimmen Sie die Ableitung.

a) $f(x) = 4x^3 + 7x^2 + 3$ b) $f(x) = 2 - 5e^x$ c) $f(x) = 2x^3 - \cos(x)$

Aufgabe 2

Schreiben Sie zunächst den Term um; bilden Sie dann die Ableitung.

a) $f(x) = \frac{1}{x^2}$ b) $f(x) = \sqrt{x}$ c) $f(x) = -\frac{2}{x^3}$

Aufgabe 3

Bestimmen Sie die Ableitung.

a) $f(x) = 1 + 4\sqrt{x} + 7e^x$

b) $f(x) = \frac{1}{x^2} - 3\sin(x)$

c) $f(x) = \frac{2}{x} + 5e^x - 3$

d) $f(x) = 2 \cdot \ln(x) - 1$

e) $f(x) = x - \ln(x)$

f) $f(x) = x^2 + 3 \cdot \ln(x)$

Das müssen Sie wissen:

Ableitungen einfacher Funktionen

1. Ableitungen der „Grundfunktionen" kennt man auswendig:

$f(x) = c;\ c \in \mathbb{R}$	$f(x) = x^r;\ r \in \mathbb{R}$	$f(x) = e^x$	$f(x) = \sin(x)$	$f(x) = \cos(x)$	$f(x) = \ln(x)$
$f'(x) = 0$	$f'(x) = r \cdot x^{r-1}$	$f'(x) = e^x$	$f'(x) = \cos(x)$	$f'(x) = -\sin(x)$	$f'(x) = \frac{1}{x}$

2. $f(x) = x^r;\ f'(x) = r \cdot x^{r-1}$ für $r \in \mathbb{R}$ heißt **Potenzregel**.
3. Beim Ableiten gelten die **Summenregel** und die **Faktorregel**:
   Summen werden „summandenweise" abgeleitet; konstante Faktoren bleiben erhalten.
4. Beachten Sie folgenden Unterschied:
   Ein konstanter **Summand** wird beim Ableiten null,
   ein konstanter **Faktor** bleibt beim Ableiten erhalten.

Höhere Ableitungsregeln

In dieser Lerneinheit üben Sie,
kompliziertere Funktionen mithilfe der **Produktregel**, der **Quotientenregel** bzw. der **Kettenregel** abzuleiten.

Produktregel:

Für $f(x) = u(x) \cdot v(x)$ gilt $f'(x) = u'(x) \cdot v(x) + u(x) \cdot v'(x)$; kurz: $(u \cdot v)' = u' \cdot v + u \cdot v'$.

Mit $f(x) = (2x + 1) \cdot e^x$ folgt $f'(x) = 2 \cdot e^x + (2x + 1) \cdot e^x = e^x (2x + 3)$.

Quotientenregel:

Für $f(x) = \frac{u(x)}{v(x)}$ gilt $f'(x) = \frac{u'(x) \cdot v(x) - u(x) \cdot v'(x)}{v^2(x)}$; kurz: $\left(\frac{u}{v}\right)' = \frac{u' \cdot v - u \cdot v'}{v^2}$.

Mit $f(x) = \frac{x^3}{x^2 + 1}$ folgt $f'(x) = \frac{3x^2 \cdot (x^2 + 1) - x^3 \cdot 2x}{(x^2 + 1)^2} = \frac{3x^4 + 3x^2 - 2x^4}{(x^2 + 1)^2} = \frac{x^4 + 3x^2}{(x^2 + 1)^2}$.

Kettenregel:

Für $f(x) = u(v(x))$ gilt $f'(x) = u'(v(x)) \cdot v'(x)$; kurz: $u(v(x))' = u'(v(x)) \cdot v'(x)$.

Mit $f(x) = e^{3x^2 - 1}$ folgt $f'(x) = e^{3x^2 - 1} \cdot 6x = 6x \cdot e^{3x^2 - 1}$.

Aufgabe 1 | Lösung S. 144

Bestimmen Sie die Ableitung mit der Produktregel.

a) $f(x) = x^2 \cdot e^x$

b) $f(x) = x^3 \cdot \sin(x)$

c) $f(x) = (x^2 - 1)(x^3 - 8)$

d) $f(x) = x \cdot \ln(x)$

Aufgabe 2

Bestimmen Sie die Ableitung mit der Quotientenregel.

a) $f(x) = \frac{2x^2 - 3}{3x - 4}$

b) $f(x) = \frac{x + 1}{x^2 + 1}$

c) $f(x) = \frac{\sin(x)}{x^2}$

d) $f(x) = \frac{x}{\ln(x)}$

Aufgabe 3

Bestimmen Sie die Ableitung mit der Kettenregel.

a) $f(x) = (2x - 5)^3$
b) $f(x) = (3x^2 - 8)^4$
c) $f(x) = 4(5 - 3x)^4$
d) $f(x) = e^{3x}$
e) $f(x) = 4e^{-x^2}$
f) $f(x) = \cos(3x - \pi)$
g) $f(x) = \sin(x^2)$
h) $f(x) = \ln(x^2)$
i) $f(x) = [\ln(x + 2)]^2$

Aufgabe 4

Bestimmen Sie die Ableitung.

a) $f(x) = x^2(5 - 7x)^3$
b) $f(x) = e^x(1 - 2x)^2$
c) $f(x) = (2x - 1) \cdot \cos(3x)$
d) $f(x) = \frac{x}{(3x + 2)^2}$
e) $f(x) = \frac{(2x^2 - 8)^2}{x^2 + 4}$
f) $f(x) = \frac{e^{2x}}{x + 1}$

Aufgabe 5

Bestimmen Sie die 1. und die 2. Ableitung.

a) $f(x) = \frac{3}{x^2} - \frac{4}{x^3}$
b) $f(x) = \frac{2x^2}{x^2 + 1}$
c) $f(x) = (4 - e^x) \cdot e^x$
d) $f(x) = x \cdot \ln\left(\frac{x^2}{4}\right)$

Das müssen Sie wissen:

Produktregel:	Quotientenregel:	Kettenregel:
Hat f(x) die Form $f(x) = u(x) \cdot v(x)$, so gilt: $f'(x) = u'(x) \cdot v(x) + u(x) \cdot v'(x)$.	Hat f(x) die Form $f(x) = \frac{u(x)}{v(x)}$, so gilt: $f'(x) = \frac{u'(x) \cdot v(x) - u(x) \cdot v'(x)}{v^2(x)}$.	Hat f(x) die Form $f(x) = u(v(x))$, so gilt: $f'(x) = u'(v(x)) \cdot v'(x)$.

Differentialrechnung

Tangenten und Normalen

In dieser Lerneinheit üben Sie
die Ermittlung der Gleichung einer **Tangente** bzw. **Normalen** an den Graphen einer gegebenen Funktion in einem gegebenen Punkt auf dem Graphen von f.

1) Gleichung für die **Tangente t** im Punkt $P(x_0 | y_0)$ an den Graphen der Funktion f:
Ansatz: $y = mx + c$; Berechnung von m durch $m = f'(x_0)$ sowie c durch eine Punktprobe.
2) Gleichung für die **Normale n** im Punkt $P(x_0 | y_0)$ an den Graphen der Funktion f:
Ansatz: $y = -\frac{1}{m}x + c$.

Für $f(x) = \frac{3}{x}$, $x > 0$ und $P\left(2\middle|\frac{3}{2}\right)$ gilt: $f'(x) = -\frac{3}{x^2}$; $m = f'(2) = -\frac{3}{4}$ (Fig. 1).

Tangente t: $y = mx + c = -\frac{3}{4}x + c$;
Punktprobe für $P\left(2\middle|\frac{3}{2}\right)$ liefert:
$\frac{3}{2} = -\frac{3}{4} \cdot 2 + c$; also $c = 3$.
Gleichung der Tangente:
t: $y = -\frac{3}{4}x + 3$.
Normale n: $y = -\frac{1}{m}x + c$
$= -\frac{1}{-\frac{3}{4}}x + c = \frac{4}{3}x + c$

Punktprobe für $P\left(2\middle|\frac{3}{2}\right)$ liefert:
$\frac{3}{2} = \frac{4}{3} \cdot 2 + c$; also $c = -\frac{7}{6}$.
Gleichung der Normalen:
n: $y = \frac{4}{3}x - \frac{7}{6}$.

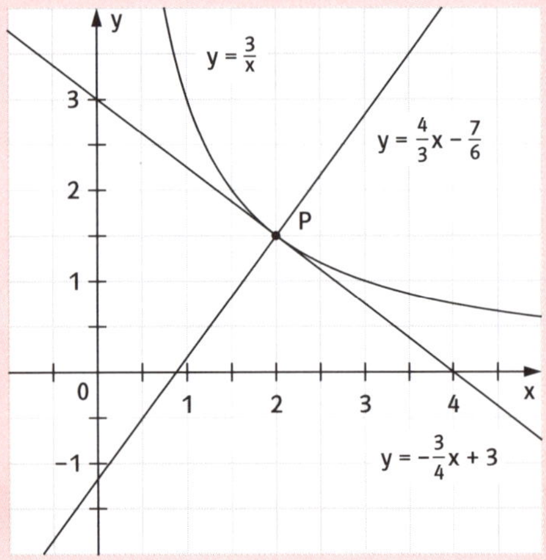

Fig. 1

Aufgabe 1 | Lösung S. 146

Bestimmen Sie eine Gleichung der Tangente an den Graphen von f im Punkt $P(x_0 | y_0)$.

a) $f(x) = \frac{1}{8}x^3 - x^2$; $P(2|-3)$

b) $f(x) = \frac{6}{x^2}$; $P\left(3\middle|\frac{2}{3}\right)$

c) $f(x) = e^x$; $P(0|1)$

d) $f(x) = \sin(x)$; $P\left(\frac{\pi}{6}\middle|\frac{1}{2}\right)$

Aufgabe 2

Bestimmen Sie eine Gleichung der Normalen an den Graphen von f im Punkt $P(x_0 \mid y_0)$.

a) $f(x) = -\frac{1}{2}x^2 + x;\ P\left(-1 \middle| -\frac{3}{2}\right)$

b) $f(x) = \frac{1}{6}x^3 - \frac{3}{2}x^2 + 3x;\ P\left(1 \middle| \frac{5}{3}\right)$

c) $f(x) = \frac{1}{2}e^{1-x};\ P\left(-1 \middle| \frac{1}{2}e^2\right)$

d) $f(x) = \frac{2}{x^2} + x + 1;\ P(2 \mid 3{,}5)$

Aufgabe 3

Bestimmen Sie Gleichungen der Tangente und der Normalen im Punkt $P(x_0 \mid f(x_0))$.

a) $f(x) = (x-1)^2\,(1-x);\ x_0 = 1$

b) $f(x) = x + 1 + e^{1-x};\ x_0 = 0$

c) $f(x) = \frac{2 + \ln(x)}{x};\ x_0 = 1$

Aufgabe 4

a) Bestimmen Sie eine Gleichung der Normalen n an den Graphen der Funktion f mit $f(x) = 1 - \sin(x)$ im Schnittpunkt mit der y-Achse.

b) Bestimmen Sie eine Gleichung der Tangente t an den Graphen der Funktion f mit $f(x) = -\frac{1}{2}x + \pi - \sin(x)$ an der Stelle 2π.

Aufgabe 5

An den Graphen der Funktion f wird im Punkt P die Tangente t gelegt. Bestimmen Sie die Schnittpunkte des Graphen von f und t.

a) $f(x) = \frac{1}{2}x^3 - \frac{9}{2}x^2 + 9x;\ P(2 \mid 4)$

b) $f(x) = \frac{1}{8}x^4 - \frac{1}{2}x^3 - \frac{1}{2}x^2 + 2x;\ P(2 \mid 0)$

Das müssen Sie wissen:

Tangente t im Punkt $P(x_0 \mid y_0)$:

1) Ansatz: $y = mx + c$
Berechnung von m und c:
$m = f'(x_0)$; c durch Punktprobe für $P(x_0 \mid y_0)$

2) Auch folgender Ansatz ist möglich:
$y = f'(x_0) \cdot (x - x_0) + f(x_0)$

Normale n im Punkt $P(x_0 \mid y_0)$:

1) Ansatz: $y = -\frac{1}{m}x + c$
Berechnung von $-\frac{1}{m}$ und c:
$m = f'(x_0)$; c durch Punktprobe für $P(x_0 \mid y_0)$

2) Auch folgender Ansatz ist möglich:
$y = -\frac{1}{f'(x_0)} \cdot (x - x_0) + f(x_0)$

Monotonie

In dieser Lerneinheit üben Sie,
wie man eine Funktion auf Monotonie untersucht.

Eine Funktion heißt
streng monoton **wachsend**, wenn aus $x_1 < x_2$ folgt $f(x_1) < f(x_2)$,
streng monoton **fallend**, wenn aus $x_1 < x_2$ folgt $f(x_1) > f(x_2)$.

Intervalle, in denen dies der Fall ist, ermittelt man mit dem Monotoniesatz.

Monotoniesatz
Die Funktion f sei auf einem Intervall I differenzierbar. Wenn für alle $x \in I$ gilt:
a) $\mathbf{f'(x) > 0}$, dann ist f streng monoton **wachsend** in I
b) $\mathbf{f'(x) < 0}$, dann ist f streng monoton **fallend** in I.

Für die Funktion f mit
$f(x) = 1 - \frac{4}{(x-1)^2}$; $x \neq 1$ gilt:
$f'(x) = -4 \cdot (-2) \cdot (x-1)^{-3} = \frac{8}{(x-1)^3}$.
Die Ungleichung $\frac{8}{(x-1)^3} > 0$ ist erfüllt für $x > 1$;
die Ungleichung $\frac{8}{(x-1)^3} < 0$ ist erfüllt für $x < 1$.
Also ist f streng monoton **fallend für $x < 1$** und
streng monoton **wachsend für $x > 1$** (Fig. 1).

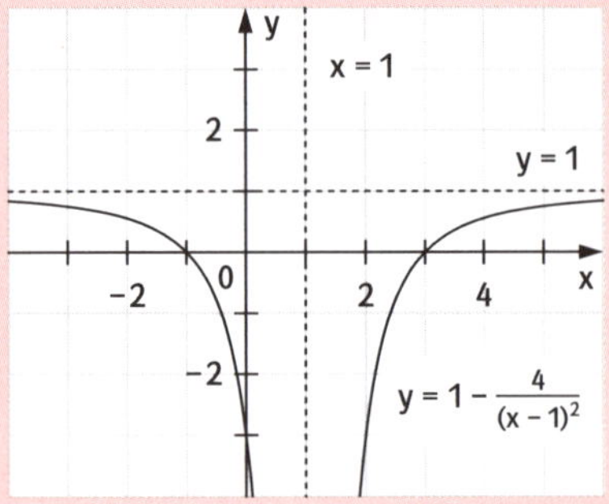

Fig. 1

Aufgabe 1 | Lösung S. 147

Untersuchen Sie die Funktion f auf Monotonie.

a) $f(x) = \frac{1}{2}x^3 - 3x^2 + \frac{9}{2}x$ b) $f(x) = -\frac{1}{2}x^4 + x^2 + \frac{3}{2}$ c) $f(x) = x + \frac{1}{x}$

Aufgabe 2

Untersuchen Sie die Funktion f auf Monotonie.

a) $f(x) = 8 - \frac{16}{x^2}$ b) $f(x) = 2 \cdot \sin\left(\frac{\pi}{6} \cdot x\right)$; $0 \leqq x \leqq 6$ c) $f(x) = \frac{x}{1+x}$

Aufgabe 3

Untersuchen Sie die Funktion f auf Monotonie.

a) $f(x) = e - e^x$

b) $f(x) = (x + 1) \cdot e^x$

c) $f(x) = \frac{4e^x}{4 + e^x}$

d) $f(x) = \ln\left(\frac{4}{x} - 1\right)$

Aufgabe 4

Für jedes $t > 0$ ist eine Funktion f_t gegeben durch $f_t(x) = (x - t) \cdot \ln\left(\frac{x}{t}\right)$; $x > 0$.
Untersuchen Sie den Graphen von f_t auf Monotonie in Abhängigkeit von t.

Aufgabe 5

Geben Sie eine Funktion an, die nur für $-3 \leqq x \leqq +3$ monoton wachsend ist.

Aufgabe 6

Fig. 1 zeigt den Graphen K′ der Ableitungsfunktion f′ einer Funktion f. Begründen Sie, welche Aussagen über die Funktion f bzw. ihren Graphen K wahr, falsch oder nicht entscheidbar sind.

a) K hat genau einen Tiefpunkt.
b) K hat mindestens einen Wendepunkt.
c) f ist streng monoton zunehmend.
d) K ist punktsymmetrisch zu O(0 | 0).

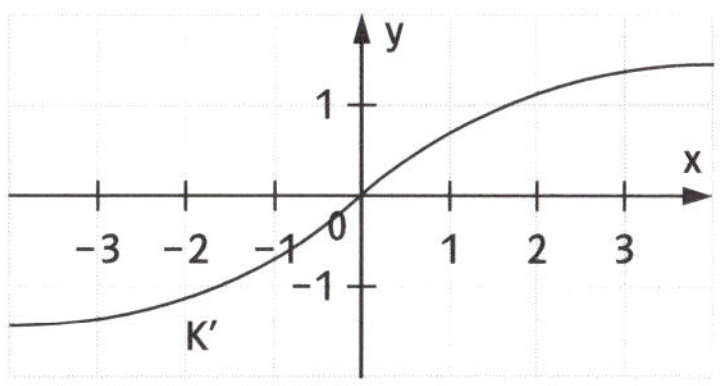

Fig. 1

Das müssen Sie wissen:

Untersuchung auf Monotonie bei Funktionen

Eine Funktion f untersucht man in einem Intervall I mit dem **Monotoniesatz** auf Monotonie.

Wenn für alle $x \in I$ gilt:
a) **$f'(x) > 0$**, dann ist f streng monoton **wachsend** in I
b) **$f'(x) < 0$**, dann ist f streng monoton **fallend** in I.

Bei der Lösung der Ungleichungen sind die **Regeln** hierfür zu beachten.
In manchen Fällen kann man auch die zugehörige **Gleichung lösen** und dann für jedes der Intervalle durch einen Testwert feststellen, ob die **Ableitung positiv** oder **negativ** ist.

Untersuchung einer Funktion auf lokale Extremwerte mithilfe des Vorzeichenwechsels

In dieser Lerneinheit üben Sie,
wie man eine Funktion mithilfe eines **Vorzeichenwechsels** auf **lokale Extremwerte** untersucht. Statt von einem **lokalen** Extremwert spricht man auch von einem **relativen** Extremwert. Der Vorteil des folgenden Satzes besteht darin, dass die **2. Ableitung nicht benötigt** wird.

Satz: (Erster Test auf **lokale Extremwerte**)
a) Ist $f'(x_0) = 0$ **und** hat die Ableitung f′ an der Stelle x_0 einen **Vorzeichenwechsel von + nach −**, dann hat f an dieser Stelle ein **lokales Maximum**.
b) Ist $f'(x_0) = 0$ **und** hat die Ableitung f′ an der Stelle x_0 einen **Vorzeichenwechsel von − nach +**, dann hat f an dieser Stelle ein **lokales Minimum**.
c) Ist $f'(x_0) = 0$ **und** hat die Ableitung f′ an der Stelle x_0 **keinen Vorzeichenwechsel**, dann ist der Punkt $S(x_0 \mid f(x_0))$ ein **Sattelpunkt** des Graphen von f.

Für f mit $f(x) = x^2 \cdot e^{-x}$ gilt $f'(x) = 2x \cdot e^{-x} + x^2 \cdot e^{-x} \cdot (-1) = (2x - x^2) \cdot e^{-x} = x(2 - x) \cdot e^{-x}$;
$f'(x) = 0$ ergibt $(2x - x^2) \cdot e^{-x} = 0$ und wegen $e^{-x} > 0$ dann $2x - x^2 = 0$;
also sind $x_1 = 0$ und $x_2 = 2$ mögliche Extremstellen (Fig. 1).
Untersuchung von f′ auf Vorzeichenwechsel an der Stelle $x_1 = 0$:

x nahe $x_1 = 0$ und $x < x_1$:
$x < 0$; $2 - x > 0$; $e^{-x} > 0$;
also $x(2-x) \cdot e^{-x} < 0$.

x nahe $x_1 = 0$ und $x > x_1$
$x > 0$; $2 - x > 0$; $e^{-x} > 0$;
also $x(2-x) \cdot e^{-x} > 0$.

Da ein Vorzeichenwechsel von **− nach +** vorliegt, hat f an der Stelle $x_1 = 0$ ein **lokales Minimum**. Mit $f(0) = 0$ ergibt sich das lokale Minimum 0.
Der Graph hat den Tiefpunkt $T(0 \mid 0)$.
Untersuchung von f′ auf Vorzeichenwechsel an der Stelle $x_2 = 2$:

x nahe $x_2 = 2$ und $x < x_2$:
$x > 0$; $2 - x > 0$; $e^{-x} > 0$;
also $x(2-x) \cdot e^{-x} > 0$.

x nahe $x_2 = 2$ und $x > x_2$:
$x > 0$; $2 - x < 0$; $e^{-x} > 0$;
also $x(2-x) \cdot e^{-x} < 0$.

Da ein Vorzeichenwechsel von **+ nach −** vorliegt, hat f an der Stelle $x_2 = 2$ ein **lokales Maximum**. Mit $f(2) = 4e^{-2}$ ergibt sich das lokale Maximum $4e^{-2}$.
Der Graph hat den Hochpunkt $H\left(2 \middle| 4e^{-2}\right)$.
Da $f(x) \to +\infty$ für $x \to -\infty$ und $f(x) \to 0$ für $x \to +\infty$ gilt, ist das relative Minimum sogar ein **absolutes Minimum**.
Ein absolutes Maximum gibt es nicht.

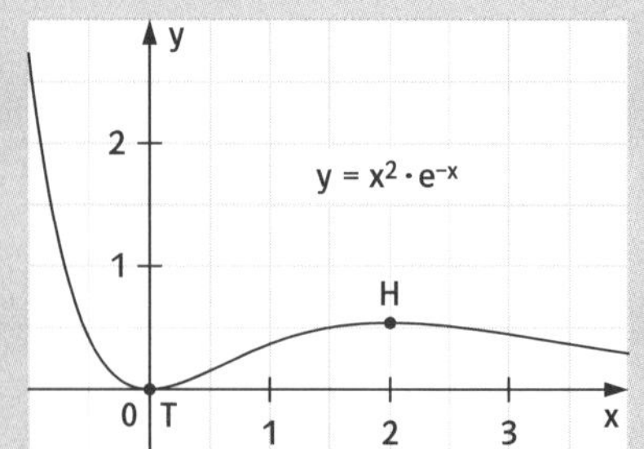

Fig. 1

Aufgabe 1 | Lösung S. 150

Untersuchen Sie die Funktion f ohne Verwendung der zweiten Ableitung auf lokale Extremwerte.

a) $f(x) = \frac{1}{4}x^4 - 3x^2$

b) $f(x) = x^4 - 2x^3$

Aufgabe 2

Untersuchen Sie die Funktion f ohne Verwendung der zweiten Ableitung auf lokale Extremwerte.

a) $f(x) = \frac{1}{8}x^2 + \frac{2}{x}$

b) $f(x) = \frac{x^2}{x^2 + 16}$

c) $f(x) = \frac{x - 3}{(x - 2)^2}$

d) $f(x) = (x^2 - 1) \cdot e^x$

Das müssen Sie wissen:

Ermittlung von lokalen Extremwerten mithilfe des Vorzeichenwechsels

1. Die Gleichung $f'(x) = 0$ liefert **mögliche Extremstellen** (Kandidaten).
2. Diese Stellen kann man mit dem **Vorzeichenwechsel** weiter untersuchen.
   Hierzu ist es hilfreich, wenn man den Term von f' als **Produkt** schreiben kann.
   a) Vorzeichenwechsel von f' an der Stelle x_0 von **+ nach −**:
   An der Stelle x_0 ist ein **lokales Maximum**.
   b) Vorzeichenwechsel von f' an der Stelle x_0 von **− nach +**:
   An der Stelle x_0 ist ein **lokales Minimum**.
   c) Kein Vorzeichenwechsel an der Stelle x_0: Sattelpunkt $S(x_0 \mid f(x_0))$.
3. Berechnung der lokalen Extremwerte durch Einsetzen der gefundenen Stellen **in die Funktion f** (Achtung: Nicht in f').
4. Zur Ermittlung **absoluter** Extremwerte sind Untersuchungen von f an den **Rändern** der Definitionsmenge notwendig.

Untersuchung einer Funktion auf lokale Extremwerte mithilfe der 2. Ableitung

In dieser Lerneinheit üben Sie,
wie man eine Funktion mithilfe der **2. Ableitung** auf **lokale Extremwerte** untersucht.

Satz: (Zweiter Test auf **lokale Extremwerte**)
a) Ist $f'(x_0) = 0$ und $f''(x_0) < 0$, dann hat f an der Stelle x_0 ein **lokales Maximum.**
b) Ist $f'(x_0) = 0$ und $f''(x_0) > 0$, dann hat f an der Stelle x_0 ein **lokales Minimum.**
c) Ist $f'(x_0) = 0$ und $f''(x_0) = 0$, dann liefert dieser Test keine Entscheidung.
Weitere Untersuchungen sind notwendig.

Für f mit $f(x) = \frac{1}{16}x^4 - \frac{1}{3}x^3 + 2$ gilt $f'(x) = \frac{1}{4}x^3 - x^2 = x^2\left(\frac{1}{4}x - 1\right)$; $f''(x) = \frac{3}{4}x^2 - 2x$.
$f'(x) = 0$ ergibt $x^2\left(\frac{1}{4}x - 1\right) = 0$ und damit $x_{1/2} = 0$; $x_3 = 4$.

Untersuchung von f″ an der Stelle $x_{1/2} = 0$:
Es ist $f''(0) = 0$. Damit entscheidet dieser Test für die Stelle $x_{1/2} = 0$ nichts.
Weitere Untersuchungen: Siehe unten.

Untersuchung von f″ an der Stelle $x_3 = 4$:
Es ist $f''(4) = 12 - 8 = 4 > 0$. Damit hat f an der Stelle $x_3 = 4$ ein **lokales Minimum.**
Wegen $f(4) = -\frac{10}{3}$ ist dies $-\frac{10}{3}$.
Der Graph von f hat den **Tiefpunkt** $T\left(4 \middle| -\frac{10}{3}\right)$.

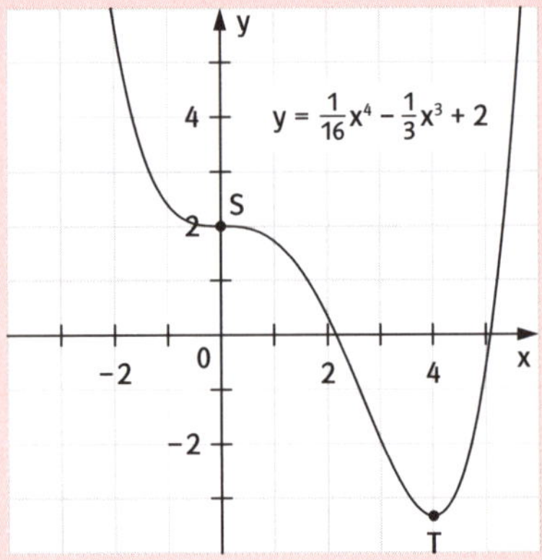

Fig. 1

Weitere Untersuchungen an der Stelle $x_{1/2} = 0$ mit Vorzeichenwechsel:
x nahe 0 und $x < 0$:
$x^2 > 0$; $\frac{1}{4}x - 1 < 0$; also $x^2\left(\frac{1}{4}x - 1\right) < 0$.
x nahe 0 und $x > 0$:
$x^2 > 0$; $\frac{1}{4}x - 1 < 0$; also $x^2\left(\frac{1}{4}x - 1\right) < 0$.
An der Stelle 0 liegt **kein Vorzeichenwechsel** vor; der Punkt S(0 | 2) ist ein **Sattelpunkt** (Fig. 1).

Aufgabe 1 | Lösung S. 152
Untersuchen Sie die Funktion f mithilfe der 2. Ableitung auf lokale Extremwerte.
a) $f(x) = \frac{1}{6}x^3 - 2x^2 + 6x + 2$
b) $f(x) = \frac{1}{8}x^3 - \frac{3}{4}x^2$
c) $f(x) = \frac{1}{30}x^5 - \frac{1}{2}x^3$

Aufgabe 2

Untersuchen Sie die Funktion f mithilfe der 2. Ableitung auf lokale Extremwerte.

a) $f(x) = \frac{x}{3} + \frac{3}{x}$

b) $f(x) = x + 1 + \frac{1}{x-1}$

c) $f(x) = x \cdot e^{1-x}$

d) $f(x) = \ln(x^2 + 1)$

Aufgabe 3

Untersuchen Sie die Funktion f auf lokale Extremwerte. Überlegen Sie, welcher der beiden Tests einfacher zum Ziel führt.

a) $f(x) = x^4 - 4x^2 + 3$

b) $f(x) = \frac{x^3}{3(x-1)^2}$

c) $f(x) = x^3 \cdot e^{-0,5x^2}$

Das müssen Sie wissen:

Ermittlung von lokalen Extremwerten mithilfe der 2. Ableitung

1. Die Gleichung $f'(x) = 0$ liefert **mögliche Extremstellen** (Kandidaten).
2. Diese Stellen kann man mit der **2. Ableitung** weiter untersuchen.
   a) Es ist $\mathbf{f''(x_0) < 0}$. An der Stelle x_0 ist ein **lokales Maximum.**
   b) Es ist $\mathbf{f''(x_0) > 0}$. An der Stelle x_0 ist ein **lokales Minimum.**
   c) Es ist $\mathbf{f''(x_0) = 0}$. Dieser Test liefert keine Entscheidung.
3. Berechnung der lokalen Extremwerte durch Einsetzen der gefundenen Stellen **in die Funktion f** (Achtung: Nicht in f′).

Untersuchung einer Funktion auf globale Extremwerte

In dieser Lerneinheit üben Sie,
wie man eine Funktion auf **globale (absolute) Extremwerte** untersucht.

Gilt die Bedingung $f(x) \leqq f(x_0)$ bzw. $f(x) \geqq f(x_0)$ für alle x aus der Definitionsmenge D von f, dann heißt $f(x_0)$ **globales Maximum** bzw. **globales Minimum** von f. Ein lokales Extremum an einer Randstelle von D nennt man **Randextremum.**

Globale Extremwerte einer Funktion f ermittelt man durch **Vergleich** der relativen Extremwerte mit dem Verhalten von f an den Rändern der Definitionsmenge D.

- Ist D ein **abgeschlossenes** Intervall [a; b], vergleicht man $f(x_0)$ mit f(a) bzw. f(b).
- Ist D ein **offenes** Intervall (a; b), vergleicht man $f(x_0)$ mit den Grenzwerten von f für $x \to a$ bzw. $x \to b$.
- Ist D ein **unbeschränktes** Intervall wie z. B. $\mathbb{R}^+$, vergleicht man $f(x_0)$ mit den Grenzwerten von f für $x \to 0$ bzw. $x \to +\infty$.

Die Funktion f mit $f(x) = x + \frac{1}{x} - 1$ und der **abgeschlossenen** Definitionsmenge $D = [0{,}5; 3]$ hat an der Stelle 1 das relative Minimum $f(1) = 1$.
Mit $f(0{,}5) = 1{,}5$ und $f(3) = \frac{7}{3}$ folgt, dass 1 sogar das absolute Minimum ist (Fig. 1).

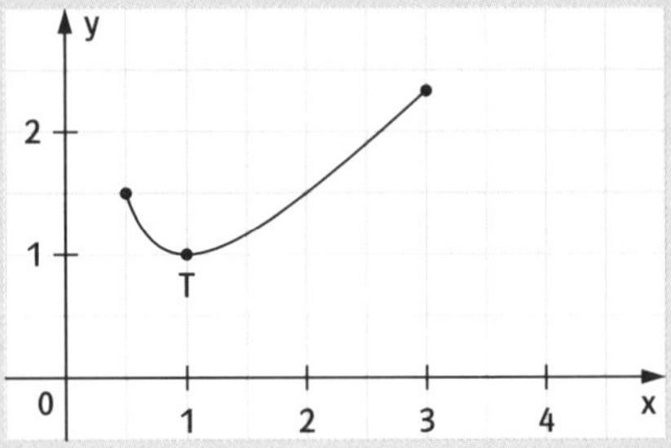

Fig. 1

Die Funktion f mit $f(x) = \frac{1}{6}x^2(x-4)^2$ und der **offenen** Definitionsmenge $D = (0; 4)$ hat an der Stelle 2 das relative Maximum $f(2) = \frac{8}{3}$.
Da aber $f(x) \to 0$ strebt für $x \to 0$ und für $x \to 4$, ist dieses relative Maximum sogar das absolute Maximum (Fig. 2).

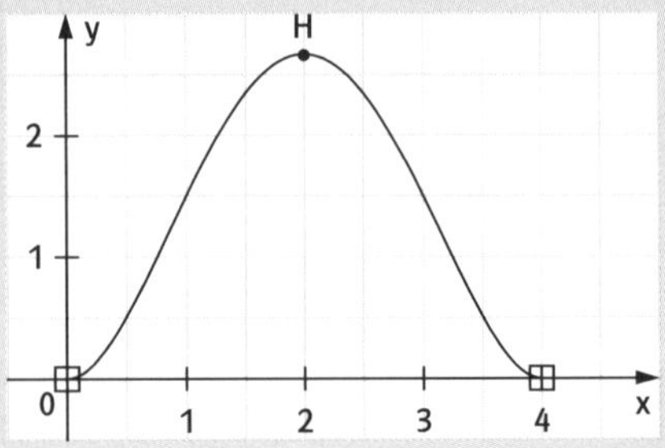

Fig. 2

Die Funktion f mit $f(x) = 3x^2 \cdot e^{-x}$ und der **unbeschränkten** Definitionsmenge $D = \{x \mid x \geqq 0\}$ hat an der Stelle 2 das relative Maximum $f(2) = 12 \cdot e^{-2} \approx 1{,}624$. Aus $f(0) = 0 < f(2)$ und $f(x) \to 0$ für $x \to +\infty$ folgt, dass das relative Maximum das absolute Maximum ist (Fig. 3).

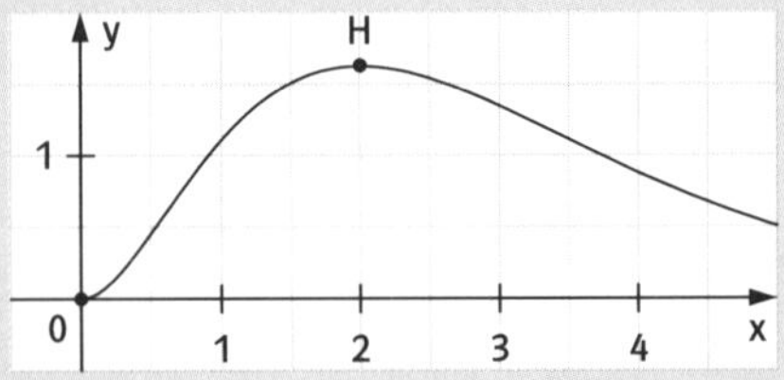

Fig. 3

Aufgabe 1 | Lösung S. 155

Untersuchen Sie die Funktion auf lokale und globale Extremwerte.

a) $f(x) = x^3 - 6x^2 + 9x + 2;\ D = [-1; 5]$

b) $f(x) = x + 2 \cdot \sin(x);\ D = [0; 2\pi]$

c) $f(x) = x^3 - 12x^2 + 48x + 50;\ D = (-3; 10)$

d) $f(x) = (x + 2) \cdot e^{-x};\ D = \mathbb{R}$

e) $f(x) = \frac{4}{x} - \frac{2}{x^2};\ D = \mathbb{R} \setminus \{0\}$

f) $f(x) = \frac{1}{2}e^x - 4e^{-x};\ D = \mathbb{R}$

Aufgabe 2

Gegeben ist die Funktion f mit $f(x) = x + e^{-2x}$.
Für $u > 0$ schneidet die Gerade mit der Gleichung $x = u$ den Graphen von f in A und die Asymptote in B. Es sei O der Koordinatenursprung.
Für welchen Wert von u ist der Flächeninhalt des Dreiecks OBA am größten?

Das müssen Sie wissen:

Ermittlung von globalen Extremwerten

Globale Extremwerte ermittelt man durch **Vergleich** der ermittelten **relativen** Extremwerte mit dem **Verhalten der Funktion an den Rändern** der Definitionsmenge.
Bei Extremwertproblemen z. B. sind meistens globale Extremwerte gesucht.

- Bei einer **abgeschlossenen** Definitionsmenge sind die **Randextrema** direkt berechenbar.
- Bei einer **offenen** bzw. **unbegrenzten** Definitionsmenge ist das Verhalten der Funktion bei **Annäherung an die Ränder** bzw. für $x \to \pm\infty$ zu ermitteln.

Verhalten für $x \to \pm\infty$ wichtiger Funktionenklassen:

Ganzrationale Funktionen:
Bei $f(x) = a_n x^n + \ldots + a_1 x + a_0$ entscheidet $a_n x^n$ über das Verhalten von f für $x \to \pm\infty$.

Exponentialfunktionen ($n \geqq 1$):
Es strebt $x^n \cdot e^x \to +\infty$ für $x \to +\infty$ und $x^n \cdot e^x \to 0$ für $x \to -\infty$.
Es strebt $x^n \cdot e^{-x} \to 0$ für $x \to +\infty$ und $x^n \cdot e^{-x} \to +\infty$ für $x \to -\infty$.

Untersuchung einer Funktion auf Wendestellen

In dieser Lerneinheit üben Sie,
wie man eine Funktion auf Wendestellen untersucht.

Eine innere Stelle $x_0 \in D$ heißt **Wendestelle** von f, wenn beim Durchlaufen dieser Stelle der Graph von f von einer Linkskurve in eine Rechtskurve übergeht oder umgekehrt. Der zugehörige Punkt auf dem Graphen heißt **Wendepunkt**.

Wendestellen einer Funktion f sind lokale Extremstellen von f'. Damit lassen sich die Tests auf Extremstellen zu solchen auf Wendestellen umformulieren.

Erster Test auf eine **Wendestelle**:
Ist $\mathbf{f''(x_0) = 0}$ **und hat f''** an der Stelle x_0 einen **Vorzeichenwechsel**, dann hat f an der Stelle x_0 eine Wendestelle.

Zweiter Test auf eine **Wendestelle**:
Ist $\mathbf{f''(x_0) = 0}$ **und** $\mathbf{f'''(x_0) \neq 0}$, dann hat f an der Stelle x_0 eine Wendestelle.
Beachten Sie: Beim ersten Test benötigt man die dritte Ableitung nicht.

Für f mit $f(x) = \frac{2x^2}{x^2+1}$ gilt $f'(x) = \frac{4x}{(x^2+1)^2}$ und $f''(x) = \frac{4-12x^2}{(x^2+1)^3}$.
$f''(x) = 0$ ergibt $4 - 12x^2 = 0$; $x_1 = +\frac{1}{\sqrt{3}}$; $x_2 = -\frac{1}{\sqrt{3}}$.
Untersuchung von f'' auf Vorzeichenwechsel an der Stelle $x_1 = +\frac{1}{\sqrt{3}}$:

x nahe $x_1 = +\frac{1}{\sqrt{3}}$ und $x < x_1$:
$4 - 12x^2 > 0$; $(x^2+1)^3 > 0$;
also $\frac{4-12x^2}{(x^2+1)^3} > 0$

x nahe $x_1 = +\frac{1}{\sqrt{3}}$ und $x > x_1$:
$4 - 12x^2 < 0$; $(x^2+1)^3 > 0$;
also $\frac{4-12x^2}{(x^2+1)^3} < 0$

Da ein Vorzeichenwechsel vorliegt, hat f an der Stelle $x_1 = +\frac{1}{\sqrt{3}}$ eine Wendestelle; aufgrund der Symmetrie ist $x_2 = -\frac{1}{\sqrt{3}}$ ebenfalls eine Wendestelle (Fig. 1).

Mit $f\left(\frac{1}{\sqrt{3}}\right) = \frac{1}{2}$ ergeben sich die Wendepunkte $W_1\left(\frac{1}{\sqrt{3}} \middle| \frac{1}{2}\right)$ und $W_2\left(-\frac{1}{\sqrt{3}} \middle| \frac{1}{2}\right)$.

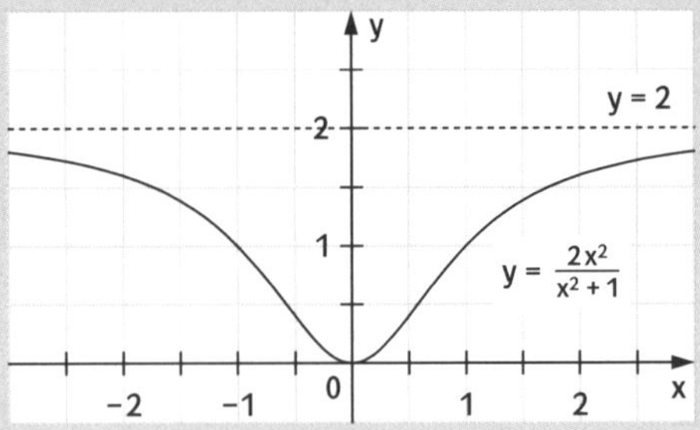

Fig. 1

Aufgabe 1 | Lösung S. 156

Untersuchen Sie den Graphen von f auf Wendepunkte.

a) $f(x) = 5 + 12x - x^3$

b) $f(x) = \frac{1}{24}x^4 - \frac{1}{3}x^3 + \frac{3}{4}x^2 + 1$

Aufgabe 2

Untersuchen Sie den Graphen von f auf Wendepunkte.

a) $f(x) = \frac{x}{x^2 + 4}$

b) $f(x) = \frac{x^3 + 1}{x}$

c) $f(x) = \frac{36x}{(3 + x^2)^2}$

Aufgabe 3

Untersuchen Sie den Graphen von f auf Wendepunkte.

a) $f(x) = (x - 1) \cdot e^{x+1}$

b) $f(x) = 2x \cdot e^{1-x}$

c) $f(x) = (2 - x^2) \cdot e^{-x}$

Aufgabe 4

Untersuchen Sie den Graphen von f auf Wendepunkte.

a) $f(x) = \ln(1 + x^2)$

b) $f(x) = \ln\left(\frac{x + 1}{x^2}\right)$

Das müssen Sie wissen:

Untersuchung einer Funktion auf Wendestellen

Eine Funktion f hat an der Stelle x_0 eine **Wendestelle**,

- wenn f′ an der Stelle x_0 einen **lokalen Extremwert** hat
  oder
- wenn f″ an der Stelle x_0 einen **Vorzeichenwechsel** hat.

Das Vorzeichenwechselkriterium hat den **Vorteil**, dass die **dritte Ableitung nicht** benötigt wird.

Momentane Änderungsrate als Ableitung

In dieser Lerneinheit üben Sie,
wie man in Anwendungen eine momentane Änderungsrate berechnen kann.

Die Ableitung einer Funktion f an der Stelle x_0 ist definiert als
$f'(x_0) = \lim\limits_{h \to 0} \frac{f(x_0 + h) - f(x_0)}{h}$.
Sie kann **geometrisch** interpretiert werden als Steigung der Tangente im Punkt $P(x_0 | f(x_0))$ (Fig. 1).

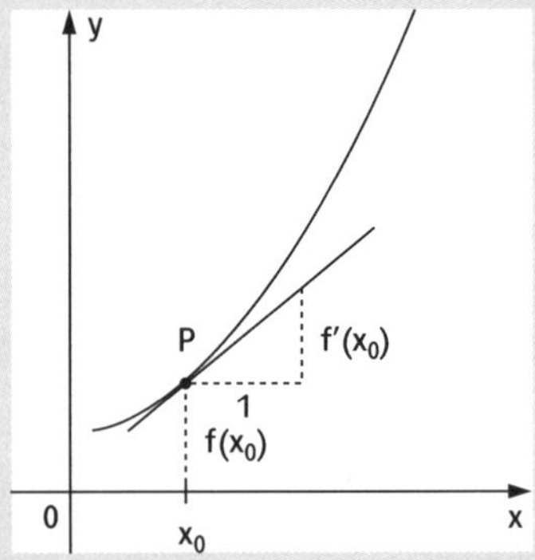

Fig. 1

In **Anwendungen** wird durch f meistens eine Größe beschrieben wie z. B. die Höhe (in m) einer Pflanze in Abhängigkeit von der Zeit.
Der Quotient $\frac{f(x_0 + h) - f(x_0)}{h}$ gibt dann den Zuwachs an Höhe im Intervall h an.
Allgemein nennt man diesen Quotienten **mittlere Änderungsrate** im Intervall h.
Strebt die mittlere Änderungsrate für $h \to 0$ gegen einen festen Wert, so heißt
$\lim\limits_{h \to 0} \frac{f(x_0 + h) - f(x_0)}{h}$ **lokale** oder **momentane Änderungsrate** von f an der Stelle x_0.
Sie kann als **Wachstumsgeschwindigkeit** der Pflanze interpretiert werden.

Durch eine Tropfinfusion wird einem Patienten ein Medikament verabreicht. Die Medikamentenmenge im Körper des Patienten kann beschrieben werden durch die Funktion f mit $f(t) = 100(1 - e^{-0,05 \cdot t})$; t in Minuten; f(t) in mg (Fig. 2).
Die Medikamentenmenge nimmt mit zunehmender Zeit langsamer zu; die Wachstumsgeschwindigkeit wird immer kleiner. Ab welchem Zeitpunkt t_0 beträgt der Zuwachs des Medikamentes z. B. weniger als 0,5 mg pro Minute?

Interpretiert man die 0,5 mg pro Minute als momentane Änderungsrate zum Zeitpunkt t_0, kann t_0 mithilfe der Ableitung berechnet werden.

$f'(t) = -100 \cdot e^{-0,05 \cdot t} \cdot (-0,05) = 5 \cdot e^{-0,05 \cdot t}$

Aus $5 \cdot e^{-0,05 \cdot t_0} < 0,5$

folgt $e^{-0,05 \cdot t_0} < 0,1$

und hieraus $t_0 > \frac{\ln(0,1)}{-0,05} \approx 46,05$.

Nach rund 46 Minuten ist der Zuwachs des Medikamentes weniger als 0,5 mg pro Minute.

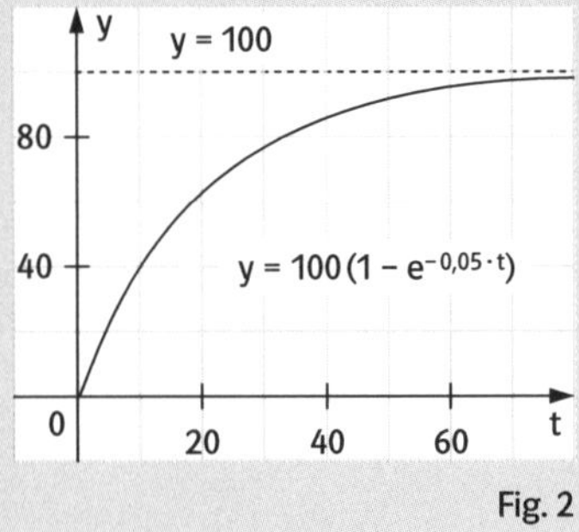

Fig. 2

Aufgabe 1 | Lösung S. 160

Für den freien Fall eines Körpers ohne Berücksichtigung des Luftwiderstandes gilt das Gesetz $s(t) = 4{,}9\,t^2$; t in Sekunden; s(t) in Meter.

a) Welche Geschwindigkeit hat ein Körper nach 5 Sekunden?

b) Wie schnell ist ein Körper, der von einem 50 Meter hohen Turm fällt, beim Aufprall auf dem Boden?

Aufgabe 2

Das Wachstum einer Bambuspflanze kann näherungsweise durch die Funktion f mit
$f(t) = -0{,}008 \cdot t^3 + 0{,}115 \cdot t^2 - 0{,}020 \cdot t + 0{,}194$; $0 \leqq t \leqq 9$;
beschrieben werden (t in Monaten; f(t) in Meter).

a) Wie hoch ist die Pflanze nach 4 Monaten?

b) Welche Wachstumsgeschwindigkeit hat die Pflanze nach 4 Monaten?

c) Zu welchen Zeitpunkten beträgt die Wachstumsgeschwindigkeit 0,4 Meter pro Monat?

Aufgabe 3

Die Anzahl von Pilzen einer Pilzkultur nimmt zunächst langsam zu; infolge einer Verunreinigung stirbt aber die Kultur ab einem gewissen Zeitpunkt sehr schnell ab.
Die Anzahl kann durch eine Funktion f mit
$f(t) = 50 \cdot e^{0{,}6 \cdot t} - 0{,}3 \cdot e^{1{,}2 \cdot t}$; t in Minuten nach Beobachtungsbeginn; f(t) in Tausend
beschrieben werden.

a) Skizzieren Sie die Anzahl und die Wachstumsgeschwindigkeit in Abhängigkeit von der Zeit in ein gemeinsames Koordinatensystem.

b) Wie viele Minuten nach Beginn der Beobachtung sind keine Pilze mehr vorhanden?

c) Bestimmen Sie die Wachstumsgeschwindigkeit nach 3 Minuten.

d) Ab welchem Zeitpunkt nimmt die Wachstumsgeschwindigkeit ab?

Das müssen Sie wissen:

Berechnung einer momentanen Änderungsrate mithilfe der Ableitung

Ist die Abhängigkeit einer Größe G von der Zeit t durch einen Term G(t) gegeben, kann man die **momentane Änderungsrate** dieser Größe zu einem bestimmten Zeitpunkt **mithilfe der Ableitung G′(t)** berechnen.

Häufig werden momentane Änderungsraten mit dem Wort **„Geschwindigkeit"** formuliert:

- **Momentangeschwindigkeit** eines Körpers,
- **Wachstumsgeschwindigkeit** einer Pflanze,
- **Zuflussgeschwindigkeit** von Wasser.

Untersuchung einer Funktion auf Zeitpunkte stärkster Änderungen

In dieser Lerneinheit üben Sie,
wie man in Anwendungen eine Funktion, deren unabhängige Variable die Zeit t ist, auf solche Stellen untersucht, an denen sich ein **Sachverhalt am stärksten ändert** bzw. die **Wachstumsgeschwindigkeit am größten** ist.
Da die Ableitung der Ausgangsfunktion die „Wachstumsgeschwindigkeit" beschreibt, erhält man eine solche Stelle als **Extremstelle der Ableitung** bzw. als **Wendestelle der Ausgangsfunktion.**

Das Höhenwachstum von Hopfen in Abhängigkeit von der Zeit kann näherungsweise durch die Funktion f mit $f(t) = \frac{6}{1 + 9 \cdot e^{-0{,}4 \cdot t}}$ modelliert werden (t in Wochen; f(t) in Meter).
Zu welchem Zeitpunkt wächst der Hopfen am stärksten?

Die Untersuchung der Ableitung von f auf Extremstellen kann mit dem GTR erfolgen. Man erhält 5,49. Nach rund fünfeinhalb Wochen wächst der Hopfen am stärksten.

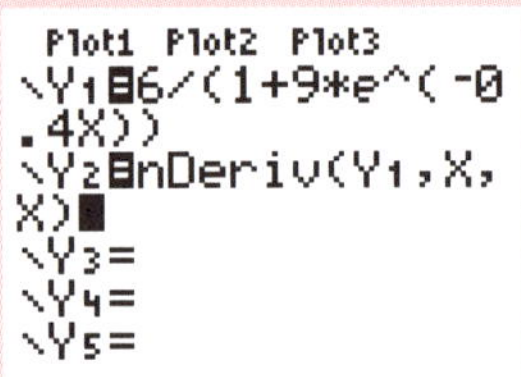

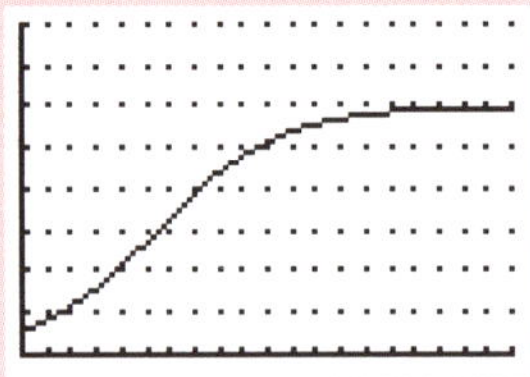

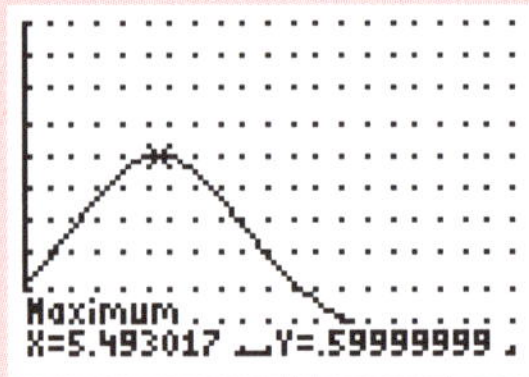

Aufgabe 1 | Lösung S. 161

Ermitteln Sie rechnerisch die Wendepunkte des Graphen von f; kontrollieren Sie das Ergebnis mit dem GTR.

a) $f(x) = x^4 - 4x^3 + 10$ b) $f(x) = \frac{8}{x^2 + 4}$ c) $f(x) = 5e^x - e^{2x} + 1$

Aufgabe 2

Die Durchflussgeschwindigkeit von Wasser in einem Rohr kann näherungsweise beschrieben werden durch die Funktion f mit $f(t) = \frac{1}{8}t^3 - 2t^2 + 9t$; $0 \leqq t \leqq 12$. Dabei ist t in Stunden und f(t) in Kubikmeter pro Stunde gemessen. Ermitteln Sie ohne GTR, wann die Durchflussgeschwindigkeit am stärksten absinkt. Wie groß ist zu diesem Zeitpunkt die Durchflussgeschwindigkeit?

Aufgabe 3

Die Konzentration eines Medikamentes im Blut kann durch die Funktion f mit $f(t) = 6t \cdot e^{-0{,}25 \cdot t}$ modelliert werden (t in Stunden nach Einnahme des Medikaments; f(t) in Milliliter pro Liter).

Ermitteln Sie ohne GTR den Zeitpunkt, zu dem die Konzentration des Medikamentes am stärksten abgebaut wird.

Aufgabe 4

Das Wachstum einer Sorte von Sonnenblumen kann näherungsweise durch die Funktion f mit $f(t) = \frac{2 \cdot e^{0{,}04 \cdot t}}{20 + e^{0{,}04 \cdot t}}$ beschrieben werden (t in Tagen; f(t) in Meter).

Ermitteln Sie mit dem GTR den Zeitpunkt, an dem die Wachstumsgeschwindigkeit einer Sonnenblume dieser Sorte am größten ist und bestimmen Sie diese maximale Wachstumsgeschwindigkeit.

Das müssen Sie wissen:

Zeitpunkte stärkster Änderungen

In Anwendungen erhält man den Zeitpunkt, an dem sich ein Sachverhalt am **stärksten ändert**, als Extremstelle der 1. Ableitung und damit als **Wendestelle der Ausgangsfunktion**.

Extremwertaufgaben

In dieser Lerneinheit üben Sie
das Lösen von **Extremwertaufgaben.**

Vorgehensweise bei Extremwertaufgaben:
1. Aufstellen der **Zielfunktion**; diese kann noch **mehrere** Variablen enthalten
2. Aufsuchen einer **Nebenbedingung**, um die Zielfunktion mit einer Variablen schreiben zu können
3. Aufstellen der **Zielfunktion** mit nur **einer** Variablen
4. Untersuchung der Zielfunktion auf **relative** und **absolute** Extremwerte
5. Formulierung eines **Ergebnisses** im Kontext der Extremwertaufgabe

Gegeben ist die Funktion f mit $f(x) = 4 - \frac{1}{4}x^2$ mit $0 < x < 4$. Durch den Punkt $P(u \,|\, f(u))$ werden Parallelen zu den Koordinatenachsen gezeichnet. Diese Parallelen bilden zusammen mit den Koordinatenachsen ein Rechteck. Bestimmen Sie den Punkt P so, dass dieses Rechteck einen maximalen Flächeninhalt hat.

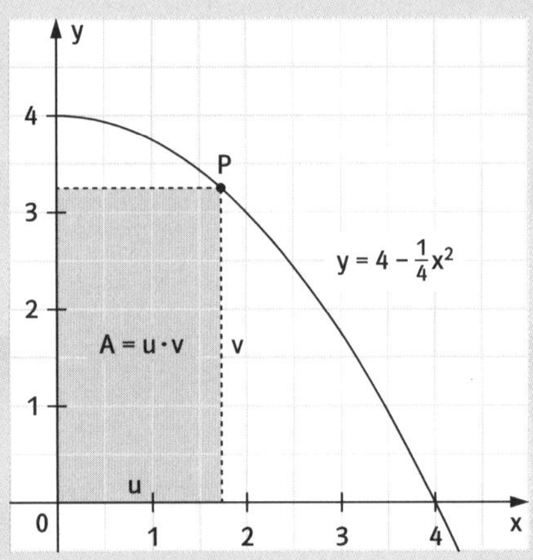

Fig. 1

1. Zielfunktion (Fig. 1):
$A(u, v) = u \cdot v$

2. Nebenbedingung:
$v = f(u) = 4 - \frac{1}{4}u^2$

3. Zielfunktion mit nur einer Variablen:
$A(u) = u \cdot f(u) = u \cdot \left(4 - \frac{1}{4}u^2\right) = 4u - \frac{1}{4}u^3$;
$0 < u < 4$

4. Untersuchung der Zielfunktion:
$A'(u) = 4 - \frac{3}{4}u^2$; $A''(u) = -\frac{3}{2}u$
Aus $4 - \frac{3}{4}u^2 = 0$ folgt $u_1 = +\frac{4}{\sqrt{3}} = +\frac{4}{3}\sqrt{3}$
und $u_2 = -\frac{4}{3}\sqrt{3}$.
Weiterhin ist $A''(u_1) = -\frac{3}{2} \cdot \frac{4}{3}\sqrt{3} = -2\sqrt{3} < 0$.
Damit hat A wegen $0 < u < 4$ ein relatives Maximum an der Stelle $\frac{4}{3}\sqrt{3} \approx 2{,}31$.
Da $A(u) \to 0$ für $u \to 0$ und $u \to 4$ gilt, ist das relative Maximum sogar das absolute Maximum mit $A(u_1) = \frac{32}{9}\sqrt{3} \approx 6{,}16$.

5. Ergebnis:
Für den Punkt $P\left(\frac{4}{3}\sqrt{3} \,\middle|\, \frac{8}{3}\right)$ ist der Flächeninhalt des Rechtecks maximal.

Aufgabe 1 | Lösung S. 163

Gegeben ist die Funktion f durch $f(x) = x^3 - 6x^2 + 9x;\ x \in \mathbb{R}$. Durch den Punkt $P(u\,|\,f(u))$ auf dem Graphen von f mit $0 < u < 3$ werden die Parallelen zu den Koordinatenachsen gezeichnet. Diese Parallelen bilden zusammen mit den Koordinatenachsen ein Rechteck mit dem Inhalt $A(u)$. Bestimmen Sie u so, dass der Flächeninhalt $A(u)$ maximal wird und berechnen Sie diesen maximalen Flächeninhalt.

Aufgabe 2

Gegeben ist die Funktion f durch $f(x) = \frac{3x^2 - 4}{x^2 + 1};\ x \in \mathbb{R}$. Der Punkt $P(u\,|\,v)$ mit $u > 0$ liegt auf dem Graphen von f. Die Punkte P, $Q(-u\,|\,v)$ und $R(0\,|\,3)$ bilden die Ecken eines Dreiecks. Bestimmen Sie u so, dass das Dreieck PQR maximalen Flächeninhalt hat und berechnen Sie diesen maximalen Flächeninhalt.

Aufgabe 3

Gegeben sind die Funktionen f und g durch $f(x) = 6 - 4e^{-\frac{1}{4}x}$ und $g(x) = 2e^{\frac{1}{2}x - 1}$ für $-2 < x < 4$. Die Graphen von f und g schneiden aus der Geraden mit der Gleichung $x = u$ eine Strecke der Länge $d(u)$ aus. Bestimmen Sie u so, dass die Streckenlänge $d(u)$ maximal wird und berechnen Sie die maximale Länge.

Das müssen Sie wissen:

Strategie beim Lösen einer Extremwertaufgabe

- Aufstellen der **Zielfunktion**; gegebenenfalls mithilfe einer **Nebenbedingung**
- Untersuchung der Zielfunktion auf **relative** Extremwerte
- Bestimmung der **absoluten** Extremwerte (hierzu Untersuchungen an den **Rändern** der Definitionsmenge)

Funktionenscharen und Ortslinien

In dieser Lerneinheit üben Sie,
wie man Funktionenscharen untersucht und die Gleichung einer so genannten Ortslinie ermittelt.

Enthält ein Funktionsterm außer der Variablen x noch eine weitere Variable t, spricht man von einer **Funktionenschar** mit dem **Parameter t.** Zu jedem Wert von $t \in D_t$ gehört eine Funktion f_t: $x \mapsto f_t(x)$. Bei der Untersuchung einer Funktionenschar wird t als konstant betrachtet; abgeleitet wird weiterhin nach x.

Bei Funktionenscharen sind häufig die Koordinaten bestimmter Punkte P_t von t abhängig. Beschreibt t alle zugelassenen Werte, erhält man unendlich viele Punkte P_t. Die Punktmenge $\{(x_t | y_t) | t \in D_t\}$ heißt **Ortslinie** oder auch **Ortskurve**. Ist z. B. die Gleichung der Ortslinie gesucht, auf der die Hochpunkte der Graphen einer Funktionenschar liegen, ermittelt man zunächst die zugehörigen **Koordinaten in Abhängigkeit von t** und **eliminiert dann** in einem zweiten Schritt den **Parameter.**

Gegeben ist für jedes $t > 0$ die Funktion f_t durch $f_t(x) = t^2x^3 - 6tx^2 + 9x$ mit $x \in \mathbb{R}$. Gesucht ist die Gleichung der Ortslinie aller Hochpunkte.

Untersuchung:

Es ist $f_t'(x) = 3t^2x^2 - 12tx + 9$;

$f_t''(x) = 6t^2x - 12t$.

$f_t'(x) = 0$ hat die beiden Lösungen $\frac{3}{t}$ und $\frac{1}{t}$.

Da $f_t''\left(\frac{3}{t}\right) = 6t > 0$ und $f_t''\left(\frac{1}{t}\right) = -6t < 0$

sowie $f_t\left(\frac{1}{t}\right) = \frac{4}{t}$ ist, gilt $H_t\left(\frac{1}{t} \middle| \frac{4}{t}\right)$.

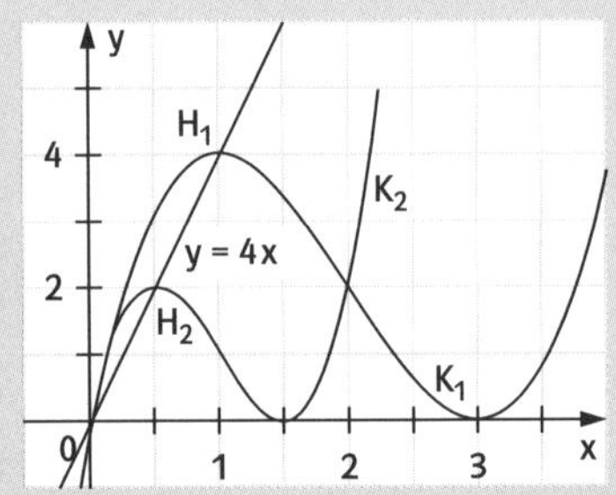

Fig. 1

Gleichung der Ortslinie:

Es ist $x_H = \frac{1}{t}$ und $y_H = \frac{4}{t}$.

Hieraus folgt $y_H = 4 \cdot \frac{1}{t} = 4x_H$.

Also liegen alle Hochpunkte auf der Geraden mit der Gleichung $y = 4x$ (Fig. 1).
Wegen $t > 0$ ist $x_H > 0$, d. h. nur die im ersten Feld liegenden Punkte der Geraden sind tatsächlich auch Hochpunkte.

Aufgabe 1 | Lösung S. 164

Gegeben ist die Funktionenschar f_t mit $f_t(x) = x^2 - 3t^2x;\ t \in \mathbb{R}$.

a) Untersuchen Sie die Funktionenschar. Skizzieren Sie mindestens zwei Graphen der Schar.

b) Bestimmen Sie die Ortslinie der Tiefpunkte.

Aufgabe 2

Für jedes $t > 0$ ist eine Funktion f_t gegeben durch $f_t(x) = \frac{1}{2}tx + \frac{1}{x}$.
Ihr Graph sei K_t.

a) Untersuchen Sie K_t auf Hoch- und Tiefpunkte.

b) Bestimmen Sie je eine Gleichung der Kurve C, auf welcher die Hoch- bzw. Tiefpunkte von K_t liegen. Untersuchen Sie, ob alle Punkte von C auch Hochpunkte bzw. Tiefpunkte von K_t sind.

Aufgabe 3

Für jedes $t > 0$ ist eine Funktion f_t gegeben durch $f_t(x) = x + t \cdot e^{-x}$.
Ihr Graph sei K_t.

a) Untersuchen Sie K_t auf Tiefpunkte und auf Asymptoten.

b) Bestimmen Sie die Ortlinie C der Tiefpunkte. Untersuchen Sie, ob alle Punkte von C auch Tiefpunkte von K_t sind.

Aufgabe 4

Für jedes $t \in \mathbb{R}$ ist eine Funktion f_t gegeben durch $f_t(x) = e^{2t-x} + x - 3t$.
Ihr Graph sei K_t.

a) Geben Sie für jedes K_t die Gleichung der schiefen Asymptote an.

b) Ermitteln Sie die Ortslinie der Tiefpunkte.

Das müssen Sie wissen:

Funktionenscharen und Ortslinien

Eine **Funktionenschar** wird beschrieben durch $f_t\colon\ x \mapsto f_t(x);\ t \in D_t$.

Bei der Anwendung von Sätzen aus der Analysis auf eine Funktionenschar wird t als **konstant** angenommen. Abgeleitet wird weiterhin nach x, nicht nach t.

Die Gleichung einer **Ortslinie** ermittelt man in zwei Schritten:

- Berechnung der Koordinaten x_P und y_P des betrachteten Punktes $P_t(x_P \,|\, y_P)$ in **Abhängigkeit von t.**
- **Elimination des Parameters t** aus den Termen für x_P und y_P.

Bestimmung einer Funktion aus Bedingungen

In dieser Lerneinheit üben Sie,
wie man eine Funktion aus vorgegebenen Bedingungen bestimmen kann.

Gegeben ist also nicht eine Funktion, die untersucht werden soll. Sondern es soll umgekehrt eine Funktion f bestimmt werden, deren Graph K **vorgegebene Bedingungen** erfüllt. Diese Bedingungen kann man mithilfe von f, f′, f″ usw. formulieren. Wichtige Bedingungen an K sind:

- K verläuft durch den **Punkt** $P(x_0 \mid y_0)$: $f(x_0) = y_0$
- K hat an der Stelle x_0 die **Steigung m**: $f'(x_0) = m$
- K besitzt den **Extrempunkt** $E(x_E \mid y_E)$: $f(x_E) = y_E$ **und** $f'(x_E) = 0$
- K besitzt den **Wendepunkt** $W(x_W \mid y_W)$: $f(x_W) = y_W$ **und** $f''(x_W) = 0$

Bei **ganzrationalen** Funktionen führen diese Bedingungen auf ein **LGS.**
Nützlich ist, vorgegebene **Symmetrien** im Ansatz zu berücksichtigen:
Achsensymmetrie zur y-Achse: Ansatz mit nur **geraden** Hochzahlen;
Punktsymmetrie zum Ursprung: Ansatz mit nur **ungeraden** Hochzahlen.

Bei anderen Funktionenklassen wie z. B. e-Funktionen geht man entsprechend vor. Zu beachten ist aber, dass sich dann **kein lineares** Gleichungssystem ergibt.

Der Graph K einer ganzrationalen Funktion f vom Grad 3 verläuft durch $X(6 \mid 0)$, hat den Wendepunkt $W(2 \mid 4)$ und die Tangente in W hat die Steigung 3. Gesucht ist f(x).

Der Ansatz $f(x) = ax^3 + bx^2 + cx + d$
ergibt $f'(x) = 3ax^2 + 2bx + c$
und $f''(x) = 6ax + 2b$.

$f(6) = 0$ ergibt $216a + 36b + 6c + d = 0$;
$f(2) = 4$ ergibt $8a + 4b + 2c + d = 4$;
$f''(2) = 0$ ergibt $12a + 2b = 0$;
$f'(2) = 3$ ergibt $12a + 4b + c = 3$.

Damit erhält man das LGS

$$\begin{aligned} 216a + 36b + 6c + d &= 0 \\ 8a + 4b + 2c + d &= 4 \\ 12a + 2b &= 0 \\ 12a + 4b + c &= 3 \end{aligned}$$

mit der Lösung $\left(-\frac{1}{4}; \frac{3}{2}; 0; 0\right)$. Also gilt $f(x) = -\frac{1}{4}x^3 + \frac{3}{2}x^2$.

Diese Funktion erfüllt die angegebenen Bedingungen.

Aufgabe 1 | Lösung S. 166

Bestimmen Sie den Term f(x) für eine ganzrationale Funktion f mit Graph K.

a) f hat den Grad 4; K ist achsensymmetrisch zur y-Achse, verläuft durch den Ursprung O(0 | 0) und hat den Hochpunkt H(2 | 9).

b) f hat den Grad 3; K ist punktsymmetrisch zum Ursprung und hat den Hochpunkt $H(\sqrt{3}\,|\,\sqrt{3})$.

c) f hat den Grad 3; K geht durch die Punkte O(0 | 0), $X_1(3\,|\,0)$, $X_2(6\,|\,0)$ und hat in O die Steigung 3.

Aufgabe 2

Es gilt $f(x) = \frac{ax^2}{bx + 2}$; K hat den Hochpunkt H(−3 | −3).

Bestimmen Sie f(x).

Aufgabe 3

Der Graph einer Exponentialfunktion f geht durch die Punkte A(0 | 3) und $B(2\,|\,3\,e^{0,5})$.

Ermitteln Sie einen möglichen Funktionsterm f(x).

Das müssen Sie wissen:

Bestimmung einer Funktion aus Bedingungen

Bei **ganzrationalen** Funktionen:

- Ansatz für die Funktion f; Symmetrien berücksichtigen
- Formulieren der Bedingungen mithilfe von f, f′, f″ usw.
- Aufstellen des LGS und Lösen des LGS
- Da bei dem Verfahren nur **notwendige** Bedingungen verwendet werden, ist eine **Kontrolle** nötig.

Bei **anderen** Funktionenklassen geht man entsprechend vor; der Ansatz ist durch die Klasse bestimmt.
Man erhält kein **lineares** Gleichungssystem.

Musterklausur 1:

Ganzrationale Funktion mit Extremwertaufgabe; Tangenten und Sekanten

Aufgabenstellung

Gegeben ist die Funktion f mit Graph K durch

$f(x) = \frac{1}{8}x^3 - \frac{3}{4}x^2 + 4;\ x \in \mathbb{R}$.

Ferner sei g eine beliebige Gerade durch den Punkt $P(4\,|\,0)$, die nicht parallel zur y-Achse verläuft.

a) Beschreiben Sie das Verhalten von K für $x \to \pm\infty$.
Berechnen Sie $f(-2)$ und bestimmen Sie die gemeinsamen Punkte von K mit den Koordinatenachsen. Untersuchen Sie K auf Hoch-, Tief- und Wendepunkte.
Zeichnen Sie K für $-2 \leqq x \leqq 6$.

b) Durch den Punkt $P(u\,|\,f(u))$ auf K mit $0 < u < 4$ werden die Parallelen zu den Koordinatenachsen gezeichnet. Diese Parallelen bilden zusammen mit den Koordinatenachsen ein Rechteck mit dem Umfang $U(u)$.
Skizzieren Sie den Graphen der Funktion U.
Bestimmen Sie u so, dass der Umfang $U(u)$ maximal wird und berechnen Sie diesen maximalen Umfang.

c) Die Steigung m der Geraden g wird so gewählt, dass $m < 0$ und g Tangente an K ist.
Bestimmen Sie m und den Berührpunkt von g und K.

d) Geben Sie die Anzahl der gemeinsamen Punkte von K und g in Abhängigkeit von $m \in \mathbb{R}$ an.
Kann m so gewählt werden, dass K und g genau drei gemeinsame Punkte haben, von denen einer der Mittelpunkt der Verbindungsstrecke der beiden anderen ist?

Ausformulierte Lösung:

a) Verhalten von K für $x \to \pm\infty$:

Ist $|x|$ sehr groß, so verläuft K ähnlich wie der Graph mit der Gleichung $y = \frac{1}{8}x^3$.
Insbesondere strebt $\mathbf{f(x) \to +\infty}$ **für** $\mathbf{x \to +\infty}$ **und** $\mathbf{f(x) \to -\infty}$ **für** $\mathbf{x \to -\infty}$.

Gemeinsame Punkte von K mit den Koordinatenachsen:

Es ist $f(-2) = \frac{1}{8}(-2)^3 - \frac{3}{4}(-2)^2 + 4 = 0$. Damit ist die Polynomdivision von f(x) durch $x + 2$ ohne Rest durchführbar und man erhält

$$f(x) = \frac{1}{8} - \frac{3}{4}x^2 + 4 = \frac{1}{8}(x+2)(x-4)^2.$$

Hieran erkennt man, dass K mit der x-Achse die gemeinsamen Punkte $\mathbf{X_1(4\,|\,0)}$ und $\mathbf{X_2(-2\,|\,0)}$ besitzt.
Wegen $f(0) = 4$ schneidet K die y-Achse in $\mathbf{Y(0\,|\,4)}$.

Ableitungen:

$$f'(x) = \frac{3}{8}x^2 - \frac{3}{2}x = \frac{3}{8}x\,(x-4)$$
$$f''(x) = \frac{3}{4}x - \frac{3}{2}$$
$$f'''(x) = \frac{3}{4}$$

Hoch- und Tiefpunkte:

$f'(x) = 0$ ergibt $\frac{3}{8}x(x-4) = 0$ und somit $x = 0$ oder $x = 4$. Da $f(0) = 4$ und $f(4) = 0$ sowie $f''(0) = -\frac{3}{2} < 0$ und $f''(4) = +\frac{3}{2} > 0$ gilt, hat K den **Hochpunkt** $\mathbf{H(0\,|\,4)} = Y$ und den **Tiefpunkt** $\mathbf{T(4\,|\,0)} = X_1$.

Wendepunkte:

$f''(x) = 0$ ergibt $\frac{3}{4}x - \frac{3}{2} = 0$ und somit $x = 2$.
Da $f(2) = \frac{1}{8}\cdot 2^3 - \frac{3}{4}\cdot 2^2 + 4 = 2$ und $f'''(2) = \frac{3}{4} \neq 0$ gilt, besitzt K den **Wendepunkt W(2|2).**

Graph K:
Siehe Fig.

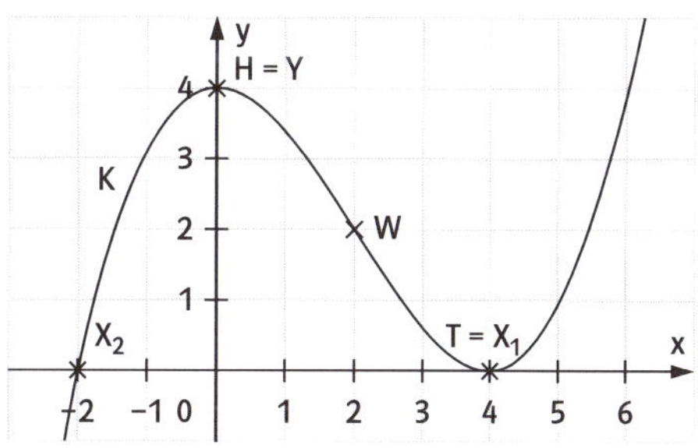

b) Maximaler Umfang:

Das beschriebene Rechteck hat die Seitenlängen u und f(u) und folglich den Umfang

$U(u) = 2\cdot u + 2\cdot f(u) = 2u + 2\left(\frac{1}{8}u^3 - \frac{3}{4}u^2 + 4\right) = \frac{1}{4}u^3 - \frac{3}{2}u^2 + 2u + 8$ mit $0 < u < 4$.

Zur Bestimmung der relativen Extrema von U bildet man
$U'(u) = \frac{3}{4}u^2 - 3u + 2$, $U''(u) = \frac{3}{2}u - 3$.

Aus $U'(u) = 0$ folgt $\frac{3}{4}u^2 - 3u + 2 = 0$ mit den Lösungen

$u_{1/2} = \frac{12 \pm \sqrt{144 - 4 \cdot 3 \cdot 8}}{6} = \frac{12 \pm 4\sqrt{3}}{6}$ bzw. $u_1 = 2 + \frac{2}{3}\sqrt{3} \approx 3{,}15$; $u_2 = 2 - \frac{2}{3}\sqrt{3} \approx 0{,}85$.

Wegen $U''(u_1) = \frac{3}{2}\left(2 + \frac{2}{3}\sqrt{3}\right) - 3 = \sqrt{3} > 0$ und $U''(u_2) = \frac{3}{2}\left(2 - \frac{2}{3}\sqrt{3}\right) - 3 = -\sqrt{3} < 0$

hat $U(u)$ an der Stelle u_1 **ein relatives Minimum** und an der Stelle u_2 **ein relatives Maximum**. Weil aber $U(u) \to 8$ für $u \to 0$ und für $u \to 4$ gilt, ist das **relative Maximum sogar ein absolutes Maximum**.

Der maximale Umfang ist dann

$U(u_2) = \frac{1}{4}\left(2 - \frac{2}{3}\sqrt{3}\right)^3 - \frac{3}{2}\left(2 - \frac{2}{3}\sqrt{3}\right)^2 + 2\left(2 - \frac{2}{3}\sqrt{3}\right) + 8 \approx \mathbf{8{,}77}$.

c) *Bestimmung des Berührpunktes B und der Steigung m von g:*

Die Gerade g durch $P(4\,|\,0)$ mit der Steigung m hat die Gleichung

$$y = m(x - 4).$$

Diese Gerade g berührt K im Punkt $B(x_B\,|\,y_B)$ mit $x_B \neq 4$, wenn gilt

$$f(x_B) = m(x_B - 4) \quad \text{und} \quad f'(x_B) = m.$$

Da nach a) $f(x) = \frac{1}{8}(x + 2)(x - 4)^2$ und $f'(x) = \frac{3}{8}x(x - 4)$ gilt, ergibt dies

$$\frac{1}{8}(x_B + 2)(x_B - 4)^2 = m(x_B - 4) \text{ und } \frac{3}{8}x_B(x_B - 4) = m.$$

Wegen $x_B \neq 4$ ist dann

$$\frac{1}{8}(x_B + 2)(x_B - 4) = m \quad \text{sowie} \quad \frac{3}{8}x_B(x_B - 4) = m$$

und folglich

$$\frac{1}{8}(x_B + 2)(x_B - 4) = \frac{3}{8}x_B(x_B - 4).$$

Wiederum wegen $x_B \neq 4$ ist dann

$$\frac{1}{8}(x_B + 2) = \frac{3}{8}x_B$$

und folglich

$$x_B = 1.$$

Aus $m = \frac{3}{8}x_B(x_B - 4)$ erhält man dann $m = -\frac{9}{8}$.

Wegen $f(1) = \frac{27}{8}$ berührt g den Graphen K für $\mathbf{m = -\frac{9}{8}}$ **in** $\mathbf{B\left(1\,\middle|\,\frac{27}{8}\right)}$.

d) Anzahl der gemeinsamen Punkte von K und g:

Für die Anzahl a (m) der gemeinsamen Punkte von K und g gilt laut nebenstehender Abbildung:

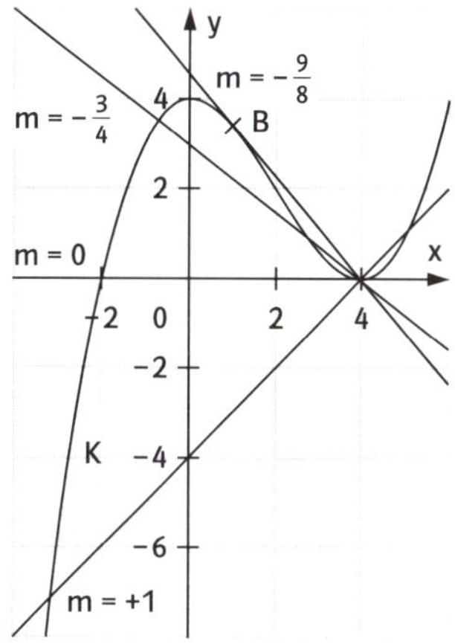

$$a(m) = \begin{cases} 3 & \text{für} \quad m > 0 \\ 2 & \text{für} \quad m = 0 \\ 3 & \text{für} \quad 0 > m > -\frac{9}{8} \\ 2 & \text{für} \quad m = -\frac{9}{8} \\ 1 & \text{für} \quad m < -\frac{9}{8} \end{cases}.$$

Lage der gemeinsamen Punkte:

Für die x-Werte x_S der gemeinsamen Punkte $S(x_S \mid y_S)$ von K und g gilt

$$\frac{1}{8}(x_S + 2)(x_S - 4)^2 = m(x_S - 4)$$

und somit

$$(x_S - 4)(x_S{}^2 - 2x_S - 8 - 8m) = 0.$$

Daraus folgt

$$x_S = 4 \quad \text{oder} \quad x_S = 1 + \sqrt{9 + 8m} \quad \text{oder} \quad x_S = 1 - \sqrt{9 + 8m}.$$

Wenn $m > 0$ ist, muss $P(4 \mid 0)$ der Mittelpunkt der Verbindungsstrecke der Punkte mit den x-Werten $1 + \sqrt{9 + 8m}$ und $1 - \sqrt{9 + 8m}$ sein. Dann ist

$$4 = \frac{1}{2}\left(1 + \sqrt{9 + 8m} + 1 - \sqrt{9 + 8m}\right),$$

aber diese Gleichung ist unlösbar.

Wenn $0 > m > -\frac{9}{8}$ ist, muss der Punkt mit dem x-Wert $1 + \sqrt{9 + 8m}$ der Mittelpunkt der Verbindungsstrecke der Punkte mit den x-Werten 4 und $1 - \sqrt{9 + 8m}$ sein.

Dann ist

$$1 + \sqrt{9 + 8m} = \frac{1}{2}\left(4 + 1 - \sqrt{9 + 8m}\right)$$

und somit

$$\sqrt{9 + 8m} = 1$$
$$m = -1.$$

Wählt man also **m = −1**, so halbiert der mittlere der drei gemeinsamen Punkte von K und g die Verbindungsstrecke der äußeren Punkte.

Bestimmung von Stammfunktionen

In dieser Lerneinheit üben Sie
die Bestimmung von Stammfunktionen.

Die Umkehrung des Ableitens ist das Bilden einer Stammfunktion. Eine Funktion F heißt **Stammfunktion** von f, wenn gilt: $\mathbf{F'(x) = f(x)}$. Die Bestimmung einer Stammfunktion nennt man auch **integrieren.** Die Stammfunktionen folgender „Grundfunktionen" sollten Sie auswendig kennen.

$f(x)$	$c;\ c \in \mathbb{R}$	$x^r;\ r \neq -1$	e^x	$\sin(x)$	$\cos(x)$	$\frac{1}{x}$
$F(x)$	$c \cdot x$	$\frac{1}{r+1} \cdot x^{r+1}$	e^x	$-\cos(x)$	$\sin(x)$	$\ln(x)$

Für die Potenzfunktion f mit $f(x) = x^3$ gilt $F(x) = \frac{1}{3+1} x^{3+1} = \frac{1}{4}x^4$.
Aber auch $F(x) = \frac{1}{4}x^4 + 3$ ist eine Stammfunktion von f, denn die Ableitung eines konstanten Summanden ist null.

Allgemein gilt: Zu einer Funktion gibt es unendlich viele Stammfunktionen, diese unterscheiden sich aber nur durch einen **konstanten Summanden.**

Ist die zu integrierende Funktion keine „Grundfunktion", so gilt

- die **Summenregel**:
  Eine Summe wird „summandenweise" integriert:
  Für $f(x) = x^3 - x^2 + 1$ gilt $F(x) = \frac{1}{4}x^4 - \frac{1}{3}x^3 + x$.
- die **Faktorregel**:
  Ein konstanter Faktor bleibt erhalten:
  Für $f(x) = 3 \cdot \sin(x)$ gilt $F(x) = 3 \cdot (-\cos(x)) = -3 \cdot \cos(x)$.
- das Verfahren der **linearen Substitution**:
  Für $f(x) = (3x + 1)^4$ gilt $F(x) = \frac{1}{5}(3x + 1)^5 \cdot \frac{1}{3} = \frac{1}{15} \cdot (3x + 1)^5$.
  Der Faktor $\frac{1}{3}$ ergibt sich nach der Regel: „1 durch innere Ableitung".
  Probe: Nach der Kettenregel gilt: $F'(x) = \frac{1}{15} \cdot 5(3x + 1)^4 \cdot 3 = (3x + 1)^4$.

Aufgabe 1 | Lösung S. 168

Bestimmen Sie eine Stammfunktion F der rationalen Funktion f.

a) $f(x) = x^3$
b) $f(x) = x^7 + 2$
c) $f(x) = x^{-3}$
d) $f(x) = x^{-7}$
e) $f(x) = \frac{1}{x^4} - 1$
f) $f(x) = \frac{1}{x^6}$
g) $f(x) = 4x^{-3}$
h) $f(x) = -\frac{12}{x^7}$
i) $f(x) = \frac{2}{x} + 4$
j) $f(x) = 2x^5 - 3x^4 + 3x^2 - 1$
k) $f(x) = \frac{1}{2}x^3 - \frac{2}{3}x^2 - \frac{3}{4}x$
l) $f(x) = \frac{1}{x} + 2x^3 + 5$

Aufgabe 2

Bestimmen Sie eine Stammfunktion F der Funktion f.

a) $f(x) = 4e^x$
b) $f(x) = -5e^x + 2$
c) $f(x) = \frac{1}{4} \cdot \sin(x)$
d) $f(x) = 2 \cdot \cos(x)$
e) $f(x) = \frac{1}{2}x + 3e^x$
f) $f(x) = 2e^x - \frac{1}{2} \cdot \sin(x)$

Aufgabe 3

Bestimmen Sie mit linearer Substitution eine Stammfunktion F von f.

a) $f(x) = (2x - 3)^3$
b) $f(x) = \frac{2}{3}(3 - 4x)^5$
c) $f(x) = 6e^{3 - \frac{4}{5}x}$
d) $f(x) = \sin(2x + 1)$
e) $f(x) = \pi \cdot \cos(1 - \pi x)$
f) $f(x) = \frac{1}{2x - 1}$

Aufgabe 4

Bestimmen Sie eine Stammfunktion F von f mit der angegebenen Eigenschaft.

a) $f(x) = \frac{4}{3}(2 - 4x)^3$ und $F(1) = 0$

b) $f(x) = 4e^{3x} - 2e^{-2x}$ und $F(0) = 2$

c) $f(x) = \frac{3}{x - 2}$ und $F(5) = 1$

Das müssen Sie wissen:

Standardtechniken beim Bestimmen einer Stammfunktion

1. Stammfunktionen der „Grundfunktionen" kennt man auswendig:

$f(x) = c;\ c \in \mathbb{R}$	$f(x) = x^r;\ r \neq -1$	$f(x) = e^x$	$f(x) = \sin(x)$	$f(x) = \cos(x)$	$f(x) = \frac{1}{x}$
$F(x) = c \cdot x$	$F(x) = \frac{1}{r+1} \cdot x^{r+1}$	$F(x) = e^x$	$F(x) = -\cos(x)$	$F(x) = \sin(x)$	$F(x) = \ln(x)$

2. Ist die gegebene Funktion f keine „Grundfunktion", versucht man, mit der **Summenregel**, der **Faktorregel** bzw. dem Verfahren der **linearen Substitution** eine Stammfunktion zu ermitteln.
3. Zu einer gegebenen Funktion gibt es **nur eine** Ableitungsfunktion, aber **unendlich viele** Stammfunktionen; diese unterscheiden sich aber nur durch einen **konstanten Summanden**.

Nachweis einer Stammfunktion durch Ableiten

In dieser Lerneinheit üben Sie,
wie man nachweist, dass eine Funktion F eine Stammfunktion von f ist.

Das Integrieren einer Funktion ist schwieriger als das Ableiten. Bei komplizierteren Funktionen gibt man daher in Prüfungen oft zu einer Funktion f eine Funktion F an und verlangt den Nachweis, dass F eine Stammfunktion von f ist.
Es ist also nachzuweisen, dass die **Bedingung $F'(x) = f(x)$** erfüllt ist.
Benötigt werden hierbei die Ableitungsregeln:
- Produktregel
- Quotientenregel
- Kettenregel.

Zeigen Sie, dass durch $F(x) = -(x^2 + 2x + 2) \cdot e^{-x}$ eine Stammfunktion von f mit $f(x) = x^2 \cdot e^{-x}$ gegeben ist.
Mit der Produktregel und der Kettenregel erhält man:

$$\begin{aligned} F'(x) &= -(2x + 2) \cdot e^{-x} + [-(x^2 + 2x + 2)] \cdot e^{-x} \cdot (-1) \\ &= e^{-x} \cdot (-2x - 2 + x^2 + 2x + 2) \\ &= e^{-x} \cdot x^2 \\ &= x^2 \cdot e^{-x}. \end{aligned}$$

Da die Bedingung $F'(x) = f(x)$ erfüllt ist, ist F eine Stammfunktion von f.

Aufgabe 1 | Lösung S. 169

Zeigen Sie, dass die Funktion F eine Stammfunktion von f ist.

a) $f(x) = \frac{e^x}{(1 + e^x)^2}$; $F(x) = \frac{-1}{1 + e^x}$

b) $f(x) = \left(\frac{1}{2}x - 2\right) \cdot e^{\frac{1}{2}x}$; $F(x) = (x - 6) \cdot e^{\frac{1}{2}x}$

c) $f(x) = x \cdot e^{2-x}$; $F(x) = (-x - 1) \cdot e^{2-x}$

d) $f(x) = (x + 1) \cdot e^{-x}$; $F(x) = (-x - 2) \cdot e^{-x}$

Aufgabe 2

Zeigen Sie, dass die Funktion F eine Stammfunktion von f ist.

a) $f(x) = x \cdot \sin(x)$; $F(x) = -x \cdot \cos(x) + \sin(x)$

b) $f(x) = \sin(x) \cdot \cos(x)$; $F(x) = \frac{1}{2} \cdot \sin^2(x)$

c) $f(x) = \sin^2(x)$; $F(x) = \frac{1}{2}[x - \sin(x) \cdot \cos(x)]$

Aufgabe 3

Zeigen Sie, dass die Funktion F eine Stammfunktion von f ist.

a) $f(x) = x \cdot \ln(x)$; $F(x) = \frac{1}{2}x^2 \cdot \left[\ln(x) - \frac{1}{2}\right]$

b) $f(x) = \frac{1}{(x+2) \cdot (x+4)}$; $F(x) = \frac{1}{2} \cdot \ln\left(\frac{x+2}{x+4}\right)$

c) $f(x) = x^2 - x^2 \cdot \ln(x^2)$; $F(x) = \frac{1}{9}x^3(5 - 3 \cdot \ln(x^2))$

Das müssen Sie wissen:

Nachweis, dass eine Funktion F eine Stammfunktion von f ist

Die Funktion F ist eine Stammfunktion von f, wenn die Bedingung **$F'(x) = f(x)$** erfüllt ist.

Zum Nachweis benötigt man die
- **Produktregel,**
- **Quotientenregel,**
- **Kettenregel.**

Integralrechnung

Ermittlung eines Bestandes aus einer Änderungsrate

In dieser Lerneinheit üben Sie
die Berechnung des **Wertes einer Größe** aus ihrer **momentanen Änderungsrate** in einem Intervall und einem **Anfangswert.**
Kennt man von einer Funktion f die Ableitung f′ auf dem Intervall [a; b] und den Funktionswert f(a), dann kann man daraus den Funktionswert f(b) bestimmen, denn es gilt:

$$f(b) = f(a) + \int_a^b f'(x)\,dx.$$

In Anwendungen deutet man meistens die Variable x als Zeit t und die Ableitung f′ als momentane Änderungsrate m einer Größe G über dem Intervall $[t_1; t_2]$. Dann gilt für die Größe G zum Zeitpunkt t_2:

$$G(t_2) = G(t_1) + \int_{t_1}^{t_2} m(t)\,dt.$$

Damit lässt sich also **aus der momentanen Änderungsrate einer Größe und ihrem Bestand $G(t_1)$ zum Zeitpunkt t_1 der Bestand der Größe $G(t_2)$ zum Zeitpunkt t_2 bestimmen.**
Die Zunahme der Flüssigkeitsmenge in einem Behälter kann beschrieben werden durch die Funktion m mit $m(t) = 5 \cdot e^{-0,01 \cdot t}$; $t \geqq 0$. Dabei sind t in Minuten und m(t) in Liter/Minute gemessen. Sind zu Beginn der Beobachtung 50 Liter im Behälter, ergibt sich für die Flüssigkeitsmenge nach 100 Minuten:

$$G(100) = 50 + \int_0^{100} 5 \cdot e^{-0,01 \cdot t} dt = 50 + 5 \cdot \left[-100 \cdot e^{-0,01 \cdot t}\right]_0^{100}$$

$$= 50 + 5 \cdot (-100 \cdot e^{-0,01 \cdot 100} + 100 \cdot e^{-0,01 \cdot 0}) = 50 + 500 \cdot (1 - e^{-1}) \approx 366,06.$$

Nach 100 Minuten sind also rund 366 Liter in dem Behälter.

Aufgabe 1 | Lösung S. 169
Die Funktion f hat im Intervall [1; 3] die momentane Änderungsrate f′ mit $f'(x) = 2 \cdot e^{-0,2x}$.
Bestimmen Sie f(3), wenn f(1) = 5 ist.

Aufgabe 2
Die Geschwindigkeit (in ms^{-1}) eines zur Zeit t = 0 (in s) startenden Sportwagens kann für $0 \leqq t \leqq 8$ durch die Funktion v mit $v(t) = -\frac{1}{4}t^3 + 3t^2$ beschrieben werden. Bestimmen Sie den nach 8 Sekunden zurückgelegten Weg.

Aufgabe 3

Die Änderungsrate einer Population wird beschrieben durch die Funktion f mit $f(t) = 100 - 10 \cdot e^{-0,35 \cdot t}$, wobei t in Jahren ab Beobachtungsbeginn angegeben ist.
Auf welchen Wert ist die Population in den ersten 5 Beobachtungsjahren angewachsen, wenn zu Beginn rund 500 Individuen vorhanden waren?

Aufgabe 4

In einem Behälter sind 80 Liter Flüssigkeit. Zur Zeit $t = 0$ (in min) wird das Einlassventil eines Rohres geöffnet. Während der ersten zwei Minuten steigt die momentane Durchflussgeschwindigkeit $d(t)$ $\left(\text{in } \frac{m^3}{s}\right)$ quadratisch bis zu $20\,\frac{m^3}{s}$ an.
Wie viel Liter Flüssigkeit sind nach zwei Minuten in dem Behälter?

Aufgabe 5

Die Wachstumsgeschwindigkeit einer Käferpopulation in einem See kann modelliert werden durch die Funktion f mit $f(t) = \frac{2}{(1+t)^2}$; t in Monaten, f(t) in Käfer pro Monat.

a) Zeichnen Sie den Graphen der Funktion f.

b) Ermitteln Sie die Funktion, welche die Zahl der Käfer im See beschreibt, wenn zu Beginn zehn Käfer vorhanden waren; zeichnen Sie den Graphen dieser Funktion in das vorhandene Koordinatensystem.

c) Beschreiben Sie den Verlauf der Wachstumsgeschwindigkeit und den Verlauf der Käferpopulation.

Das müssen Sie wissen:

Berechnung eines Bestandes aus einer Änderungsrate

1. Sind die Größe G zu einem Zeitpunkt t_1 sowie die Änderungsrate m der Größe in dem Intervall $[t_1; t_2]$ gegeben, kann man hieraus die Größe G zum Zeitpunkt t_2 ermitteln:

$$G(t_2) = G(t_1) + \int_{t_1}^{t_2} m(t)\,dt.$$

2. Beispiele hierfür sind die Berechnung
   - des **Weges** aus der **Geschwindigkeit**,
   - der **Höhe** einer Pflanze aus der **Wachstumsgeschwindigkeit**,
   - der **Flüssigkeitsmenge** aus der **Zuflussrate**,
   - der **Konzentration** eines Medikamentes aus der **Änderungsrate der Konzentration**.

   Dabei müssen jeweils **Anfangswerte** gegeben sein.

Flächenberechnungen bei abgeschlossenen Flächen

In dieser Lerneinheit üben Sie
die **Berechnung von Flächeninhalten** mithilfe der Integralrechnung.
Dabei treten häufig die folgenden Fälle auf.

Fall 1: Es ist $f(x) \geqq 0$ für alle $x \in [a; b]$, vgl. Fig. 1.

$$A = \int_a^b f(x)\,dx = [F(x)]_a^b = F(b) - F(a)$$

Für $f(x) = \frac{1}{5}x^2 + 1$ gilt für $x \in [1; 3]$:

$$A = \int_1^3 \left(\frac{1}{5}x^2 + 1\right)dx = \left[\frac{1}{15}x^3 + x\right]_1^3$$

$$= \left(\frac{1}{15}\cdot 3^3 + 3\right) - \left(\frac{1}{15}\cdot 1^3 + 1\right) = \frac{56}{15}.$$

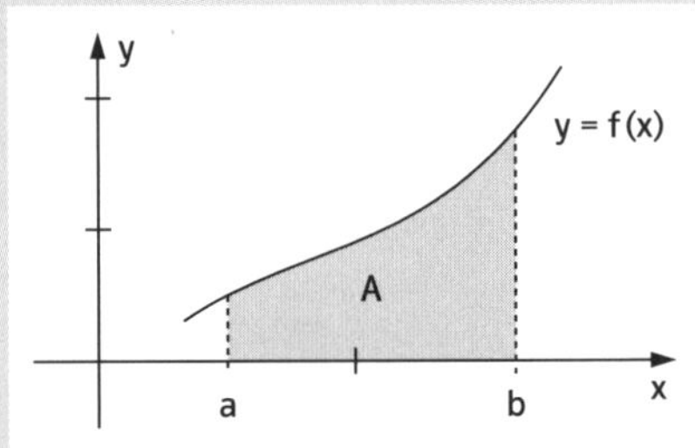

Fig. 1

Fall 2: Es ist $f(x) \leqq 0$ für alle $x \in [a; b]$, vgl. Fig. 2.

$$A = -\int_a^b f(x)\,dx$$

$$= -[F(x)]_a^b$$

$$= -(F(b) - F(a)) = F(a) - F(b)$$

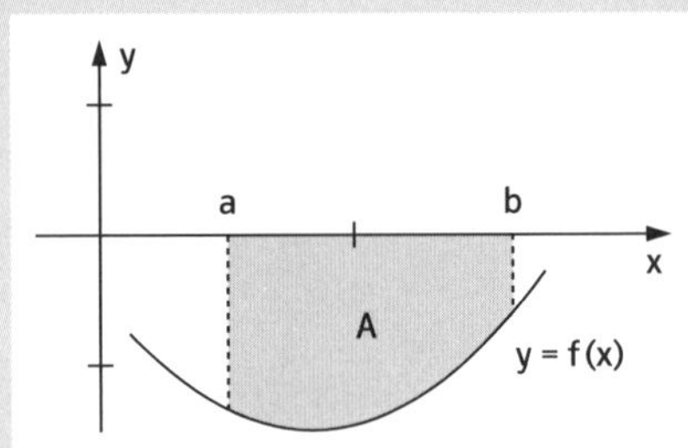

Fig. 2

Fall 3: Es ist teilweise $f(x) \geqq 0$ und teilweise $f(x) \leqq 0$, vgl. Fig. 3.

$$A = A_1 \quad + \quad A_2$$

$$= \int_a^{x_1} f(x)\,dx - \int_{x_1}^b f(x)\,dx$$

Man muss also zunächst die **Nullstelle** x_1 berechnen.

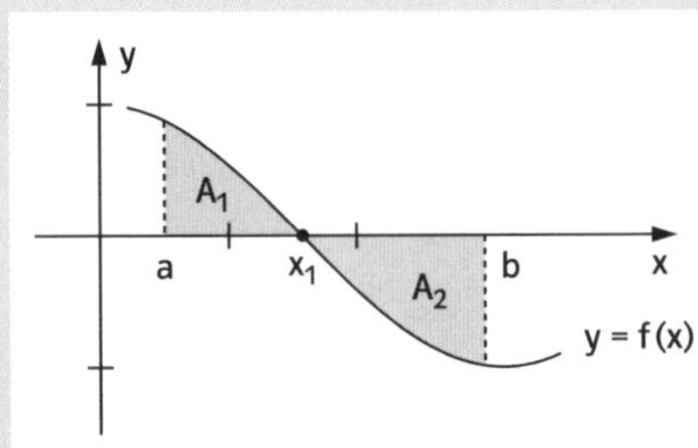

Fig. 3

Fall 4: Es ist $f(x) \geqq g(x)$ für alle $x \in [x_1; x_2]$, vgl. Fig. 4.

$$A = \int_{x_1}^{x_2} (f(x) - g(x))\,dx$$

Man muss also zunächst die **Schnittstellen** x_1 und x_2 berechnen.

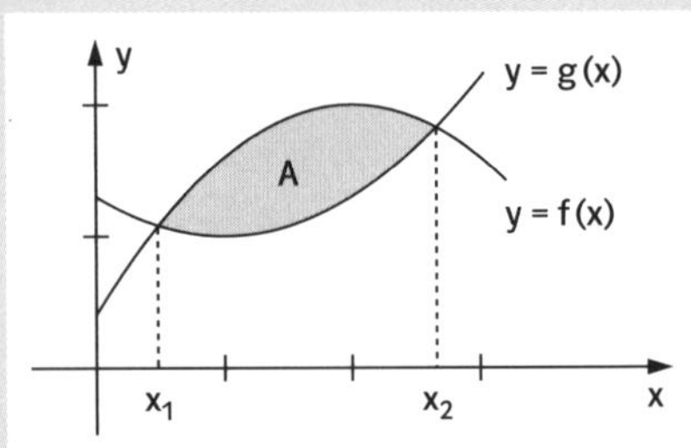

Fig. 4

Aufgabe 1 | Lösung S. 171

Der Graph der Funktion f schließt mit der x-Achse im Intervall [a; b] eine Fläche ein. Berechnen Sie deren Inhalt.

a) $f(x) = 4 - (x-3)^2;\ a = 0;\ b = 5$

b) $f(x) = 1 - e^{2-x};\ a = 1;\ b = 3$

c) $f(x) = 3 \cdot \sin\left(x - \frac{\pi}{4}\right);\ a = -\frac{\pi}{2};\ b = \pi$

d) $f(x) = \frac{1}{16}x^3 - x^2 + 3x;\ a = 1;\ b = 7$

e) $f(x) = x + \frac{8}{x^2};\ a = -3;\ b = -1$

Aufgabe 2

Gegeben sind die Funktionen f und g durch $f(x) = \frac{12}{x^2}$ für $x > 0$ und $g(x) = 4 - \frac{1}{4}x^2$ für $x \geqq 0$.

a) Bestimmen Sie den Inhalt der Fläche zwischen den Graphen von f und g.

b) Bestimmen Sie den Inhalt der Fläche zwischen dem Graphen von g, der Tangente an den Graphen von g im Punkt $B(2\,|\,3)$ und der y-Achse.

Aufgabe 3

Gegeben ist die Funktion f mit $f(x) = 1 - e^{-x}$.

a) Skizzieren Sie den Graphen von f einschließlich Asymptote.

b) Der Graph von f, die y-Achse, die Asymptote und die Gerade mit der Gleichung $x = \ln(2)$ begrenzen eine Fläche. Berechnen Sie deren Inhalt.

Das müssen Sie wissen:

Strategie zur Berechnung eines Flächeninhaltes

1. Erstellen einer **Skizze** des Graphen von f bzw. der Graphen von f und g, um festzustellen, wie die Fläche im Koordinatensystem liegt, d.h. **welcher Fall** vorliegt
2. Berechnung der **Nullstellen** bzw. der **Schnittstellen**, falls notwendig
3. Bestimmung einer **Stammfunktion** der Funktion f bzw. auch von der Funktion g
4. Durchführung der **Flächenberechnung**

Flächenberechnungen bei offenen Flächen

In dieser Lerneinheit üben Sie,
wie man untersucht, ob eine „ins Unendliche reichende" Fläche einen endlichen Flächeninhalt hat.

Der Graph der Funktion f mit $f(x) = \frac{9}{x^2} - \frac{9}{x^3}$ bildet für $x \geqq 1$ mit der x-Achse eine „nach rechts offene" Fläche (Fig. 1).

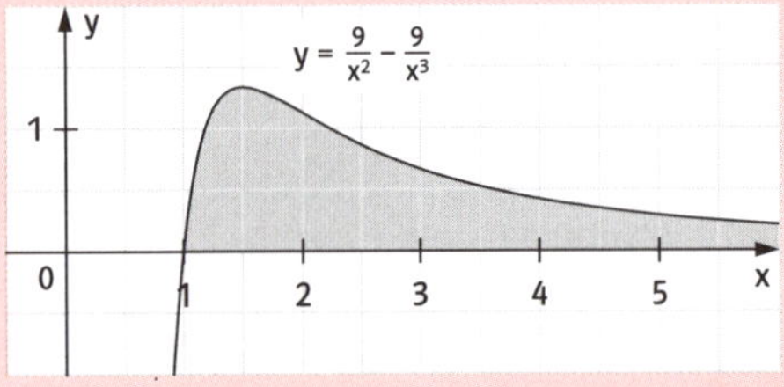

Fig. 1

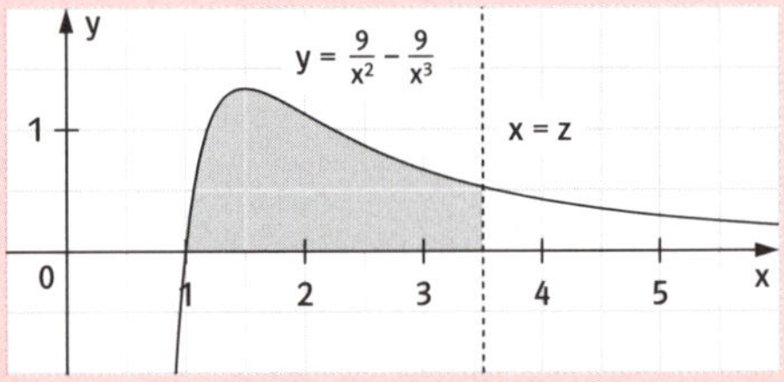

Fig. 2

Um zu untersuchen, ob diese Fläche einen endlichen Flächeninhalt hat,
- begrenzt man die Fläche durch die Gerade mit der Gleichung $x = z,\ z > 1$ (Fig. 2)
- berechnet man den Flächeninhalt A(z) zwischen den Grenzen 1 und z
- untersucht man, ob A(z) einen Grenzwert hat.

$$A(z) = \int_1^z \left(\frac{9}{x^2} - \frac{9}{x^3}\right) dx = \left[-\frac{9}{x} + \frac{4{,}5}{x^2}\right]_1^z = \left(-\frac{9}{z} + \frac{4{,}5}{z^2}\right) - \left(-\frac{9}{1} + \frac{4{,}5}{1}\right) = 4{,}5 - \frac{9}{z} + \frac{4{,}5}{z^2}$$

$$\lim_{z \to +\infty} A(z) = \lim_{z \to +\infty} \left(4{,}5 - \frac{9}{z} + \frac{4{,}5}{z^2}\right) = 4{,}5$$

Es strebt also $A(z) \to 4{,}5$ für $z \to +\infty$. Dies besagt, dass das nach rechts unbegrenzte Flächenstück den **Flächeninhalt 4,5** besitzt.

Entsprechende Überlegungen für die Funktion f mit $f(x) = \frac{4}{\sqrt{x}}$ zwischen den Grenzen $x = 4$ und $x = z$ ergibt

$$A(z) = \int_4^z \frac{4}{\sqrt{x}} dx = \left[8\sqrt{x}\right]_4^z = 8\sqrt{z} - 16.$$

In diesem Fall existiert kein Grenzwert von A(z) für $z \to +\infty$. Die Fläche hat damit keinen endlichen Flächeninhalt.

Aufgabe 1 | Lösung S. 173

Der Graph der Funktion f mit $f(x) = e^{-0{,}25x+1}$ begrenzt mit der y-Achse, der positiven x-Achse und der Geraden mit der Gleichung $x = z,\ z > 0$ ein Flächenstück.
Ermitteln Sie den Inhalt A(z) dieser Fläche in Abhängigkeit von z und berechnen Sie A(10).
Untersuchen Sie für $z \to +\infty$ den Inhalt des nach rechts unbegrenzten Flächenstücks.

Aufgabe 2
Der Graph der Funktion f mit $f(x) = \frac{3}{(x+1)^2}$, die Gerade mit der Gleichung $x = 1$ und die x-Achse begrenzen eine nach rechts offene Fläche. Skizzieren Sie diese Fläche und untersuchen Sie, ob diese Fläche einen endlichen Inhalt hat.

Aufgabe 3
Gegeben ist die Funktion f mit $f(x) = 4 - 3 \cdot e^{-0,5x}$. Die y-Achse, der Graph von f und die Asymptote des Graphen von f begrenzen für $x > 0$ eine nach rechts offene Fläche. Skizzieren Sie diese Fläche und untersuchen Sie, ob diese Fläche einen endlichen Inhalt hat.

Aufgabe 4
Gegeben ist die Funktion f mit $f(x) = e^{2x} - 3 \cdot e^{x} + 2$. Die y-Achse, der Graph von f und die Asymptote des Graphen von f begrenzen für $x<0$ eine nach links offene Fläche. Skizzieren Sie diese Fläche und untersuchen Sie, ob diese Fläche einen endlichen Inhalt hat.

Aufgabe 5
Gegeben ist die Funktion f mit $f(x) = \frac{1}{\sqrt{x}}$. Der Graph von f, die x-Achse und die Gerade mit der Gleichung $x = 1$ begrenzen für $x > 1$ eine nach rechts offene Fläche. Skizzieren Sie diese Fläche und untersuchen Sie, ob diese Fläche einen endlichen Inhalt hat.

Das müssen Sie wissen:

Strategie zur Bestimmung des Inhaltes einer Fläche, die ins Unendliche reicht

- Folgende Schritte sind durchzuführen:
  1. Man schließt die Fläche ab durch eine zur y-Achse parallele Gerade mit der Gleichung $x = z$.
  2. Man berechnet den Inhalt $A(z)$ der abgeschlossenen Fläche.
  3. Man bestimmt den Grenzwert von $A(z)$ für $z \to +\infty$ bzw. für $z \to -\infty$.
- Nicht jede ins Unendliche reichende Fläche hat einen endlichen Inhalt.

Mittelwert einer Funktion

In dieser Lerneinheit üben Sie
die Berechnung des Mittelwertes einer Funktion und die Interpretation eines solchen Wertes.

Für eine auf einem Intervall [a; b] stetige Funktion f heißt der Wert $\overline{m} = \frac{1}{b-a}\int_a^b f(x)\,dx$ **Mittelwert** von f auf dem Intervall [a; b].

Die **Bedeutung** des Mittelwertes einer Funktion zeigt sich in **Anwendungen**.
Es beschreibe die Funktion f mit $f(t) = t^3 - 6t^2 + 9t$ den zeitlichen Verlauf der Konzentration eines Wirkstoffs im Blut im Intervall [0; 3]. Dabei sei die Zeit t in Stunden seit der Einnahme und die Konzentration f(t) in Milligramm pro Liter gemessen.

Der Wert $\overline{m} = \frac{1}{3-0}\int_0^3 f(t)\,dt$ ist dann die mittlere Konzentration des Wirkstoffs im Zeitintervall [0; 3].

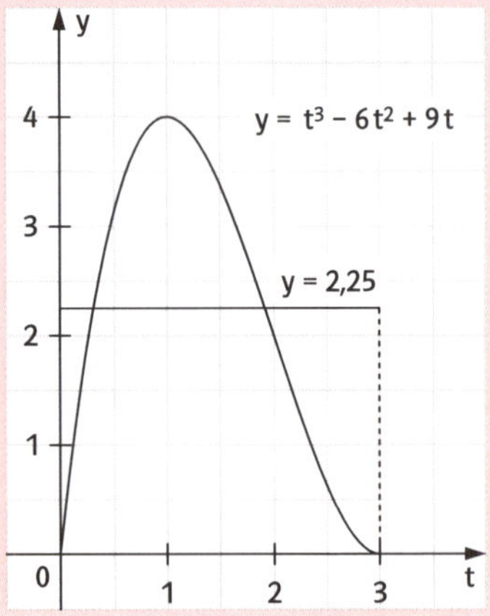

$$\overline{m} = \frac{1}{3-0}\int_0^3 (t^3 - 6t^2 + 9t)\,dt$$
$$= \frac{1}{3}\cdot\left[\frac{1}{4}t^4 - 2t^3 + 4{,}5t^2\right]_0^3$$
$$= \frac{1}{3}\left(\frac{81}{4} - 54 + 40{,}5\right) = 2{,}25$$

In den ersten drei Stunden beträgt also die mittlere Konzentration $2{,}25\ \frac{\text{mg}}{\text{l}}$.

Aufgabe 1 | Lösung S. 174
Bestimmen Sie den Mittelwert $\overline{m}$ der Funktion f auf dem Intervall [a; b].
Zeichnen Sie den Graphen von f und die Gerade mit der Gleichung $y = \overline{m}$.

a) $f(x) = \frac{1}{4}x(8 - x)$; $a = 0$; $b = 8$

b) $f(x) = x^3 - x^2 + 1$; $a = 0$; $b = 1{,}5$

c) $f(x) = \sin(x)$; $a = 0$; $b = \pi$

d) $f(x) = \frac{80}{(x+4)^2}$; $a = 0$; $b = 5$

Aufgabe 2

Der Zufluss von Wasser in einen See lässt sich in den ersten sechs Stunden nach Beobachtungsbeginn beschreiben durch die Funktion f mit $f(t) = 4t^3 - 40t^2 + 100t + 50$.
Dabei ist t in Stunden (h) und f(t) in $\frac{m^3}{h}$ gemessen.
Berechnen Sie den Mittelwert der Funktion für die ersten sechs Stunden und interpretieren Sie das Ergebnis im Sachzusammenhang.

Aufgabe 3

Das Wachstum einer Forellenart kann durch die Funktion f mit $f(t) = 20 - 15 \cdot e^{-0{,}1 \cdot t}$ beschrieben werden. Dabei wird t in Monaten seit Beginn der Untersuchung und die Länge f(t) in cm gemessen. Welche mittlere Länge hat diese Forellenart in den ersten 10 Monaten seit Beginn der Untersuchung?

Aufgabe 4

Die Konzentration eines Medikaments im Blut eines Menschen kann beschrieben werden durch die Funktion f mit $f(t) = 10t \cdot e^{-0{,}25 \cdot t}$. Dabei wird t in Stunden seit der Einnahme und f(t) in Milligramm pro Liter gemessen.

a) Zeigen Sie, dass $F(t) = -40 \cdot e^{-0{,}25 \cdot t}(t + 4)$ eine Stammfunktion von f ist.

b) Wie hoch ist die mittlere Konzentration des Medikaments in den ersten 15 Stunden seit Beginn der Einnahme?

Das müssen Sie wissen:

Definition und Interpretation des Mittelwertes einer Funktion

1. Definition:

Der Wert $\overline{m} = \frac{1}{b-a} \int_a^b f(x)\,dx$ heißt **Mittelwert** der Funktion f auf dem Intervall [a; b].

2. Interpretation:

In Anwendungen beschreibt der Mittelwert einer Funktion z. B.
- die mittlere Konzentration eines Wirkstoffs im Blut in einem Zeitintervall
- die mittlere Wachstumsgeschwindigkeit einer Fichte in einem Zeitintervall.

Rotationsvolumen

In dieser Lerneinheit üben Sie die Berechnung des **Volumens eines Rotationskörpers.**

Bei Rotation der Fläche A zwischen dem Graphen von f und der x-Achse (Fig. 1) im Intervall [a; b] um die x-Achse entsteht ein **Körper mit dem Volumen**

$$V = \pi \int_a^b (f(x))^2\,dx.$$

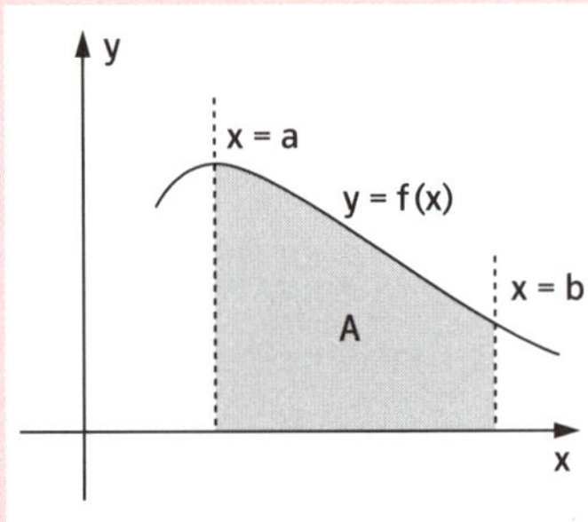

Fig. 1

Für $f(x) = 5x - \frac{3}{2}x^2$ und $a = 0;\ b = 2$ ergibt sich (Fig. 2):

$$V = \pi \int_0^2 \left(5x - \tfrac{3}{2}x^2\right)^2 dx$$

$$= \pi \int_0^2 \left(25x^2 - 15x^3 + \tfrac{9}{4}x^4\right) dx$$

$$= \pi \left[\tfrac{25}{3}x^3 - \tfrac{15}{4}x^4 + \tfrac{9}{20}x^5\right]_0^2$$

$$= \pi\left(\left(\tfrac{25}{3}\cdot 2^3 - \tfrac{15}{4}\cdot 2^4 + \tfrac{9}{20}\cdot 2^5\right) - 0\right)$$

$$= \frac{316}{15}\pi \approx 66{,}2$$

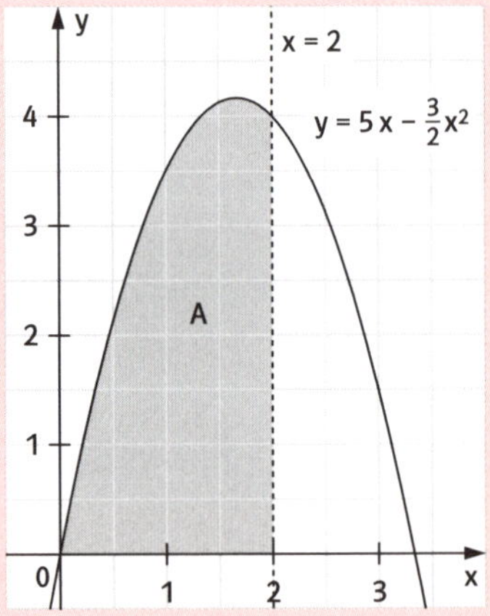

Fig. 2

Rotiert eine Fläche zwischen den Graphen zweier Funktionen f und g um die x-Achse, muss man das Volumen des **„inneren"** Körpers von dem des **„äußeren"** Körpers **subtrahieren.**

Aufgabe 1 | Lösung S. 176

Skizzieren Sie den Graphen der Funktion f. Berechnen Sie das Volumen des entstehenden Drehkörpers, wenn die Fläche zwischen dem Graphen und der x-Achse über [a; b] um die x-Achse rotiert.

a) $f(x) = \frac{1}{4}x^2 + 2;\ a = 0;\ b = 4$

b) $f(x) = 2\sqrt{x-1};\ a = 1;\ b = 5$

c) $f(x) = 2\cdot e^{0{,}25x};\ a = 0;\ b = 4$

d) $f(x) = 3\sqrt{\sin(x)};\ a = 0;\ b = \pi$

Aufgabe 2
Skizzieren Sie den Graphen der Funktion f. Berechnen Sie das Volumen des entstehenden Drehkörpers, wenn die Fläche zwischen dem Graphen und der x-Achse um die x-Achse rotiert.

a) $f(x) = 4 - x^2$ b) $f(x) = x^2 - \frac{1}{4}x^3$ c) $f(x) = 0{,}25x\sqrt{9 - x}$

Aufgabe 3
Die Fläche zwischen den Graphen von f und g über [a; b] rotiert um die x-Achse. Skizzieren Sie die Graphen und berechnen Sie das Volumen.

a) $f(x) = 4\sqrt{x + 1}$; $g(x) = x^2 + 1$; $a = 0$; $b = 2$

b) $f(x) = 5 + e^{-0{,}5x}$; $g(x) = 4 - e^{-x}$; $a = 0$; $b = 5$

c) $f(x) = 0{,}1x^2 + 5$; $g(x) = e^{-x} + 1$; $a = 1$; $b = 4$

Das müssen Sie wissen:

Rotationsvolumen

1. Rotiert die Fläche zwischen dem Graphen von f und der x-Achse im Intervall [a; b] um die x-Achse, entsteht ein **Körper mit dem Volumen**

$$V = \pi \int_a^b (f(x))^2 dx.$$

2. Ist $f(x) \geqq g(x)$ für alle $x \in [a; b]$, so gilt für das Volumen V des Rotationskörpers, der bei Rotation der Fläche A um die x-Achse entsteht (Fig. 1):

$$V = \pi \int_a^b (f(x))^2 dx - \pi \int_a^b (g(x))^2 dx.$$

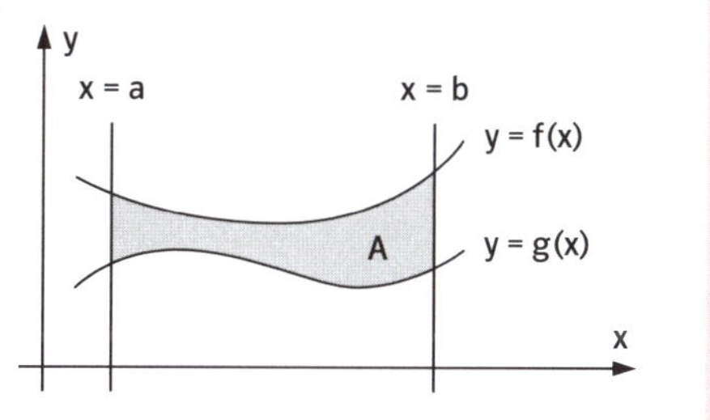

Fig. 1

Integrationsverfahren

In dieser Lerneinheit üben Sie,
bei komplizierteren Funktionen eine **Stammfunktion** zu ermitteln.

1. Produktintegration:

$$\int u(x)\cdot v'(x)\,dx = u(x)\cdot v(x) - \int u'(x)\cdot v(x)\,dx$$

Es sollte also $u'(x)\cdot v(x)$ bei der Integration **„einfacher"** sein als $u(x)\cdot v'(x)$.

$f(x) = x\cdot e^x$

$u(x) = x;\ u'(x) = 1;\ v'(x) = e^x;\ v(x) = e^x$

$\int x\cdot e^x dx = x\cdot e^x - \int e^x dx = x\cdot e^x - e^x = e^x(x-1)$

Damit ist F mit $F(x) = e^x(x-1)$ eine Stammfunktion von f.

2. Integration durch Substitution:

$$\int f(g(x))\cdot g'(x)\,dx = \int f(z)\,dz \quad \text{mit } z = g(x)$$

Man versucht $z = g(x)$ und $f(z)$ so zu wählen, dass auch **$g'(x)$ als Faktor** vorkommt.

$f(x) = x\cdot\sqrt{1-x^2}$

$z = g(x) = 1 - x^2;\ g'(x) = -2x = \frac{dz}{dx};\ dz = -2x\,dx$

$\int x\cdot\sqrt{1-x^2}\,dx = -\frac{1}{2}\int\left(-2x\sqrt{1-x^2}\right)dx = -\frac{1}{2}\int\sqrt{z}\,dz = -\frac{1}{2}\cdot\frac{2}{3}\cdot z^{\frac{3}{2}} = -\frac{1}{3}\cdot(1-x^2)^{\frac{3}{2}}$

Damit ist F mit $F(x) = -\frac{1}{3}\sqrt{(1-x^2)^3}$ eine Stammfunktion von f.

Sonderfall:

Der Funktionsterm ist ein Quotient, dessen **Zähler die Ableitung des Nenners** ist.

$$\int\frac{g'(x)}{g(x)}dx = \ln(|g(x)|)$$

$f(x) = \frac{2x}{1+x^2}$

$g(x) = 1 + x^2;\ g'(x) = 2x$

$\int\frac{2x}{1+x^2}dx = \ln(|1+x^2|)$

Damit ist F mit $F(x) = \ln(|1+x^2|)$ eine Stammfunktion von f.

Aufgabe 1 | Lösung S. 179

Ermitteln Sie durch Produktintegration eine Stammfunktion F der Funktion f.

a) $f(x) = x \cdot (x-3)^4$ b) $f(x) = -2x \cdot e^{-x}$ c) $f(x) = x \cdot \sin(x)$ d) $f(x) = \frac{1}{x} \cdot \ln(x)$

Aufgabe 2

Ermitteln Sie mit Integration durch Substitution eine Stammfunktion F der Funktion f.

a) $f(x) = 4x \cdot e^{1-x^2}$ b) $f(x) = x^2 \cdot e^{x^3+1}$ c) $f(x) = \frac{x}{4x^2-3}$

Aufgabe 3

Berechnen Sie das Integral.

a) $\int_0^1 x \cdot e^{2x}\,dx$ b) $\int_{-1}^1 4x \cdot (3-2x)^6\,dx$ c) $\int_{-1}^1 \frac{6x}{(4+3x^2)^2}\,dx$

d) $\int_{-1}^2 \frac{e^{-x}}{2+3e^{-x}}\,dx$ e) $\int_1^2 \frac{x}{x^2+4}\,dx$ f) $\int_{-1}^{-\frac{1}{e}} x \cdot \ln(x^2)\,dx$

Das müssen Sie wissen:

Integrationsverfahren

1. Produktintegration

$$\int u(x) \cdot v'(x)\,dx = u(x) \cdot v(x) - \int u'(x) \cdot v(x)\,dx$$

Ist der Integrand ein Produkt, muss man $u(x)$ und $v'(x)$ so wählen, dass $u'(x) \cdot v(x)$ **einfacher zu integrieren** ist als $u(x) \cdot v'(x)$.

2. Integration durch Substitution

$$\int f(g(x)) \cdot g'(x)\,dx = \int f(z)\,dz \quad \text{mit } z = g(x)$$

Man versucht $z = g(x)$ und $f(z)$ so zu wählen, dass die Ableitung der „inneren" Funktion **als Faktor vorkommt.**

Sonderfall:

$$\int \frac{g'(x)}{g(x)}\,dx = \ln(|g(x)|)$$

Diese Integration gelingt, wenn der Integrand so geschrieben werden kann, dass der **Zähler die Ableitung des Nenners** ist.

Integralrechnung

Musterklausur 2:

Ganzrationale Funktion mit Extremwertaufgabe und Flächenberechnung; Anwendung

Aufgabenstellung

Gegeben ist die Funktion f mit Graph K durch

$$f(x) = \frac{1}{18}(x-3)^2(x+3)^2;\ x \in \mathbb{R}.$$

a) Untersuchen Sie K auf Symmetrie und geben Sie den Wertebereich von f an.
Beschreiben Sie das Verhalten von K für $x \to \pm\infty$.
Bestimmen Sie die gemeinsamen Punkte von K mit den Koordinatenachsen sowie die Extrem- und Wendepunkte von K.
Zeichnen Sie K für $|x| \leqq 4$.
(Teilergebnis: $W_1(\sqrt{3}\,|\,2)$ ist ein Wendepunkt von K.)

b) Die Gerade g mit der Gleichung $y = 2$ schneidet K in vier Punkten.
Bestimmen Sie diese Schnittpunkte von g und K.
Die y-Achse, die Gerade g und der Graph K begrenzen im ersten Feld zwei Flächen.
Zeigen Sie, dass diese Flächen denselben Flächeninhalt haben.

c) Durch den Punkt $P(u\,|\,f(u))$ mit $0 < u < 3$ werden die Parallelen zu den Koordinatenachsen gezeichnet. Diese Parallelen durch P begrenzen mit den Koordinatenachsen im ersten Feld ein Rechteck.
Bestimmen Sie u so, dass der Flächeninhalt A(u) dieses Rechtecks extremal wird.
Untersuchen Sie dann die Art des Extremums.

d) Der Graph der Funktion h mit

$$h(x) = \begin{cases} \frac{9}{2} & \text{für} \quad x < 0 \\ f(x) & \text{für} \quad 0 \leqq x \leqq 3 \\ 0 & \text{für} \quad x > 3 \end{cases}$$

stellt das Profil eines Abhangs mit anschließendem ebenem Gelände dar. Von welchen Punkten des Abhangs ist der Punkt $T(3\,|\,0)$ sichtbar, in dem der Abhang beginnt?
(Hinweis: Arbeiten Sie mit einer Tangente durch T.)

Ausformulierte Lösung:

a) Symmetrie:

Für jedes $x \in \mathbb{R}$ gilt

$$f(-x) = \frac{1}{18}((-x)-3)^2((-x)+3)^2 = \frac{1}{18}(-1)^2(x+3)^2(-1)^2(x-3)^2$$
$$= \frac{1}{18}(x+3)^2(x-3)^2 = f(x),$$

und folglich ist K **achsensymmetrisch zur y-Achse.**

Verhalten von K für $x \to \pm\infty$:

Ist $|x|$ sehr groß, so verläuft K ähnlich wie der Graph mit der Gleichung $y = \frac{1}{18}x^4$.
Insbesondere strebt $\mathbf{f(x) \to +\infty}$ **für** $\mathbf{x \to \pm\infty}$.

Gemeinsame Punkte von K mit den Koordinatenachsen:

Aus $f(x) = 0$ folgt $\frac{1}{18}(x-3)^2(x+3)^2 = 0$ und somit $x = \pm 3$. Also haben K und die x-Achse die gemeinsamen Punkte $\mathbf{X_1(+3\,|\,0)}$ und $\mathbf{X_2(-3\,|\,0)}$.
Wegen $f(0) = \frac{9}{2}$ schneidet K die y-Achse in $\mathbf{Y\left(0\,\middle|\,\frac{9}{2}\right)}$.

Ableitungen:

Mit $f(x) = \frac{1}{18}(x-3)^2(x+3)^2 = \frac{1}{18}(x^4 - 18x^2 + 81)$ erhält man

$$f'(x) = \frac{1}{18}(4x^3 - 36x) = \frac{2}{9}(x^3 - 9x) = \frac{2}{9}x(x-3)(x+3),$$
$$f''(x) = \frac{2}{9}(3x^2 - 9) = \frac{2}{3}(x^2 - 3),$$
$$f'''(x) = \frac{4}{3}x.$$

Hoch- und Tiefpunkte:

$f'(x) = 0$ ergibt $\frac{2}{9}x(x-3)(x+3) = 0$ und somit $x = 0$ oder $x = \pm 3$. Da $f(0) = \frac{9}{2}$ und $f(\pm 3) = 0$ sowie $f''(0) = -2 < 0$ und $f''(\pm 3) = +4 > 0$ gilt, hat K den **Hochpunkt** $\mathbf{H\left(0\,\middle|\,\frac{9}{2}\right)} = Y$ und die **Tiefpunkte** $\mathbf{T_1(+3\,|\,0)} = X_1$ und $\mathbf{T_2(-3\,|\,0)} = X_2$.

Wendepunkte:

$f''(x) = 0$ ergibt $\frac{2}{3}(x^2 - 3) = 0$ und somit $x = \pm\sqrt{3}$. Da $f'''(\pm\sqrt{3}) = \pm\frac{4}{3}\sqrt{3} \neq 0$ und $f(\pm\sqrt{3}) = \frac{1}{18}(3^2 - 18 \cdot 3 + 81) = 2$ gilt, besitzt K die **Wendepunkte** $\mathbf{W_1(+\sqrt{3}\,|\,2)}$ und $\mathbf{W_1(-\sqrt{3}\,|\,2)}$.

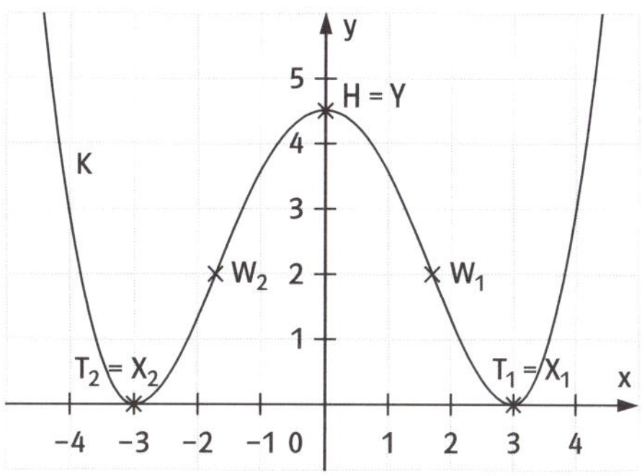

Graph K:

Siehe Fig.

b) Bestimmung der Schnittpunkte von g und K:

Für die Schnittpunkte $S(x_S \mid y_S)$ von g und K gilt $f(x_S) = 2$ und somit nach a) $\frac{1}{18}(x_S^4 - 18x_S^2 + 81) = 2$, also ist $x_S^4 - 18x_S^2 + 45 = 0$. Mit $x_S^2 = u$ erhält man hieraus $u^2 - 18u + 45 = 0$ und dann $u = 3$ oder $u = 15$. Die Punkte S haben folglich die x-Werte $\pm\sqrt{3}$ und $\pm\sqrt{15}$. Damit erhält man die Schnittpunkte $\mathbf{S_1}(+\sqrt{3} \mid 2) = W_1$ und $\mathbf{S_2}(-\sqrt{3} \mid 2) = W_2$ sowie $\mathbf{S_3}(+\sqrt{15} \mid 2)$ und $\mathbf{S_4}(-\sqrt{15} \mid 2)$.

Flächeninhaltsberechnung:

Die linke Fläche hat den Inhalt

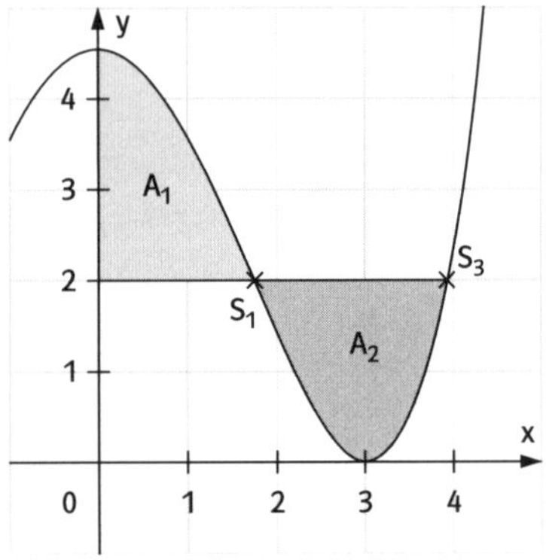

$$A_1 = \int_0^{\sqrt{3}} \left(\frac{1}{18}(x^4 - 18x^2 + 81) - 2\right)dx$$

$$= \left[\frac{1}{90}x^5 - \frac{1}{3}x^3 + \frac{5}{2}x\right]_0^{\sqrt{3}}$$

$$= \left(\frac{1}{90}\cdot 9\sqrt{3} - \frac{1}{3}\cdot 3\sqrt{3} + \frac{5}{2}\cdot\sqrt{3}\right) - 0 = \frac{8}{5}\sqrt{3}.$$

Die rechte Fläche hat den Inhalt

$$A_2 = \int_{\sqrt{3}}^{\sqrt{15}} \left(2 - \frac{1}{18}(x^4 - 18x^2 + 81)\right)dx$$

$$= \left[-\frac{1}{90}x^5 + \frac{1}{3}x^3 - \frac{5}{2}x\right]_{\sqrt{3}}^{\sqrt{15}}$$

$$= \left(-\frac{1}{90}\cdot 225\sqrt{15} + \frac{1}{3}\cdot 15\cdot\sqrt{15} - \frac{5}{2}\cdot\sqrt{15}\right) - \left(-\frac{1}{90}\cdot 9\sqrt{3} + \frac{1}{3}\cdot 3\sqrt{3} - \frac{5}{2}\cdot\sqrt{3}\right) = \frac{8}{5}\sqrt{3}.$$

Also gilt $\mathbf{A_1 = A_2}$.

c) Bestimmung des Funktionsterms A(u):

Für die Funktion A gilt, da das Rechteck die Seitenlängen u und f(u) besitzt:

$$A(u) = u\cdot f(u) = \frac{1}{18}(u^5 - 18u^3 + 81u) \quad \text{mit} \quad 0 < u < 3.$$

Untersuchung von A auf Extremwerte:

Man erhält

$$A'(u) = \frac{1}{18}(5u^4 - 54u^2 + 81) \quad \text{und} \quad A''(u) = \frac{1}{18}(20u^3 - 108u).$$

$A'(u) = 0$ ergibt $5u^4 - 54u^2 + 81 = 0$. Setzt man $u_2 = v$, erhält man $5v^2 - 54v + 81 = 0$, und diese Gleichung hat die beiden Lösungen 9 und $\frac{9}{5}$. Damit ist $A'(u) = 0$ an den Stellen ± 3 und $\pm\frac{3}{5}\sqrt{5}$, aber wegen $0 < u < 3$ ergibt sich nur die Stelle $\frac{3}{5}\sqrt{5}$. Nun ist

$$A''\left(\frac{3}{5}\sqrt{5}\right) = \frac{1}{18}\left(20\cdot\frac{9}{5}\cdot\frac{3}{5}\sqrt{5} - 108\cdot\frac{3}{5}\sqrt{5}\right) = -\frac{12}{5}\sqrt{5} < 0.$$

Der Flächeninhalt A(u) des Rechtecks hat ein **relatives Maximum** für $\mathbf{u = \frac{3}{5}\sqrt{5}}$.

Untersuchung des Maximums:

Für die Funktion A gilt $A(0) = A(3) = 0$, und ferner hat A nur einen relativen Extremwert für $0 < u < 3$. Also liegt an der Stelle $\frac{3}{5}\sqrt{5}$ das **absolute Maximum** des Flächeninhaltes.

d) Bestimmung der Tangente:

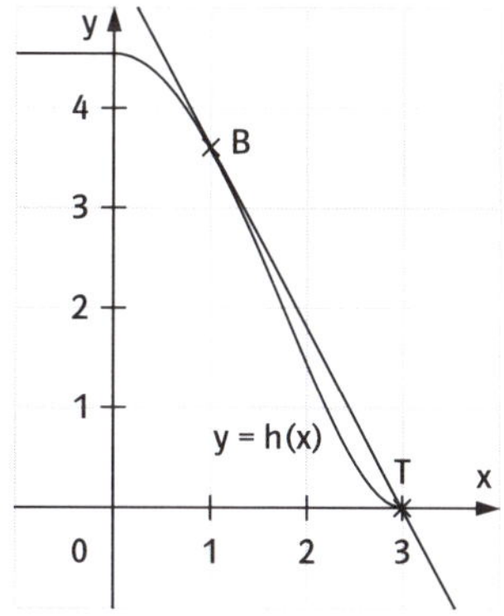

Eine Tangente an den Graphen von h mit Berührpunkt $B(x_B | f(x_B))$ hat die Gleichung

$$y - f(x_B) = f'(x_B)(x - x_B).$$

Sie verläuft durch den Punkt $T(3|0)$, wenn gilt

$$0 - f(x_B) = f'(x_B)(3 - x_B).$$

Setzt man für $f(x_B)$ und $f'(x_B)$ die Terme aus a) ein, ergibt sich

$$\frac{1}{18}(x_B - 3)^2 (x_B + 3)^2 = \frac{2}{9} x_B (x_B - 3)^2 (x_B + 3)$$

und dann wegen $0 < x_B < 3$ sogar

$$x_B + 3 = 4x_B.$$

Dies ergibt $x_B = 1$ und damit $B\left(1 \middle| \frac{32}{9}\right)$.

Sichtbarkeit des Punktes T:

Der Zeichnung entnimmt man nun unmittelbar, dass $T(3|0)$ von allen Punkten des Abhangs mit einem **x-Wert von mindestens 1** sichtbar ist.

Musterklausur 3:

e-Funktion mit Ortslinie, Flächenberechnung und Extremwertaufgabe

Aufgabenstellung

Gegeben ist die Funktion f mit Graph K durch

$f(x) = (2 - x) \cdot e^x;\ x \in \mathbb{R}.$

K′ sei der Graph der Ableitungsfunktion f′ von f.

a) Beschreiben Sie das Verhalten von K und K′ für $x \to \pm\infty$.
Untersuchen Sie K und K′ auf Schnittpunkte mit den Koordinatenachsen und Extrempunkte.
Geben Sie ohne weitere Rechnung den Wendepunkt von K an und begründen Sie Ihr Vorgehen.
Zeichnen Sie K und K′ für $-3 \leqq x \leqq 2$.

b) Die Funktion f gehört zur Funktionenschar f_t mit

$f_t(x) = (t - x) \cdot e^x;\ t \in \mathbb{R}.$

Bestimmen Sie die Gleichung der Ortslinie aller Extrempunkte.

c) Der Graph K′ und die x-Achse begrenzen für $x \leqq 1$ eine nach links offene Fläche.
Untersuchen Sie, ob diese Fläche einen endlichen Inhalt hat.

d) Die Gerade mit der Gleichung $x = z$ mit $z < 0$ schneidet K in P und K′ in Q.
Wie ist z zu wählen, damit das Dreieck OPQ einen extremalen Inhalt besitzt?
Berechnen Sie auch den extremalen Inhalt und beschreiben Sie die Art des Extremums.

Ausformulierte Lösung:

a) Ableitungen:

Mit der Produktregel erhält man aus

$$f(x) = (2 - x) \cdot e^x$$
$$f'(x) = -1 \cdot e^x + (2 - x) \cdot e^x = (1 - x) \cdot e^x,$$
$$f''(x) = -1 \cdot e^x + (1 - x) \cdot e^x = -x \cdot e^x,$$
$$f'''(x) = -1 \cdot e^x + (-x) \cdot e^x = (-1 - x) \cdot e^x.$$

Verhalten von K für $x \to \pm\infty$:

Für $x \to +\infty$ strebt $2 - x \to -\infty$ und $e^x \to +\infty$. Also strebt $\mathbf{f(x) \to -\infty}$ **für** $\mathbf{x \to +\infty}$.
Für $x \to -\infty$ strebt $2 - x \to +\infty$ und $e^x \to 0$. Da $x^n \cdot e^x \to 0$ für $x \to -\infty$ gilt, strebt $\mathbf{f(x) \to 0}$ **für** $\mathbf{x \to -\infty}$.

Verhalten von K′ für $x \to \pm\infty$:

Für $x \to +\infty$ strebt $1 - x \to -\infty$ und $e^x \to +\infty$. Also strebt $\mathbf{f'(x) \to -\infty}$ **für** $\mathbf{x \to +\infty}$.
Für $x \to -\infty$ strebt $1 - x \to +\infty$ und $e^x \to 0$. Da $x^n \cdot e^x \to 0$ für $x \to -\infty$ gilt, strebt $\mathbf{f(x) \to 0}$ **für** $\mathbf{x \to -\infty}$.

Gemeinsame Punkte von K mit den Koordinatenachsen:

Es ist $f(0) = 2$. Aus $f(x) = 0$ folgt $0 = (2 - x) \cdot e^x$, und wegen $e^x > 0$ dann $2 - x = 0$.
Damit haben K und die Koordinatenachsen die gemeinsamen Punkte **X(2 | 0)** und **Y(0 | 2)**.

Gemeinsame Punkte von K′ mit den Koordinatenachsen:

Es ist $f'(0) = 1$. Aus $f'(x) = 0$ folgt $0 = (1 - x) \cdot e^x$, und wegen $e^x > 0$ dann $1 - x = 0$.
Damit haben K′ und die Koordinatenachsen die gemeinsamen Punkte **X′(1 | 0)** und **Y′(0 | 1)**.

Extrempunkte von K:

$f'(x) = 0$ ergibt $1 - x = 0$ wegen $e^x > 0$, und folglich ist $x = 1$.
Da $f(1) = (2 - 1) \cdot e^1 = e$ und $f''(1) = -1 \cdot e^1 = -e < 0$ gilt, hat K den **Hochpunkt H(1 | e)** als einzigen Extrempunkt.

Extrempunkte von K′:

$f''(x) = 0$ ergibt $-x = 0$ wegen $e^x > 0$, und folglich ist $x = 0$.
Da $f'(0) = (1 - 0) \cdot e^0 = 1$ und $f'''(0) = (-1 - 0) \cdot e^0 = -1 < 0$ gilt, hat K′ den **Hochpunkt H′(0 | 1)** als einzigen Extrempunkt.

Wendepunkte:

Da K′ an der Stelle 0 einen Extrempunkt hat, besitzt K an dieser Stelle einen Wendepunkt. Damit hat K den **Wendepunkt W(0 | 2)**.

Graphen K und K′:

Siehe Fig.

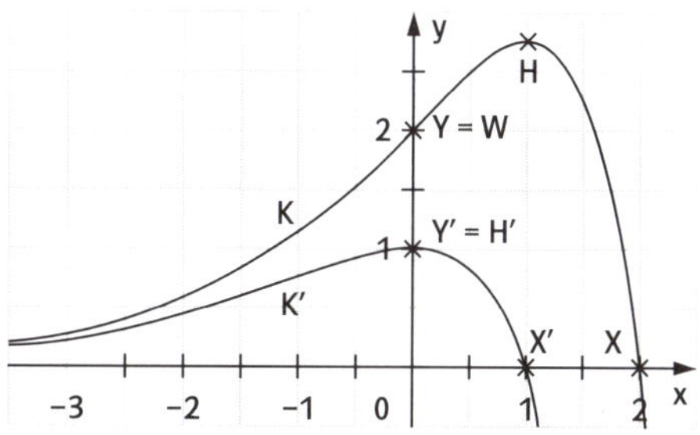

b) Gleichung der Ortslinie aller Extrempunkte:

$f_t(x) = (t - x) \cdot e^x$
$f_t'(x) = -e^x + (t - x) \cdot e^x = e^x(-1 + t - x)$
$f_t''(x) = e^x(-1 + t - x) - e^x = e^x(-2 + t - x)$

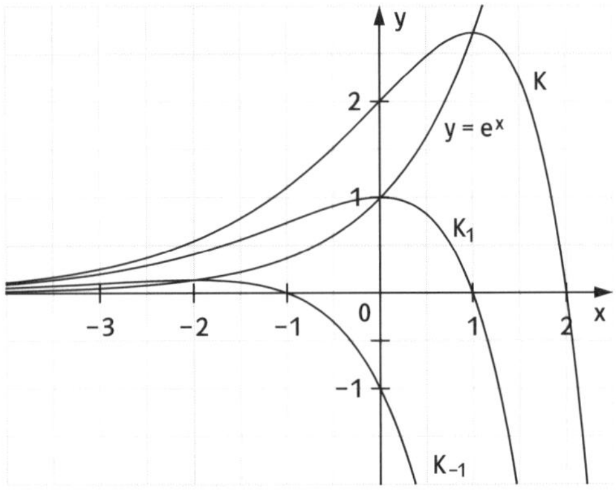

Aus $e^x(-1 + t - x) = 0$ folgt $x = t - 1$ und
$f_t''(t - 1) = e^{t-1}(-2 + t - t + 1) = -e^{t-1} < 0$
für alle $t \in \mathbb{R}$.
Damit sind die Extrempunkte Hochpunkte. Weiterhin ist
$f_t(t - 1) = (t - t + 1) \cdot e^{t-1} = e^{t-1}$.
Mit $x = t - 1$ und $y = e^{t-1}$ folgt $y = e^x$.
Die Gleichung der Ortslinie aller Hochpunkte ist $\mathbf{y = e^x}$.

c) Untersuchung der Fläche auf endlichen Inhalt:

Für z mit $z < 1$ gilt:

$$A(z) = \int_z^1 (1 - x) \cdot e^x\,dx = \left[(2 - x) \cdot e^x\right]_z^1 = e - (2 - z) \cdot e^z.$$

Für $z \to -\infty$ strebt $(2 - z) \cdot e^z \to 0$. Damit ist $\lim\limits_{z \to -\infty} (e - (2 - z) \cdot e^z) = e$.
Die ins Unendliche reichende Fläche hat den **Inhalt e**.

d) Bestimmung des Flächeninhaltes B (z) des Dreiecks OPQ:

Die Verbindungsstrecke der Punkte P und Q hat als Grundseite des Dreiecks OPQ die Länge

$$f(z) - f'(z) = (2 - z)e^z - (1 - z)e^z = e^z.$$

Da das Dreieck OPQ die Höhe $-z$ besitzt, ergibt sich der Flächeninhalt B(z) des Dreiecks OPQ zu

$$B(z) = \tfrac{1}{2}(-z)\,(f(z) - f'(z)) = -\tfrac{1}{2}ze^z.$$

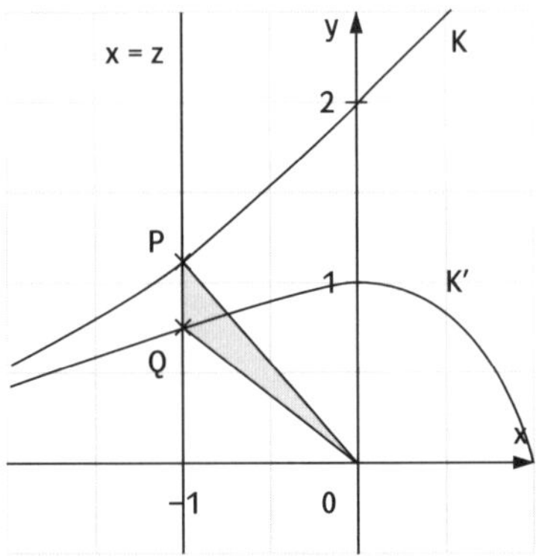

Extremstellen von B:

Man erhält mit der Produktregel

$$B'(z) = -\tfrac{1}{2}e^z - \tfrac{1}{2}ze^z = -\tfrac{1}{2}(1 + z)e^z,$$
$$B''(z) = -\tfrac{1}{2}e^z - \tfrac{1}{2}(1 + z)e^z = -\tfrac{1}{2}(2 + z)e^z.$$

Aus $B'(z) = 0$ folgt $z = -1$ wegen $e^z > 0$.

Da $B''(-1) = -\tfrac{1}{2}e^{-1} < 0$ ist, hat B an der Stelle −1 ein relatives Maximum. Da aber $B(z) \to 0$ für $z \to 0$ oder $z \to -\infty$ gilt, liegt an der **Stelle −1** auch das **absolute Maximum** von B. Der **maximale Flächeninhalt** ist $B(-1) = -\tfrac{1}{2}(-1)\,e^{-1} = \mathbf{\frac{1}{2e} \approx 0{,}184}$.

Musterklausur 4

e-Funktion; Änderungsrate; Bestand aus Änderungsrate

Aufgabenstellung

Die Wachstumsgeschwindigkeit eines Baumes, der bei der Pflanzung 0,2 m hoch ist, kann beschrieben werden durch die Funktion f mit

$f(t) = 0{,}075 \cdot t \cdot e^{-0{,}005 \cdot t^2}$; t in Jahren; f(t) in Meter pro Jahr.

a) Ermitteln Sie den Zeitpunkt, zu dem der Baum am stärksten wächst.
Mit welcher Geschwindigkeit wächst der Baum zu diesem Zeitpunkt?
Skizzieren Sie den Graphen von f.

b) Zeigen Sie, dass durch

$F(t) = -7{,}5 \cdot e^{-0{,}005 \cdot t^2}$

eine Stammfunktion von f gegeben ist.
Begründen Sie, dass die Funktion F eine Wendestelle hat.

c) Berechnen Sie die durchschnittliche Wachstumsgeschwindigkeit in den ersten 10 Jahren.

d) Ermitteln Sie die Höhe eines 25-jährigen Baumes.

e) Wie hoch kann der Baum maximal werden?

Ausformulierte Lösung:

a) Zeitpunkt, an dem der Baum am stärksten wächst:

Da f die Wachstumsgeschwindigkeit beschreibt, ist die Maximalstelle von f gesucht.
Mit der Produkt- und der Kettenregel erhält man aus $f(t) = 0{,}075 \cdot t \cdot e^{-0{,}005 \cdot t^2}$:

$$f'(t) = 0{,}075 \cdot \left[e^{-0{,}005t^2} + t \cdot e^{-0{,}005t^2} \cdot (-0{,}005 \cdot 2t)\right]$$

$$= 0{,}075 \cdot e^{-0{,}005t^2} \cdot (1 - 0{,}01 \cdot t^2).$$

$f'(t) = 0$ ergibt $0{,}075 \cdot e^{-0{,}005t^2} \cdot (1 - 0{,}01 \cdot t^2) = 0$ und somit wegen $e^{-0{,}005t^2} > 0$ dann $1 - 0{,}01 \cdot t^2 = 0$. Dies liefert $t_1 = -10$; $t_2 = +10$.
Weiterhin ist

$$f''(t) = 0{,}075 \cdot \left[e^{-0{,}005t^2} \cdot (-0{,}005 \cdot 2t) \cdot (1 - 0{,}01 \cdot t^2) + e^{-0{,}005t^2} \cdot (-0{,}01 \cdot 2t)\right]$$

$$= 0{,}075 \cdot e^{-0{,}005t^2} \cdot (0{,}0001 \cdot t^3 - 0{,}03 \cdot t).$$

Wegen $f''(+10) < 0$ und $f''(-10) > 0$ ist $t_2 = +10$ die Maximalstelle.
Der Baum wächst **10 Jahre nach der Pflanzung am schnellsten**.

Wachstumsgeschwindigkeit zu diesem Zeitpunkt:

Es ist $f(10) = 0{,}075 \cdot 10 \cdot e^{-0{,}005 \cdot 100} \approx 0{,}45$.
Die Wachstumsgeschwindigkeit 10 Jahre nach der Pflanzung beträgt **rund 0,45 Meter pro Jahr**.

Skizze:

Siehe Fig.

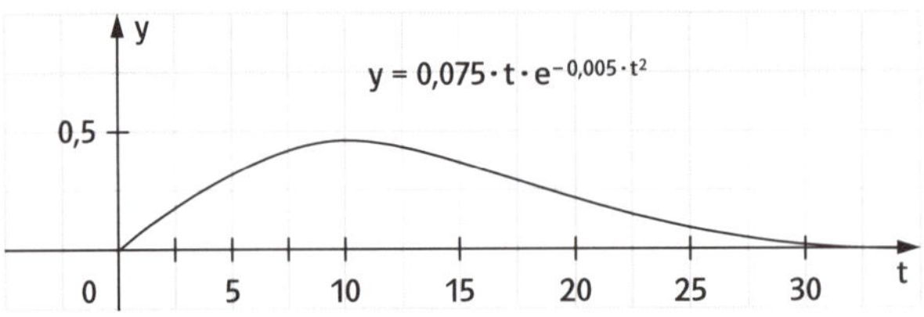

b) Nachweis, dass F eine Stammfunktion von f ist:

Aus $F(t) = -7{,}5 \cdot e^{-0{,}005 \cdot t^2}$ ergibt sich mit der Kettenregel:
$F'(t) = -7{,}5 \cdot e^{-0{,}005 \cdot t^2} \cdot (-0{,}005 \cdot 2t) = 0{,}075t \cdot e^{-0{,}005 \cdot t^2} = f(t)$.

Begründung, dass die Funktion F eine Wendestelle hat:

Die Funktion f hat an der Stelle 10 ein relatives Maximum (vgl. Teilaufgabe a)). Da $F''(t) = f'(t)$ ist, hat F bei 10 eine mögliche Wendestelle. Wegen $f''(10) < 0$ hat F **bei 10 eine Wendestelle**.

c) Durchschnittliche Wachstumsgeschwindigkeit in den ersten 10 Jahren:

Es ist $\frac{1}{10}\int_0^{10} f(t)\,dt = \frac{1}{10}\left[-7{,}5 \cdot e^{-0{,}005t^2}\right]_0^{10}$

$= \frac{1}{10}(-7{,}5 \cdot e^{-0{,}005 \cdot 100} + 7{,}5 \cdot 1)$

$= 0{,}75 - 0{,}75 \cdot e^{-0{,}5}$

$\approx 0{,}295.$

Die durchschnittliche Wachstumsgeschwindigkeit in den ersten 10 Jahren beträgt **fast 30 cm pro Jahr**.

d) Höhe eines 25-jährigen Baumes:

Als Längenzuwachs nach 25 Jahren ergibt sich:

$\int_0^{25} f(t)\,dt = \left[F(t)\right]_0^{25} = \left[-7{,}5 \cdot e^{-0{,}005t^2}\right]_0^{25}$

$= -7{,}5 \cdot e^{-0{,}005 \cdot 25^2} + 7{,}5 \approx 7{,}17.$

Da der Baum bei der Pflanzung eine Höhe von 0,2 m hatte, ergibt sich eine Höhe von **rund 7,37 m**.

e) Maximal erreichbare Höhe des Baumes:

Für die Höhe des Baumes im Jahr z mit $z > 0$ gilt:

$h(z) = 0{,}2 + \int_0^{z} f(t)\,dt = 0{,}2 + \left[-7{,}5 \cdot e^{-0{,}005t^2}\right]_0^{z}$

$= 0{,}2 + (-7{,}5 \cdot e^{-0{,}005z^2} + 7{,}5) = 7{,}7 - 7{,}5 \cdot e^{-0{,}005z^2}.$

Hieraus folgt $\lim\limits_{z \to \infty} h(z) = 7{,}7.$

Der Baum kann **etwa 7,7 m** hoch werden.

Gleichungen

Funktionen

Differentialrechnung

Integralrechnung

Modellieren

Modellieren mit ganzrationalen Funktionen

In dieser Lerneinheit üben Sie,
wie man mit einer ganzrationalen Funktion modellieren kann.

Um einen realen Sachverhalt mathematisch untersuchen zu können, benötigt man häufig eine **Funktion.** Die Suche nach einer solchen Funktion nennt man **modellieren** und die Funktion dann ein **mathematischen Modell** für den Sachverhalt. Oft muss noch ein **Koordinatensystem eingeführt** werden. Hierbei sollte man unbedingt auf Besonderheiten achten wie z. B. Symmetrie einer Fläche (Fig. 1) oder auch Lage einer Fläche im Koordinatensystem (vgl. den Querschnitt einer Vase in Fig. 2 und Fig. 3). Eine günstige Wahl für ein Koordinatensystem **vereinfacht** spätere Rechnungen.

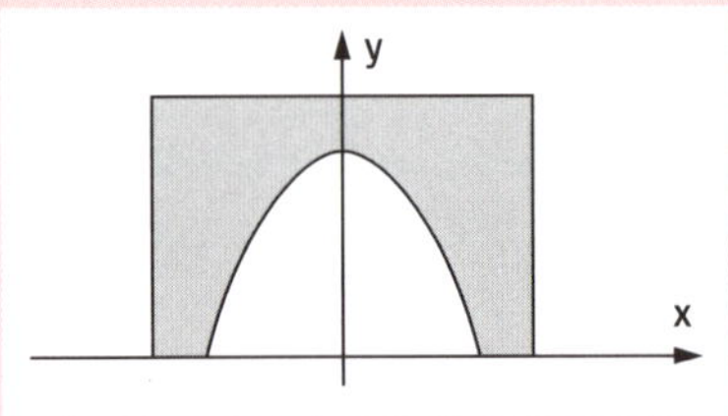

Fig. 1

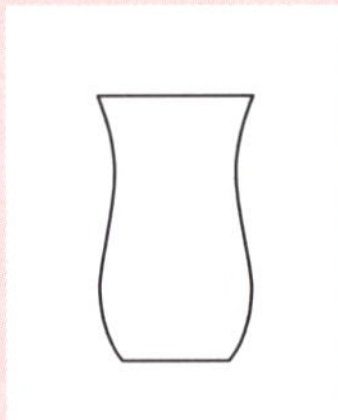
Fig. 2

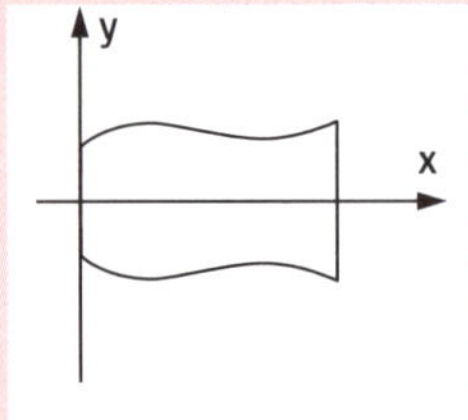

Fig. 3

Je nach Sachverhalt eignen sich zum Modellieren unterschiedliche Funktionsklassen. **Ganzrationale Funktionen** werden häufig verwendet beim Modellieren
- des Randes einer Fläche, z. B. bei Gebäuden oder Brücken (Fig. 1),
- des Randes eines Querschnitts bei Körpern, z. B. bei Vasen (Fig. 2, Fig. 3),
- einer momentanen Änderungsrate, z. B. für den Zufluss von Wasser in ein Becken.

Nach Einführung eines Koordinatensystems sind folgende Schritte durchzuführen:
1) Festlegung des **Grades** der ganzrationalen Funktion aufgrund der Datenlage,
2) **Ansatz** in Form eines Terms unter Berücksichtigung z. B. einer Symmetrie,
3) Formulierung aller **Bedingungen** mit f, f′, f″ usw.,
4) **Aufstellen** und **Lösen** eines LGS.

Aufgabe 1 | Lösung S. 182
Für den Querschnitt einer Vase (Fig. 4) gilt:

Abstand vom Boden (in cm)	0	8	16
Durchmesser (in cm)	10	20	10

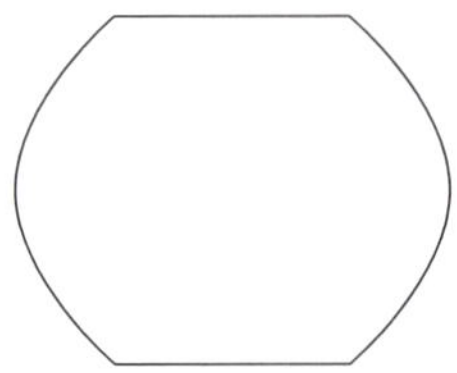
Fig. 4

Der Querschnitt wird wie in Fig. 3 in ein Koordinatensystem gelegt; der größte Durchmesser liegt auf der y-Achse. Die Vase entsteht dann bei Rotation eines Parabelstücks um die x-Achse.

a) Zeigen Sie, dass für die Parabel gilt: $f(x) = -\frac{5}{64}x^2 + 10$.
b) Berechnen Sie das Volumen der Vase.

Aufgabe 2

Ein Dachfenster mit waagrechten Übergängen wie in Fig. 1 nennt man Fledermausgaube.

a) Modellieren Sie diese Form mit einer ganzrationalen Funktion.

b) Wie viel Glas wird benötigt, wenn man von Fenstersprossen absieht?

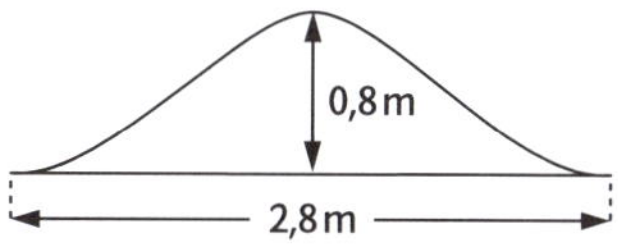

Fig. 1

Aufgabe 3

Aus einem Tank fließt Wasser mit einer Rate von f(t) Liter pro Stunde. Die Tabelle zeigt einige Werte dieser Rate.

t (in Stunden)	0	1	2	3	4
f(t) (in Liter pro Stunde)	4,9	4,5	3,5	2,2	0,1

a) Die Ausflussrate kann näherungsweise durch eine ganzrationale Funktion 2. Grades beschrieben werden. Ermitteln Sie einen Term für die Ausflussrate.

b) Berechnen Sie näherungsweise die Gesamtmenge Wasser, die in 4 Stunden aus dem Tank ausgeflossen ist.

Das müssen Sie wissen:

Modellieren mit ganzrationalen Funktionen

- Die einzelnen Schritte sind:
  1) **Grad** festlegen
  2) **Ansatz** notieren, dabei Besonderheiten ausnutzen
  3) **Bedingungen** mit f, f′, f″ usw. schreiben
  4) **Aufstellen** und **Lösen** des LGS
- Muss ein **Koordinatensystem** eingeführt werden, sollte man **Besonderheiten** wie z. B. Symmetrien bei der Wahl **berücksichtigen**.

Modellieren

Modellieren von Wachstums- und Zerfallsprozessen

In dieser Lerneinheit üben Sie,
Wachstums- und Zerfallsprozesse mit Exponentialfunktionen zu modellieren.

Bei exponentiellem Wachstum multipliziert sich der Bestand pro Zeitschritt immer mit einem festen Faktor $a > 0$, dem so genannten **Wachstumsfaktor**. Daher kann ein solches Wachstum durch Funktionen f mit $f(x) = c \cdot a^x$ modelliert werden. Der Faktor c entspricht dem **Anfangsbestand** zum Zeitpunkt $x = 0$.

Für $\mathbf{a > 1}$ handelt es sich um exponentielles **Wachstum**, für $\mathbf{0 < a < 1}$ um exponentiellen **Zerfall.** Verwendet man die Basis e, ergibt sich:
$f(x) = c \cdot a^x = c \cdot (e^{\ln(a)})^x = c \cdot e^{k \cdot x}$ mit $k = \ln(a)$.
Für $k > 0$ heißt k **Wachstumskonstante**, für $k < 0$ heißt k **Zerfallskonstante.**
Ist die **prozentuale Zu-** bzw. **Abnahme p pro Zeitschritt** gegeben, so gilt:
$a = 1 + \frac{p}{100}$ bzw. $a = 1 - \frac{p}{100}$.
Bei einem Datensatz mit konstantem Zeitschritt kann man a als **Mittelwert** bestimmen.

Bei einer Zellkultur wurde die Anzahl der Zellen stündlich bestimmt.

t (in h)	0	1	2	3	4	5	6
Anzahl	505	545	589	636	687	742	801
		·1,079	·1,081	·1,080	·1,080	·1,080	·1,080

Als Mittelwert ergibt sich $a = 1{,}08$ und damit die Wachstumsfunktion
$f(t) = 505 \cdot 1{,}08^t$ bzw. $f(t) = 505 \cdot e^{\ln(1{,}08) \cdot t} \approx 505 \cdot e^{0{,}077 \cdot t}$ mit t in Stunden.

Änderung des Zeitschritts:
Beim Übergang von Stunden zu Minuten ist der Wachstumsfaktor $a^{\frac{1}{60}}$. Dann gilt:
$f^*(t^*) = 505 \cdot \left(1{,}08^{\frac{1}{60}}\right)^{t^*} \approx 505 \cdot 1{,}0013^{t^*}$ mit t* in Minuten bzw.
$f^*(t^*) = 505 \cdot e^{\frac{1}{60} \cdot \ln(1{,}08) \cdot t^*} \approx 505 \cdot e^{0{,}0013 \cdot t^*}$ mit t* in Minuten.

Ermittlung der Wachstumsfunktion mit dem GTR:
$f(t) \approx 504{,}88 \cdot 1{,}08^t$ (Fig. 1, 2, 3)

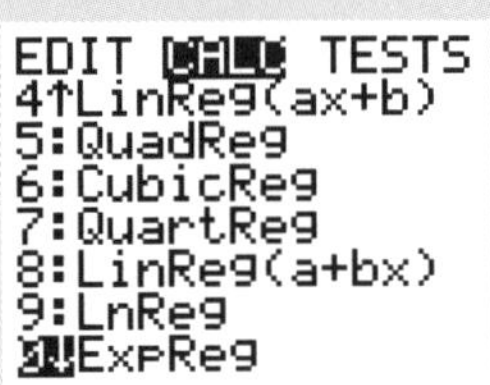

Fig. 1

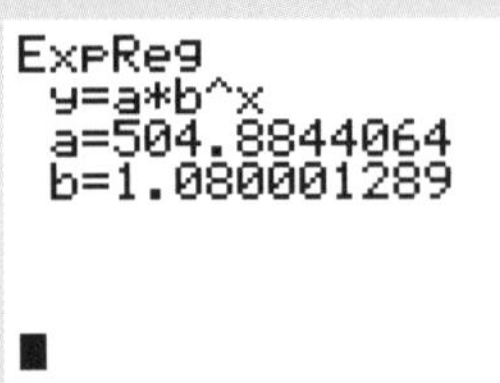

Fig. 2

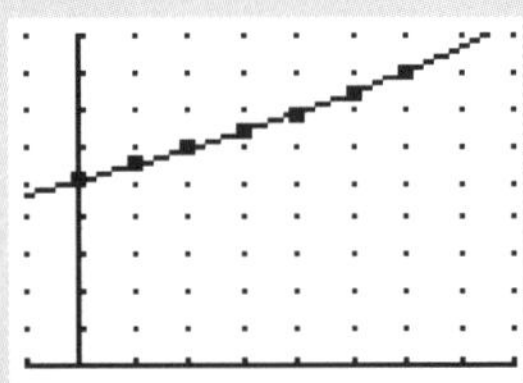
Fig. 3

Aufgabe 1 | Lösung S. 183

Ein Kapital von 5000 Euro wird mit einem Zinssatz von 5% jährlich verzinst.

a) Geben Sie die Funktion an, die die zeitliche Entwicklung des Kapitals beschreibt.

b) Welches Kapital ist nach drei Jahren vorhanden?

c) In welchem Jahr nimmt das Kapital erstmals um 500 Euro zu?

Aufgabe 2

Von einer Population wurde täglich der Bestand ermittelt.

t (in Tagen)	0	1	2	3	4
Bestand	300	173	101	58	33

a) Zeigen Sie, dass es sich um exponentiellen Zerfall handelt.
Bestimmen Sie den Wachstumsfaktor, die Zerfallskonstante und die Zerfallsfunktion.
Überprüfen Sie Ihr Ergebnis mit dem GTR.

b) Wie lautet die Zerfallsfunktion bei Zeitschritten von Stunden bzw. Wochen?

Aufgabe 3

In einem Teich werden 200 Fische eingesetzt, die sich dort exponentiell gemäß $f(x) = c \cdot e^{k \cdot x}$ vermehren. Nach 4 Jahren zählt man in dem Teich 500 Fische. Allerdings breitet sich nach 4 Jahren in dem Teich sehr rasch eine Fischkrankheit aus, welche die Wachstumskonstante k sofort auf $-0{,}15$ absenkt.

a) Bestimmen Sie die Wachstumskonstante k in den ersten 4 Jahren.

b) Wie viele Fische sind nach 3 Jahren in dem Teich?

c) Geben Sie für den Fischbestand f(x) zur Zeit x einen Term an (vor und nach dem Auftreten der Krankheit) und zeichnen Sie den Graphen der Funktion f.

d) Wann beträgt der Fischbestand wieder 200 Fische?

Das müssen Sie wissen:

Modellieren von Wachstums- und Zerfallsprozessen

- **Exponentielles Wachstum** bzw. **exponentieller Zerfall:**
  $f(x) = c \cdot a^x = c \cdot e^{k \cdot x}$ mit $k = \ln(a)$; a heißt **Wachstumsfaktor**
  $a > 1$ ergibt $k > 0$: Wachstum; k heißt dann **Wachstumskonstante**
  $0 < a < 1$ ergibt $k < 0$: Zerfall; k heißt dann **Zerfallskonstante**
  Der Faktor c entspricht dem **Anfangsbestand** f(0) zum Zeitpunkt $x = 0$.
- Es gilt: $a = 1 + \frac{p}{100}$ bzw. $a = 1 - \frac{p}{100}$; p **prozentuale Zu- bzw. Abnahme** pro Zeitschritt
- **Änderung des Zeitschritts:**
  Bei einem kleineren Zeitschritt (n Teile) gilt für den neuen Wachstumsfaktor: $a^{\frac{1}{n}}$.

Modellieren von beschränktem Wachstum und Zerfall

In dieser Lerneinheit üben Sie,
beschränktes Wachstum bzw. beschränkten Zerfall zu modellieren.

Existiert bei einem Wachstumsprozess eine Schranke S, spricht man von **beschränktem Wachstum** bzw. **beschränktem Zerfall** mit der **Sättigungsgrenze S.**

Hierfür gilt: $f(x) = S - c \cdot a^x$ mit $0 < a < 1$.

Für $c > 0$ handelt es sich um **beschränktes Wachstum**, für $c < 0$ um **beschränkten Zerfall.** Verwendet man die Basis e, ergibt sich wegen $\ln(a) < 0$ für $0 < a < 1$:

$f(x) = S - c \cdot e^{\ln(a) \cdot x} = S - c \cdot e^{-k \cdot x}$ mit $k > 0$.

Beschränktes Wachstum (Fig. 1):

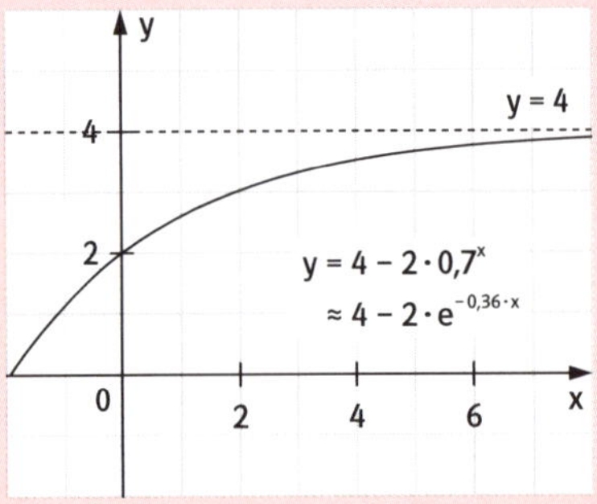

Fig. 1

Beschränkter Zerfall (Fig. 2):

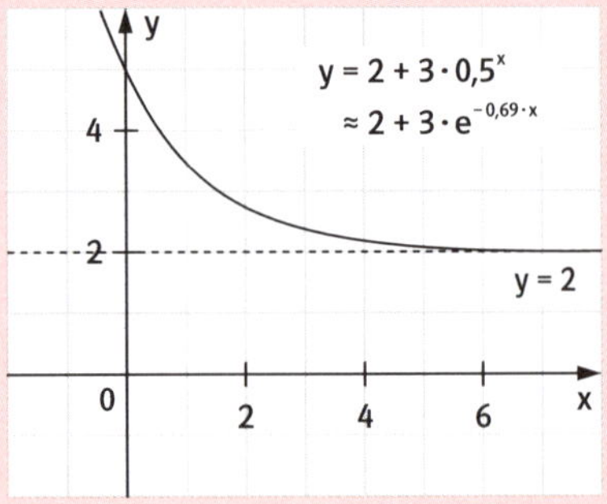

Fig. 2

Aufgabe 1 | Lösung S. 184

Die Tabelle zeigt die zeitliche Entwicklung eines Bestandes.

t (in h)	1	3	6	9	12	15	20
B(t) (in Mio)	14,0	19,8	24,7	27,3	28,6	29,3	29,8

a) Tragen Sie die gegebenen Werte in ein Koordinatensystem ein und legen Sie die Sättigungsgrenze S fest, wenn man von beschränktem Wachstum ausgeht.

b) Berechnen Sie c und a mithilfe zweier Wertepaare.
Notieren Sie den Term der Funktion mit der Basis e.

c) Berechnen Sie B(6) und B(15).
Vergleichen Sie die berechneten Werte mit den in der Tabelle angegebenen.

d) Nach welcher Zeit beträgt der Bestand 80% der Sättigungsgrenze?

e) Bestimmen Sie die Wachstumsgeschwindigkeit des Bestandes zum Zeitpunkt $t = 3$.

Aufgabe 2

Ein Bestand B kann beschrieben werden durch

$B(t) = 2c - c \cdot e^{-t}; \quad c > 0.$

Bis zum Zeitpunkt t_1 soll der Bestand um die Hälfte des Anfangsbestandes anwachsen. Berechnen Sie t_1.

Aufgabe 3

Nach dem Setzen einer Pflanze wurde deren Wachstum beobachtet. Die Messung der Höhe h der Pflanze ergab die Werte der Tabelle.

Zeit t (in Monaten nach Beobachtungsbeginn)	0	1	2	3
Höhe h(t) (in cm)	120	138	153	165

a) Bestimmen Sie h(t), wenn man von beschränktem Wachstum ausgehen kann. Verwenden Sie dabei zur Bestimmung der drei Konstanten die ersten drei Wertepaare.

b) Wie hoch wird die Pflanze wohl?

c) Wann hat die Pflanze 90 % ihrer endgültigen Höhe erreicht?

d) Berechnen Sie die Wachstumsgeschwindigkeit zum Zeitpunkt der Pflanzung.

Das müssen Sie wissen:

Beschränktes Wachstum bzw. beschränkter Zerfall

Funktionsterm:

$f(x) = S - c \cdot a^x$ mit $0 < a < 1$

$c > 0$ beschreibt **Wachstum**; **$c < 0$** beschreibt **Zerfall**.

Mit der Basis e ergibt sich: $f(x) = S - c \cdot e^{-k \cdot x}; \; k > 0.$

Die Konstante S heißt **Sättigungsgrenze**.

Modellieren mit der allgemeinen Sinusfunktion

In dieser Lerneinheit üben Sie
das Modellieren periodischer Vorgänge mit der allgemeinen Sinusfunktion.

Für die allgemeine Sinusfunktion in der Form
$f(x) = a \cdot \sin[b(x - c)] + d$
ergeben sich a, b, c und d wie folgt (Fig. 1):

1) $a = \frac{1}{2}(y_{max} - y_{min})$
2) $d = y_{min} + a$
3) $b = \frac{2\pi}{p}$; p Periode
4) $c = x_{max} - \frac{1}{4}p$ oder durch eine Punktprobe

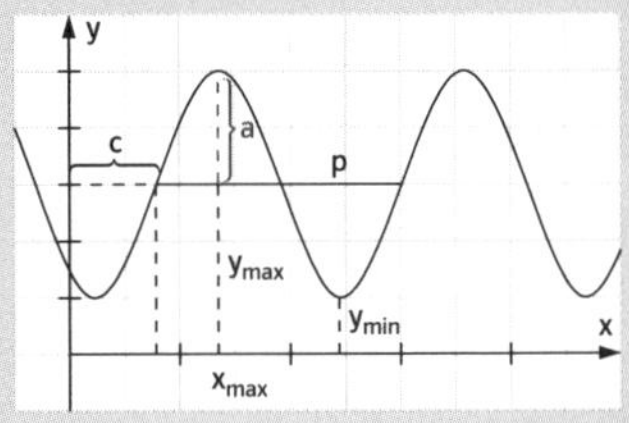

Fig. 1

Die Tabelle enthält die langjährigen Monatsmittelwerte der Temperaturen (in °C) in Freiburg. Gesucht ist eine Sinusfunktion, die diese Messreihe gut beschreibt.

Monat	Jan	Feb	Mär	Apr	Mai	Jun	Jul	Aug	Sep	Okt	Nov	Dez
Temp.	1,8	3,2	6,6	10,2	14,4	17,7	19,9	19,2	16,2	11,3	6,0	2,7

Trägt man die Temperaturen jeweils in der Monatsmitte auf, ergibt sich Fig. 2.
Aus Fig. 2 erhält man:

1) $a = \frac{1}{2}(19{,}9 - 1{,}8) = 9{,}05$
2) $d = 1{,}8 + 9{,}05 = 10{,}85$
3) $b = \frac{2\pi}{12} = \frac{\pi}{6}$
4) $c = 6{,}5 - \frac{1}{4} \cdot 12 = 3{,}5$

Damit: $f(x) = 9{,}05 \cdot \sin\left[\frac{\pi}{6}(x - 3{,}5)\right] + 10{,}85$
$= 9{,}05 \cdot \sin(0{,}52x - 1{,}83) + 10{,}85$

Mit dem GTR erhält man:
$f(x) = 8{,}98 \cdot \sin(0{,}53x - 1{,}90) + 10{,}82$ (Fig. 3, 4, 5).

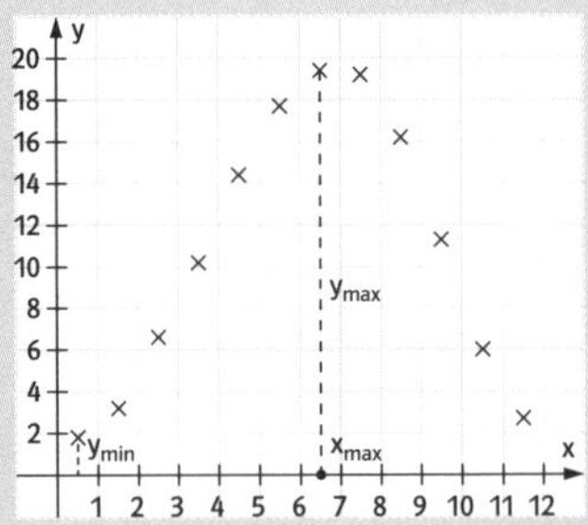

Fig. 2

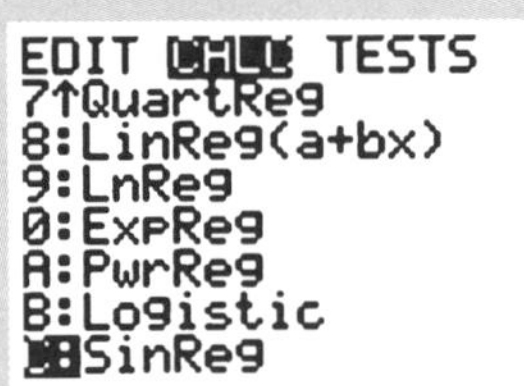

Fig. 3

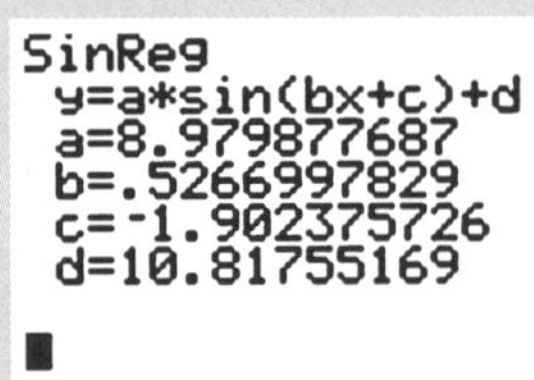

Fig. 4

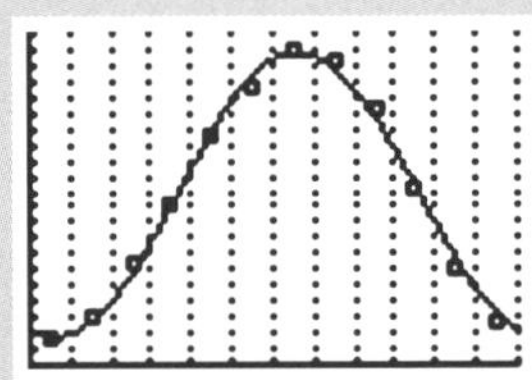
Fig. 5

Aufgabe 1 | Lösung S. 186

Die Tabelle zeigt die langjährigen Monatsmittelwerte der Temperaturen in Kassel. Dabei ist die Temperatur in °C gemessen.

Monat	Jan	Feb	Mär	Apr	Mai	Jun	Jul	Aug	Sep	Okt	Nov	Dez
Temp.	0,1	0,9	4,7	8,9	13,3	16,5	17,9	17,4	14,3	9,2	5,0	1,6

Modellieren Sie den Verlauf der Temperaturen mit einer Sinusfunktion.
Überprüfen Sie Ihr Ergebnis mit dem GTR.

Aufgabe 2

Die Tabelle zeigt die Tageslängen in Frankfurt am Main während eines Jahres. Dabei ist die Tageslänge gemessen in Stunden : Minuten.

Datum	1.1.	1.2.	1.3.	1.4.	1.5.	1.6.	1.7.	1.8.	1.9.	1.10.	1.11.	1.12.
Tag i. J.	1	32	60	91	121	152	182	213	244	274	305	335
Länge	8:09	9:19	10:56	12:54	14:42	16:05	16:19	15:15	13:31	11:v40	9:48	8:24

Modellieren Sie den Verlauf der Tageslängen mit einer Sinusfunktion.
Überprüfen Sie Ihr Ergebnis mit dem GTR.

Das müssen Sie wissen:

Modellieren mit der allgemeinen Sinusfunktion

$f(x) = a \cdot \sin[b(x - c)] + d$

Aus der Datenmenge ergibt sich der Hochpunkt $H(x_{max} | y_{max})$, der Tiefpunkt $T(x_{min} | y_{min})$ und die Periode p. Dann ergeben sich die Parameter a, b, c und d wie folgt:

1) Für die Amplitude a gilt: $a = \frac{1}{2}(y_{max} - y_{min})$.
2) Für die Verschiebung d in y-Richtung gilt: $d = y_{min} + a$.
3) Der Parameter b ergibt sich aus der Periode p: $b = \frac{2\pi}{p}$.
4) Für die Verschiebung c in x-Richtung gilt: $c = x_{max} - \frac{1}{4}p$.
   Ist x_{max} nicht gegeben, kann man c durch eine Punktprobe bestimmen.

Modellieren mit e-Funktionen

In dieser Lerneinheit üben Sie,
wie man einen vorgegebenen Sachverhalt mit einer e-Funktion modellieren kann.

Viele Vorgänge lassen sich mit e-Funktionen beschreiben. Beispiele hierfür sind:

- Wachstumsvorgänge, bei denen ein Bestand zunächst annähernd exponentiell verläuft, dann aber verlangsamt, um schließlich zum Erliegen zu kommen.
  Ein solches Wachstum nennt man **logistisches Wachstum** und die zugehörige Funktion **logistische Funktion**:
  $f(x) = \frac{a}{1 + b \cdot e^{-c \cdot x}}$ (Fig. 1).
- Abbau eines Medikamentes im Blut eines Patienten. Je nach Schnelligkeit des Abbaus eignen sich hierfür Funktionen z. B. der Form
  $f(x) = a \cdot x \cdot e^{-b \cdot x}$ bzw. $f(x) = a \cdot x \cdot e^{-b \cdot x^2}$ (Fig. 2).
- Hängt man eine Kette oder ein Seil zwischen zwei Halterungen auf, ergibt sich die so genannte **Kettenlinie**. Diese kann durch eine Funktion der Form
  $f(x) = \frac{a}{2} \cdot (e^{k \cdot x} + e^{-k \cdot x})$
  beschrieben werden (Fig. 3). Diesen Funktionstyp verwendet man z. B. auch bei der Modellierung des Verlaufs von Halteseilen bei Brückenkonstruktionen.

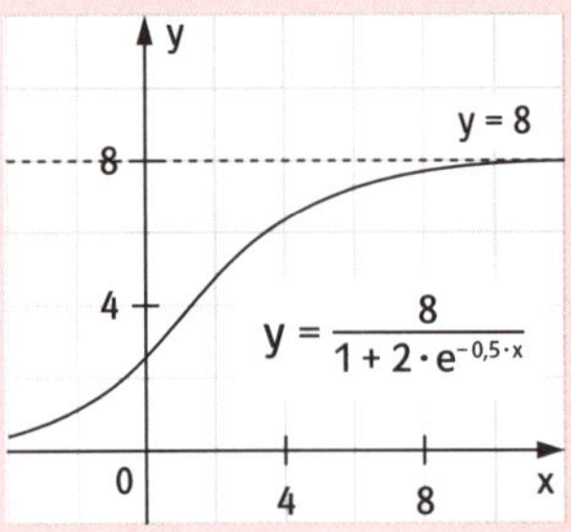

Fig. 1

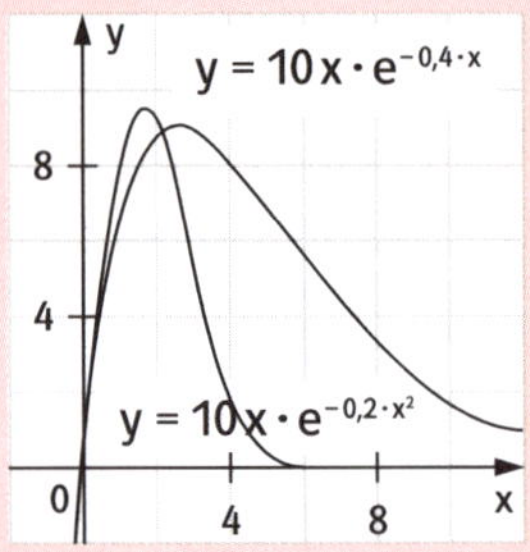

Fig. 2

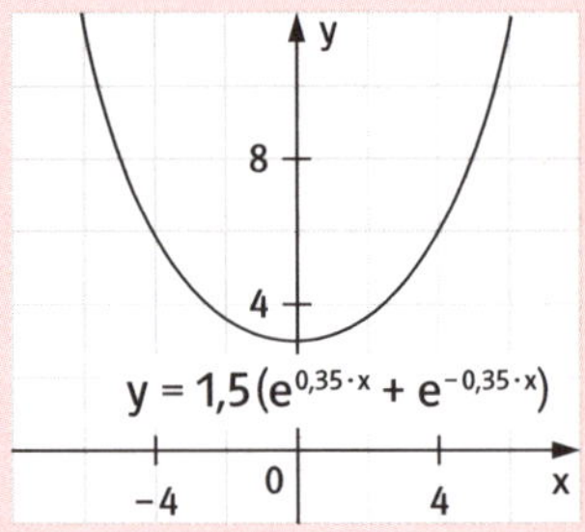

Fig. 3

Aufgabe 1 | Lösung S. 186
Der Abstand zweier 30 Meter hoher Masten beträgt 40 Meter. Ein an den Enden der Masten befestigtes Seil hängt 8 Meter durch.
a) Durch welche Funktion kann der Verlauf des Seiles modelliert werden?
b) Welchen Winkel bildet das Seil mit der Horizontalen in einem der Aufhängepunkte?

Aufgabe 2

In verschiedenen Szenarien werden jährliche CO_2-Emissionen (in Milliarden Tonnen pro Jahr) prognostiziert. Die Tabelle enthält Werte einer solchen Prognose.

Jahr	2000	2050	2100	2150
CO_2-Emission	29	38	31	30

a) Die Daten können durch eine Funktion f mit $f(x) = a \cdot x^2 \cdot e^{-b \cdot x} + c$ modelliert werden. Berechnen Sie a, b und c, wenn $x = 0$ dem Jahr 2000 entspricht.
b) Mit welcher jährlichen CO_2-Emission muss man für das Jahr 2020 rechnen?
c) In welchem Jahr ist die CO_2-Emission am größten?

Aufgabe 3

Die Tabelle gibt die bei einem Versuch gemessene Hefemenge in Abhängigkeit von der Zeit wieder.

Zeit (in h)	0	2	4	6	8	10	12	14	16	18
Hefemenge (in mg)	18	40	80	172	340	510	595	640	665	672

a) Übertragen Sie die Daten in ein Koordinatensystem.
b) Man kann von logistischem Wachstum ausgehen. Legen Sie aufgrund der Zeichnung zunächst die Konstante a fest und berechnen Sie dann die noch fehlenden Konstanten. Zeichnen Sie den Graphen der Funktion in das Koordinatensystem ein.
c) Zeigen Sie: Der Wendepunkt des Graphen der allgemeinen logistischen Funktion ist $W\left(\frac{\ln(b)}{c} \middle| \frac{a}{2}\right)$.
d) Welche Wachstumsgeschwindigkeit hat die Hefekultur nach 8 Stunden?
e) Zu welchem Zeitpunkt wächst die Hefekultur am schnellsten?

Das müssen Sie wissen:

Beispiele für Anwendungssituationen	Funktion im mathematischen Modell
• Logistisches Wachstum	• $f(x) = \frac{a}{1 + b \cdot e^{-c \cdot x}}$
• Abbau der Konzentration eines Medikaments im Blut; CO_2-Emission	• $f(x) = a \cdot x \cdot e^{-b \cdot x}$; $f(x) = a \cdot x \cdot e^{-b \cdot x^2}$ $f(x) = a \cdot x^2 \cdot e^{-b \cdot x}$; $f(x) = a(e^{-b \cdot x} - e^{-c \cdot x})$
• Kettenlinie; Tragseile bei Brücken	• $f(x) = \frac{a}{2} \cdot (e^{k \cdot x} + e^{-k \cdot x})$

Musterklausur 5:

Modellieren mit e-Funktionen

Aufgabenstellung

Der englische Biologe H. G. Thornton hat 1922 das Wachstum von Bakterienkolonien untersucht. Eine seiner Versuchsreihen hatte das folgende Ergebnis.

Alter der Kolonie (in Tagen)	0	1	2	3	4	5
Fläche (in cm²)	0,24	2,78	13,53	36,30	47,50	49,40

Diese Daten werden häufig für mathematische Modellierungen verwendet.

a) Tragen Sie die Daten in ein Koordinatensystem ein. Das Wachstum der Bakterienkolonie kann in einem ersten Modell M_1 durch eine abschnittsweise definierte Funktion f mit

$$f(t) = \begin{cases} c \cdot e^{k \cdot t} & \text{für} \quad 0 \leqq t \leqq 2 \\ m \cdot t + n & \text{für} \quad 2 \leqq t \leqq 3 \\ S - a \cdot e^{-b \cdot t} & \text{für} \quad t \geqq 3 \end{cases}$$

beschrieben werden. Dabei ist t die Zeit in Tagen seit Beginn der Untersuchung und f(t) die Fläche in cm².
Für die einzelnen Abschnitte sollen die jeweiligen Konstanten bestimmt werden.
Verwenden Sie für den ersten Abschnitt $t = 0$ und $t = 2$, für den dritten Abschnitt $t = 3$ und $t = 4$ sowie die Sättigungsgrenze $S = 50$.
Zeichnen Sie den Graphen von f in das Koordinatensystem ein.
Mit welcher Wachstumsgeschwindigkeit breitet sich die Bakterienkultur nach Modell M_1 einen Tag nach Beginn des Versuchs aus?

b) In dem Modell M_2 wird das Wachstum der Kolonie durch die Funktion g mit
$g(t) = \frac{a}{1 + b \cdot e^{-c \cdot t}}$ beschrieben.
Ermitteln Sie die Konstanten b und c, wenn man $a = 50$ setzt.
Wann überdeckt nach Modell M_2 die Bakterienkolonie 90 % ihrer maximalen Fläche?

c) In einer Untersuchung wird für die angegebenen Daten in dem Modell M_3 die Funktion h mit $h(t) = \frac{49{,}9237}{1 + e^{-1{,}96(t - 2{,}5)}}$ angegeben.
Um verschiedene Modelle vergleichen zu können, benötigt man ein Kriterium, um zu entscheiden, welches Modell die Daten „am besten“ beschreibt.
Geben Sie ein mögliches Kriterium an.
Welches der drei angegebenen Modelle ist nach diesem Kriterium das „beste“?

d) Beschreiben Sie, wie man den Tag berechnen könnte, an dem im „besten“ Modell die Wachstumsgeschwindigkeit der Bakterienkolonie am größten ist.

Ausformulierte Lösung:

a) Daten im Koordinatensystem:
Siehe Fig.

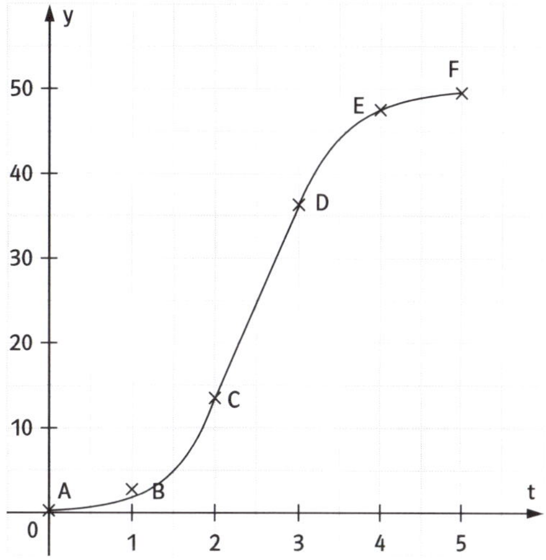

Berechnung der Konstanten c und k für den ersten Abschnitt:
$f_1(t) = c \cdot e^{k \cdot t}; \quad 0 \leqq t \leqq 2$
Die Bedingung $f_1(0) = 0{,}24$ liefert
$c \cdot e^0 = 0{,}24$; hieraus folgt $c = 0{,}24$.
Die Bedingung $f_1(2) = 13{,}53$ liefert
$c \cdot e^{2k} = 13{,}53$ bzw. $0{,}24 \cdot e^{2k} = 13{,}53$.
Hieraus folgt $e^{2k} = \frac{13{,}53}{0{,}24}$;
$k = \frac{1}{2} \cdot \ln\left(\frac{13{,}53}{0{,}24}\right) \approx 2{,}016$.
Damit gilt: $f_1(t) = 0{,}24 \cdot e^{2{,}016 \cdot t}$.

Berechnung der Konstanten m und n für den zweiten Abschnitt:
$f_2(t) = m \cdot t + n; \quad 2 \leqq t \leqq 3$
Die Bedingung $f_2(2) = 13{,}53$ liefert $m \cdot 2 + n = 13{,}53$;
die Bedingung $f_2(3) = 36{,}30$ liefert $m \cdot 3 + n = 36{,}30$.
Hieraus folgt $m = 36{,}30 - 13{,}53 = 22{,}77$ und $n = 13{,}53 - 22{,}77 \cdot 2 = -32{,}01$.
Damit gilt: $f_2(t) = 22{,}77 \cdot t - 32{,}01$.

Berechnung der Konstanten a und b für den dritten Abschnitt:
$f_3(t) = 50 - a \cdot e^{-b \cdot t}; \quad 3 \leqq t \leqq 5$
Die Bedingung $f_3(3) = 36{,}30$ liefert $50 - a \cdot e^{-b \cdot 3} = 36{,}30$;
die Bedingung $f_3(4) = 47{,}50$ liefert $50 - a \cdot e^{-b \cdot 4} = 47{,}50$.
Aus $a \cdot e^{-3b} = 13{,}7$ und $a \cdot e^{-4b} = 2{,}5$ folgt $e^b = \frac{13{,}7}{2{,}5}$ und damit $b = \ln\left(\frac{13{,}7}{2{,}5}\right) \approx 1{,}701$.
Weiterhin gilt: $a = \frac{13{,}7}{e^{-3b}} = \frac{13{,}7}{e^{-3 \cdot 1{,}701}} \approx 2253{,}85$.
Damit ergibt sich: $f_3(t) = 50 - 2253{,}85 \cdot e^{-1{,}701 \cdot t}$.

Graph von f:
Siehe Fig.

Wachstumsgeschwindigkeit der Kolonie nach Modell M_1 einen Tag nach Beginn des Versuchs:
Es ist $f_1'(t) = 0{,}24 \cdot 2{,}016 \cdot e^{2{,}016 \cdot t}$ und damit $f_1'(1) = 0{,}24 \cdot 2{,}016 \cdot e^{2{,}016 \cdot 1} \approx 3{,}63$.
Einen Tag nach Beginn des Versuchs breitet sich die Kolonie nach dem Modell M_1 mit einer Geschwindigkeit von rund $3{,}6\,cm^2$ pro Tag aus.

Modellieren

b) Berechnung der Konstanten b und c im Modell M_2:

$g(t) = \frac{50}{1 + b \cdot e^{-c \cdot t}}$; $0 \le t \le 5$

Die Bedingung $g(0) = 0{,}24$ liefert $\frac{50}{1+b} = 0{,}24$ und hieraus folgt $b \approx 207{,}33$.

Die Bedingung $g(3) = 36{,}30$ liefert $\frac{50}{1 + 207{,}33 \cdot e^{-3c}} = 36{,}30$.

Hieraus folgt $50 = 36{,}30 \cdot (1 + 207{,}33 \cdot e^{-3c})$ bzw. $0{,}377 = 207{,}33 \cdot e^{-3c}$ und somit

$c = -\frac{1}{3} \cdot \ln\left(\frac{0{,}377}{207{,}33}\right) \approx 2{,}103.$

Damit gilt: $g(t) = \frac{50}{1 + 207{,}33 \cdot e^{-2{,}103 \cdot t}}$.

Zeitpunkt mit 90 % der maximalen Fläche nach Modell M_2:

Für große Werte von t nähert sich der Graph der Funktion g der waagrechten Asymptote mit der Gleichung $y = 50$. Das bedeutet, dass die Kolonie nicht größer als $50\,cm^2$ werden kann. Davon 90 % sind $45\,cm^2$.

Aus $\frac{50}{1 + 207{,}33 \cdot e^{-2{,}103 \cdot t}} = 45$ folgt $50 = 45(1 + 207{,}33 \cdot e^{-2{,}103 \cdot t})$ und hieraus

$\frac{10}{9} - 1 = 207{,}33 \cdot e^{-2{,}103 \cdot t}$ bzw. $\frac{1}{9 \cdot 207{,}33} = e^{-2{,}103 \cdot t}$.

Logarithmieren liefert $t = -\frac{1}{2{,}103} \cdot \ln\left(\frac{1}{9 \cdot 207{,}33}\right) \approx 3{,}58$.

Nach etwas mehr als 3,5 Stunden überdeckt nach Modell M_2 die Kolonie 90 % der maximal möglichen Fläche.

c) Mögliches Kriterium zum Vergleich verschiedener Modelle:

Um verschiedene Modelle vergleichen zu können, kann man berechnen:

1) die Summe der Beträge der Abweichungen der Funktionswerte von den beobachteten Werten oder
2) die Summe der Quadrate der Abweichungen der Funktionswerte von den beobachteten Werten.

Die folgende Tabelle enthält die Funktionswerte der Funktionen f, g und h sowie die Abweichungen dieser Funktionswerte von den beobachteten Werten.

	beobachtet	f(t)	g(t)	h(t)	Abw. bei f(t)	Abw. bei g(t)	Abw. bei h(t)
0	0,24	0,24	0,24	0,37	0	0	0,13
1	2,78	1,80	1,90	2,51	−0,98	−0,88	−0,27
2	13,53	13,53	12,22	13,62	0	−1,31	0,09
3	36,30	36,30	36,30	36,30	0	0	0
4	47,50	47,50	47,80	47,42	0	0,30	−0,08
5	49,40	49,54	49,72	49,56	0,14	0,32	0,16

Bei der Funktion f ist die Summe der Beträge der Abweichungen 1,12; bei der Funktion g ergibt sich der Wert 2,81 und bei der Funktion h der Wert 0,73. Damit ist nach diesem Kriterium das Modell M_3 mit der Funktion h das „beste" Modell.
Auch die Summe der Quadrate der Abweichungen ist für die Funktion h am kleinsten.

d) *Beschreibung, wie man im „besten" Modell den Tag mit der größten Wachstumsgeschwindigkeit der Kolonie berechnen könnte:*
Das „beste" Modell ist nach Teilaufgabe c) das Modell M_3 mit der Funktion h. Da die Wachstumsgeschwindigkeit durch die Ableitung von h beschrieben wird, müsste man h′ auf Extremwerte untersuchen, d.h. man müsste die Wendestelle von h ermitteln.

Musterklausur 6:

Modellieren mit Sinusfunktionen

Aufgabenstellung

Der Tagesgang der Lufttemperatur an einem warmen austauscharmen Sommertag kann näherungsweise beschrieben werden durch eine Funktion f mit $f(t) = a \cdot \sin[b(t - c)] + d$.
Dabei ist t die Zeit in Stunden nach Mitternacht und f(t) die Lufttemperatur in °C.
In Berlin ergab sich an einem solchen Tag eine tiefste Temperatur von 22,7° und eine höchste Temperatur von 33,5°. Um 10 Uhr war es 29,0° warm.

a) Ermitteln Sie die Konstanten a, b, c und d.
Zeichnen Sie den Graphen der Funktion f.
Beschreiben Sie, wie der Graph von f aus dem Graphen der Sinusfunktion entsteht.

b) Welche Temperatur herrschte an diesem Tag um Mitternacht?
Wie viele Stunden ist die Temperatur mindestens 30,0 °C?

c) Bestimmen Sie die mittlere Lufttemperatur von Mitternacht bis 6 Uhr morgens.

d) Wann ist der Temperaturanstieg am größten?

Ausformulierte Lösung:

a) Bestimmung der Konstanten a, b, c und d:

$f(t) = a \cdot \sin[b(t - c)] + d.$

Für die Amplitude a gilt:

$a = \frac{1}{2}(y_{max} - y_{min}) = \frac{1}{2}(33{,}5 - 22{,}7) \approx 5{,}4.$

Für die Verschiebung d in y-Richtung gilt:

$d = y_{min} + a = 22{,}7 + 5{,}4 = 28{,}1.$

Für den Parameter b gilt:

$b = \frac{2\pi}{p}.$

Die Periode ist $p = 24$. Damit ergibt sich: $b = \frac{2\pi}{24} = \frac{\pi}{12}.$

Damit ergibt sich bisher:

$f(t) = 5{,}4 \cdot \sin\left[\frac{\pi}{12}(t - c)\right] + 28{,}1.$

Die Verschiebung c in t-Richtung kann man durch eine Punktprobe ermitteln.
Da die Temperatur um 10 Uhr 29,0° betrug, ergibt sich:

$29 = 5{,}4 \cdot \sin\left[\frac{\pi}{12}(10 - c)\right] + 28{,}1.$

Hieraus folgt $\frac{1}{6} = \sin\left[\frac{\pi}{12}(10 - c)\right]$ bzw. $0{,}1674 = \frac{\pi}{12}(10 - c)$ und dann
$c = 10 - 0{,}6394 = 9{,}3606.$

Insgesamt erhält man für die Funktion f:

$f(t) = 5{,}4 \cdot \sin\left[\frac{\pi}{12}(t - 9{,}36)\right] + 28{,}1.$

Graph der Funktion f:

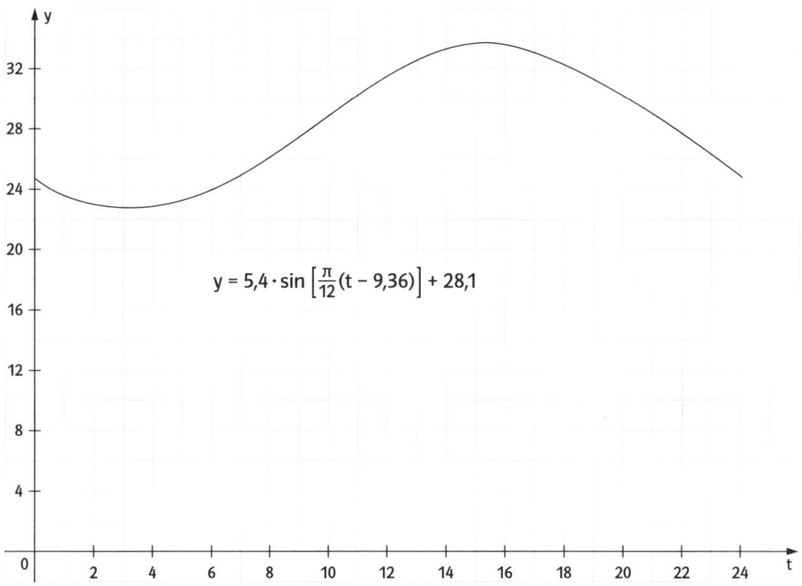

Beschreibung:

Die Sinusfunktion mit $y = \sin(t)$ wird parallel zur y-Achse von der t-Achse aus mit dem Faktor 5,4 und parallel zur t-Achse von der y-Achse aus mit dem Faktor $\frac{12}{\pi}$ gestreckt. Dadurch entsteht der Graph mit der Gleichung $y = 5{,}4 \cdot \sin\left(\frac{\pi}{12}t\right)$, der dann noch um 9,36 in positive t-Richtung und um 28,1 in positive y-Richtung verschoben wird.

b) *Temperatur um Mitternacht:*

Für $t = 0$ ergibt sich

$f(0) = 5{,}4 \cdot \sin\left[\frac{\pi}{12}(0 - 9{,}36)\right] + 28{,}1 \approx 24{,}7.$

Die Temperatur um Mitternacht betrug rund 24,7 °C.

Zahl der Stunden mit mindestens 30,0 °C:

Aus der Bedingung

$5{,}4 \cdot \sin\left[\frac{\pi}{12}(t - 9{,}36)\right] + 28{,}1 = 30$ folgt $\sin\left[\frac{\pi}{12}(t - 9{,}36)\right] = 0{,}3519$ und hieraus

$\frac{\pi}{12}(t_1 - 9{,}36) = 0{,}3596$ bzw. $\frac{\pi}{12}(t_2 - 9{,}36) = \pi - 0{,}3596$

$t_1 = 0{,}3596 \cdot \frac{12}{\pi} + 9{,}36 \approx 10{,}73$ bzw. $t_2 = (\pi - 0{,}3596) \cdot \frac{12}{\pi} + 9{,}36 \approx 19{,}99.$

Die gesuchte Stundenzahl ist dann $19{,}99 - 10{,}73 = 9{,}26$.

Also betrug die Temperatur 9,26 Stunden oder rund 9 Stunden und 16 Minuten mindestens 30 °C.

c) *Mittlere Temperatur von Mitternacht bis 6 Uhr morgens:*

$$\bar{t} = \frac{1}{6-0}\int_0^6 f(t)\,dt = \frac{1}{6}\int_0^6 \left(5{,}4 \cdot \sin\left[\frac{\pi}{12}(t - 9{,}36)\right] + 28{,}1\right) dt$$

$$= \frac{1}{6}\left[5{,}4 \cdot \frac{12}{\pi} \cdot \left(-\cos\left[\frac{\pi}{12}(t - 9{,}36)\right]\right) + 28{,}1t\right]_0^6$$

$$= \frac{1}{6}\left[5{,}4 \cdot \frac{12}{\pi} \cdot \left(-\cos\left[\frac{\pi}{12}(6 - 9{,}36)\right]\right) + 28{,}1 \cdot 6 - 5{,}4 \cdot \frac{12}{\pi} \cdot \left(-\cos\left[\frac{\pi}{12}(0 - 9{,}36)\right]\right)\right]$$

$$\approx 23{,}26$$

Die mittlere Temperatur von Mitternacht bis 6 Uhr morgens betrug rund 23,3 °C.

d) *Uhrzeit des größten Temperaturanstiegs:*

Die momentane Änderungsrate der Temperatur wird durch die Ableitungsfunktion f′ angegeben. Um den Zeitpunkt des größten Temperaturanstiegs zu bestimmen, ist f′ auf Maximalstellen zu untersuchen.

Ableitungen:

$f(t) = 5{,}4 \cdot \sin\left[\frac{\pi}{12}(t - 9{,}36)\right] + 28{,}1$

$f'(t) = 5{,}4 \cdot \frac{\pi}{12} \cdot \cos\left[\frac{\pi}{12}(t - 9{,}36)\right]$

$f''(t) = -5{,}4 \cdot \left(\frac{\pi}{12}\right)^2 \cdot \sin\left[\frac{\pi}{12}(t - 9{,}36)\right]$

$f'''(t) = -5{,}4 \cdot \left(\frac{\pi}{12}\right)^3 \cdot \cos\left[\frac{\pi}{12}(t - 9{,}36)\right]$

Aus $-5{,}4 \cdot \left(\frac{\pi}{12}\right)^2 \cdot \sin\left[\frac{\pi}{12}(t - 9{,}36)\right] = 0$ folgt $\sin\left[\frac{\pi}{12}(t - 9{,}36)\right] = 0$ und hieraus $\frac{\pi}{12}(t - 9{,}36) = 0$ bzw. $t = 9{,}36$.

Weiterhin ist $f'''(9{,}36) = -5{,}4 \cdot \left(\frac{\pi}{12}\right)^3 \cdot \cos(0) = -5{,}4 \cdot \left(\frac{\pi}{12}\right)^3 \neq 0$.

Etwa um 9.22 Uhr ist der Temperaturanstieg am größten.

Lösungen

Ganzrationale Gleichungen

Aufgabe 1

a) $x_1 = \frac{4+8}{6} = 2$; $x_2 = \frac{4-8}{6} = -\frac{2}{3}$

b) $2x^2 - 5x - 3 = 0$; $x_1 = \frac{5+7}{4} = 3$; $x_2 = \frac{5-7}{4} = -\frac{1}{2}$

c) $6x^2 - 13x + 6 = 0$; $x_1 = \frac{13+5}{12} = \frac{3}{2}$; $x_2 = \frac{13-5}{12} = \frac{2}{3}$

d) $x^2 - 2x - 5 = 0$; $x_1 = \frac{2+\sqrt{24}}{2} = \frac{2+2\sqrt{6}}{2} = 1 + \sqrt{6}$; $x_2 = 1 - \sqrt{6}$

Aufgabe 2

a) $x^2(x-8) = 0$; $x_{1/2} = 0$; $x_3 = 8$

b) $x(2x^2 + 7x + 3) = 0$; $x_1 = 0$; $x_2 = \frac{-7+5}{4} = -\frac{1}{2}$; $x_3 = \frac{-7-5}{4} = -3$

c) $x^2(4x^2 - 21x - 18) = 0$; $x_{1/2} = 0$; $x_3 = \frac{21+27}{8} = 6$; $x_4 = \frac{21-27}{8} = -\frac{3}{4}$

d) $2x^5 - 5x^4 - 25x^3 = 0$; $x^3(2x^2 - 5x - 25) = 0$; $x_{1/2/3} = 0$; $x_4 = \frac{5+15}{4} = 5$; $x_4 = \frac{5-15}{4} = -\frac{5}{2}$

Aufgabe 3

a) $x^2 = z$; $z^2 - 3z - 4 = 0$; $z_1 = \frac{3+5}{2} = 4$; $z_2 = \frac{3-5}{2} = -1$

$x^2 = 4$; $x_1 = 2$; $x_2 = -2$

$x^2 = -1$; keine weiteren Lösungen

$L = \{-2; 2\}$

b) $x^4 - 9x^2 + 14 = 0$; $x^2 = z$; $z^2 - 9z + 14 = 0$;

$z_1 = \frac{9+5}{2} = 7$; $z_2 = \frac{9-5}{2} = 2$;

$x^2 = 7$; $x_1 = \sqrt{7}$; $x_2 = -\sqrt{7}$

$x^2 = 2$; $x_3 = \sqrt{2}$; $x_4 = -\sqrt{2}$

$L = \{-\sqrt{7}; -\sqrt{2}; \sqrt{2}; \sqrt{7}\}$

c) $9x^5 + 11x^3 - 48x = 0$; $x(9x^4 + 11x^2 - 48) = 0$

$x_1 = 0$; $x^2 = z$; $9z^2 + 11z - 48 = 0$

$z_1 = \frac{-11+43}{18} = \frac{16}{9}$; $z_2 = \frac{-11-43}{18} = -3$;

$x^2 = \frac{16}{9}$; $x_2 = \frac{4}{3}$; $x_3 = -\frac{4}{3}$

$x^2 = -3$; keine weiteren Lösungen

$L = \left\{0; \frac{4}{3}; -\frac{4}{3}\right\}$

d) $x^8 - 17x^4 + 16 = 0$; $x^4 = z$; $z^2 - 17z + 16 = 0$

$z_1 = \frac{17 + 15}{2} = 16$; $z_2 = \frac{17 - 15}{2} = 1$

$x^4 = 16$; $x_1 = 2$; $x_2 = -2$

$x^4 = 1$; $x_3 = 1$; $x_4 = -1$

$L = \{-2; -1; 1; 2\}$

Aufgabe 4

a) $x(x - 4)(x + 9) = 0$; $x_1 = 0$; $x_2 = 4$; $x_3 = -9$

b) $2x^2 - 3x - 9 = 0$; $x_1 = \frac{3 + 9}{4} = 3$; $x_2 = \frac{3 - 9}{4} = -\frac{3}{2}$

c) $x^4 - 13x^2 - 48 = 0$; $x^2 = z$; $z^2 - 13z - 48 = 0$

$z_1 = \frac{13 + 19}{2} = 16$; $z_2 = \frac{13 - 19}{2} = -\frac{6}{2} = -3$

$x^2 = 16$; $x_1 = 4$; $x_2 = -4$

$x^2 = -\frac{6}{2} = -3$; keine weiteren Lösungen

d) $4x^4 - 29x^3 + 7x^2 = 0$; $x^2(4x^2 - 29x + 7) = 0$

$x_{1/2} = 0$; $4x^2 - 29x + 7 = 0$; $x_3 = \frac{29 + 27}{8} = 7$; $x_4 = \frac{29 - 27}{8} = \frac{1}{4}$

Aufgabe 5

a) $(x^3 - 2x^2 - 9x + 18) : (x - 2) = x^2 - 9$; $x^2 - 9 = 0$

weitere Lösungen: $-3; +3$

b) $(3x^3 + x^2 - 62x + 40) : (x - 4) = 3x^2 + 13x - 10$

$3x^2 + 13x - 10 = 0$; $x_1 = \frac{-13 + 17}{6} = \frac{2}{3}$; $x_2 = \frac{-13 - 17}{6} = -5$

weitere Lösungen: $-5; +\frac{2}{3}$

c) $x^4 + 3x^3 - 4x^2 - 12x = 0$; $x(x^3 + 3x^2 - 4x - 12) = 0$; $x_1 = 0$

$(x^3 + 3x^2 - 4x - 12) : (x + 3) = x^2 - 4$; $x^2 - 4 = 0$; $x_2 = -2$; $x_3 = 2$

weitere Lösungen: $0; -2; 2$

Bruchgleichungen

Aufgabe 1

a) $D = \mathbb{R} \setminus \{0\}$

$\frac{3}{x} + \frac{4x+1}{x} = 5;\quad 3 + 4x + 1 = 5x;\ x = 4$

Lösung: $x_1 = 4$

b) $D = \mathbb{R} \setminus \{0\}$

$\frac{3+x}{x^2} + \frac{2x+3}{x^2} = 3;\quad 3 + x + 2x + 3 = 3x^2;\quad 3x^2 - 3x - 6 = 0$

$x^2 - x - 2 = 0;\quad x_1 = \frac{1+3}{2} = 2;\quad x_2 = \frac{1-3}{2} = -1$

Lösungen: $x_1 = 2;\ x_2 = -1$

c) $D = \mathbb{R} \setminus \{0\}$

$\frac{x^2 - x}{x} = 2;\quad x^2 - x = 2x;\quad x^2 - 3x = 0;\quad x(x-3) = 0;\quad x_1 = 0;\quad x_2 = 3$

Lösung: $x_2 = 3$

d) $D = \mathbb{R} \setminus \{-1\}$

$\frac{2}{x+1} - \frac{x}{x+1} = 3;\quad 2 - x = 3(x+1);\quad x_1 = -\frac{1}{4}$

Lösung: $x_1 = -\frac{1}{4}$

e) $D = \mathbb{R} \setminus \{\pm 2\}$

$\frac{x^2+3}{x^2-4} + \frac{2x+3}{x-2} = 3;\quad x^2 + 3 + (2x+3) \cdot (x+2) = 3(x^2-4)$

$7x + 9 = -12;\quad 7x + 21 = 0;\quad x_1 = -3$

Lösung: $x_1 = -3$

f) $D = \mathbb{R} \setminus \left\{\frac{3}{2}\right\}$

$\frac{2x^2 - 7x + 6}{2x - 3} = 0;\quad 2x^2 - 7x + 6 = 0;\quad x_1 = \frac{7+1}{4} = 2;\quad x_2 = \frac{7-1}{4} = \frac{3}{2}$

Lösung: $x_1 = 2$

Aufgabe 2

a) $D = \mathbb{R} \setminus \{0; 1\}$

$\frac{x^2+3x+2}{x(x-1)} = \frac{2}{x} + \frac{4}{x(x-1)};\quad x^2 + 3x + 2 = 2(x-1) + 4;\quad x(x+1) = 0;\quad x_1 = 0;\quad x_2 = -1$

$L = \{-1\}$

b) $D = \mathbb{R}\setminus\{-1\}$

$\frac{2}{x+1} - \frac{x}{x+1} = 2x;\quad 2 - x = 2x(x+1);\quad 2x^2 + 3x - 2 = 0;\quad x_1 = \frac{-3+5}{4} = \frac{1}{2};\quad x_2 = \frac{-3-5}{4} = -2$

$L = \left\{\frac{1}{2}; -2\right\}$

c) $x^2 - 4x + 3 = 0;\quad x_1 = \frac{4+2}{2} = 3;\quad x_2 = \frac{4-2}{2} = 1$

$D = \mathbb{R}\setminus\{1; 3\}$

$\frac{3x-1}{x^2-4x+3} = \frac{2x-2}{x-3};\quad \frac{3x-1}{(x-3)(x-1)} = \frac{2x-2}{x-3};\quad 3x - 1 = (2x-2)\cdot(x-1);$

$2x^2 - 7x + 3 = 0;\quad x_1 = \frac{7+5}{4} = 3;\quad x_2 = \frac{7-5}{4} = \frac{1}{2}$

$L = \left\{\frac{1}{2}\right\}$

Aufgabe 3

a) $D = \mathbb{R}\setminus\{1\}$

$\frac{2}{x-1} = \frac{3x-1}{x-1};\quad 2 = 3x - 1;\quad 3x = 3;\quad x = 1$

Da 1 nicht zur Definitionsmenge gehört, hat die Gleichung keine Lösung.

b) $D = \mathbb{R}\setminus\{0; -1; -2\}$

$\frac{1}{(x+1)(x+2)} = \frac{1}{x(x+2)} - \frac{1}{x(x+1)};\quad x = x + 1 - (x+2);\quad x = -1$

Da −1 nicht zur Definitionsmenge gehört, hat die Gleichung keine Lösung.

c) $D = \mathbb{R}\setminus\{-2; 2\}$

$\frac{1}{x+2} + \frac{1}{x-2} = \frac{4}{x^2-4};\quad x - 2 + x + 2 = 4;\quad 2x = 4;\quad x = 2$

Da 2 nicht zur Definitionsmenge gehört, hat die Gleichung keine Lösung.

Aufgabe 4

Auflösung nach g: $b\cdot f + g\cdot f = g\cdot b;\quad g\cdot b - g\cdot f = b\cdot f;\quad g = \frac{b\cdot f}{b-f}$

Auflösung nach b: $g\cdot b - b\cdot f = g\cdot f;\quad b = \frac{g\cdot f}{g-f}$

Auflösung nach f: $f = \frac{g\cdot b}{b+g}$

Aufgabe 5

a) $h = \frac{3V}{\pi r^2}$; $r = \sqrt{\frac{3V}{\pi h}}$

b) $s = \frac{O - \pi r^2}{\pi r}$; $\pi r^2 + \pi rs - O = 0$; $r_{1/2} = \frac{-\pi s \pm \sqrt{\pi^2 s^2 + 4\pi \cdot O}}{2\pi}$

Die negative Lösung für r entfällt im konkreten Fall.

Exponentialgleichungen

Aufgabe 1

a) $x \cdot \ln(5) = \ln(14)$; $x = \frac{\ln(14)}{\ln(5)} \approx 1{,}64$

b) $1{,}08^x = 5$; $x \cdot \ln(1{,}08) = \ln(5)$; $x = \frac{\ln(5)}{\ln(1{,}08)} \approx 20{,}91$

c) $1{,}07^{2x-1} = 4$; $(2x-1) \cdot \ln(1{,}07) = \ln(4)$; $2x-1 = \frac{\ln(4)}{\ln(1{,}07)}$; $x = \frac{1}{2}\left[1 + \frac{\ln(4)}{\ln(1{,}07)}\right] \approx 10{,}74$

Aufgabe 2

a) $3x \cdot \ln(e) = \ln(7{,}5)$; $3x = \ln(7{,}5)$; $x = \frac{1}{3} \cdot \ln(7{,}5) \approx 0{,}67$

b) $e^{3x-2} = 1{,}875$; $(3x-2) \cdot \ln(e) = \ln(1{,}875)$; $3x-2 = \ln(1{,}875)$; $x = \frac{1}{3}[2 + \ln(1{,}875)] \approx 0{,}88$

c) $3 \cdot e^{5x-1} = 2 \cdot e^{3x}$; $\frac{e^{5x-1}}{e^{3x}} = \frac{2}{3}$; $e^{2x-1} = \frac{2}{3}$; $(2x-1) \cdot \ln(e) = \ln\left(\frac{2}{3}\right)$; $2x - 1 = \ln\left(\frac{2}{3}\right)$;

$x = \frac{1}{2}\left[1 + \ln\left(\frac{2}{3}\right)\right] \approx 0{,}297$

Aufgabe 3

a) $e^x\left(\frac{2}{7}e^x - 3\right) = 0$; $\frac{2}{7}e^x = 3$; $e^x = \frac{21}{2}$; $x = \ln\left(\frac{21}{2}\right) \approx 2{,}35$

b) $e^x(4e^{2x} - 3) = 0$; $e^{2x} = \frac{3}{4}$; $2x = \ln\left(\frac{3}{4}\right)$; $x = \frac{1}{2} \cdot \ln\left(\frac{3}{4}\right) \approx -0{,}14$

c) $e^{3x}(6 - 3x) = 0$; $6 - 3x = 0$; $x = 2$

Aufgabe 4

a) $e^x = z$; $z^2 - 12z + 27 = 0$; $z_1 = \frac{12 + 6}{2} = 9$; $z_2 = \frac{12 - 6}{2} = 3$

$e^x = 9$; $x_1 = \ln(9) \approx 2{,}197$; $e^x = 3$; $x_2 = \ln(3) \approx 1{,}099$

b) $8e^{2x} + 2e^x - 3 = 0$; $e^x = z$; $8z^2 + 2z - 3 = 0$; $z_1 = \frac{-2 + 10}{16} = \frac{1}{2}$; $z_2 = \frac{-2 - 10}{16} = -\frac{3}{4}$;

$e^x = \frac{1}{2}$; $x_1 = \ln\left(\frac{1}{2}\right) \approx -0{,}69$; $e^x = -\frac{3}{4}$; keine weiteren Lösungen

c) $e^{2x} - 3e^{x+1} + 2e^2 = 0$; $e^{2x} - 3 \cdot e^x \cdot e + 2e^2 = 0$; $e^x = z$; $z^2 - 3e \cdot z + 2e^2 = 0$;

$z_1 = \frac{3e + e}{2} = 2e$; $z_2 = \frac{3e - e}{2} = e$; $e^x = 2e$; $x_1 = \ln(2e) = \ln(2) + \ln(e) = 1 + \ln(2) \approx 1{,}69$

$e^x = e$; $x_2 = \ln(e) = 1$

Aufgabe 5

a) $e^x = e^{x+1} - 1$; $e^x(1 - e) = -1$; $e^x = \frac{-1}{1 - e} = \frac{1}{e - 1}$;

$x_1 = \ln\left(\frac{1}{e - 1}\right) = \ln(1) - \ln(e - 1) = -\ln(e - 1) \approx -0{,}54$

b) $e^{2x+4} = 5e^x$; $e^{2x} \cdot e^4 - 5e^x = 0$; $e^x(e^x \cdot e^4 - 5) = 0$; $e^x = \frac{5}{e^4}$;

$x_1 = \ln\left(\frac{5}{e^4}\right) = \ln(5) - \ln(e^4) = \ln(5) - 4 \cdot \ln(e) = \ln(5) - 4 \approx -2{,}39$

Trigonometrische Gleichungen

Aufgabe 1

a) $\frac{1}{2}x = \frac{\pi}{3}$; $x_1 = \frac{2}{3}\pi$

$\frac{1}{2}x = \pi - \frac{\pi}{3} = \frac{2}{3}\pi$; $x_2 = \frac{4}{3}\pi$

Lösungen: $\frac{2}{3}\pi$; $\frac{4}{3}\pi$

b) $\frac{1}{4}x = \frac{\pi}{6}$; $x_1 = \frac{2}{3}\pi$

$\frac{1}{4}x = \pi - \frac{\pi}{6} = \frac{5}{6}\pi$; $x_2 = \frac{10}{3}\pi$

Lösung: $\frac{2}{3}\pi$

c) $\sin(2x - 1) = -\frac{1}{2}$; $2x - 1 = -\frac{\pi}{6}$; $x_1 = \frac{1}{2} - \frac{1}{12}\pi$

$2x - 1 = \pi + \frac{\pi}{6} = \frac{7}{6}\pi$; $x_2 = \frac{1}{2} + \frac{7}{12}\pi$

$2x - 1 = 2\pi - \frac{\pi}{6} = \frac{11}{6}\pi$; $x_3 = \frac{1}{2} + \frac{11}{12}\pi$

$2x - 1 = 3\pi + \frac{\pi}{6} = \frac{19}{6}\pi$; $x_4 = \frac{1}{2} + \frac{19}{12}\pi$

Lösungen: $\frac{1}{2} - \frac{1}{12}\pi$; $\frac{1}{2} + \frac{7}{12}\pi$; $\frac{1}{2} + \frac{11}{12}\pi$; $\frac{1}{2} + \frac{19}{12}\pi$

d) $\frac{\pi}{2}x - 1 = -\frac{\pi}{4}$; $\frac{\pi}{2}x = 1 - \frac{\pi}{4}$; $x_1 = \frac{2}{\pi} - \frac{1}{2}$

$\frac{\pi}{2}x - 1 = \pi + \frac{\pi}{4} = \frac{5}{4}\pi$; $\frac{\pi}{2}x = 1 + \frac{5}{4}\pi$; $x_2 = \frac{2}{\pi} + \frac{5}{2}$

$\frac{\pi}{2}x - 1 = 2\pi - \frac{\pi}{4} = \frac{7}{4}\pi$; $\frac{\pi}{2}x = 1 + \frac{7}{4}\pi$; $x_3 = \frac{2}{\pi} + \frac{7}{2}$

Lösungen: $\frac{2}{\pi} - \frac{1}{2}$; $\frac{2}{\pi} + \frac{5}{2}$; $\frac{2}{\pi} + \frac{7}{2}$

e) $\frac{1}{3}x = \frac{\pi}{3}$; $x_1 = \pi$

Lösung: π

f) $2x + \pi = 2\pi - \frac{\pi}{6}$; $2x = \pi - \frac{\pi}{6} = \frac{5}{6}\pi$; $x_1 = \frac{5}{12}\pi$

$2x + \pi = 2\pi + \frac{\pi}{6}$; $2x = \pi + \frac{\pi}{6} = \frac{7}{6}\pi$; $x_2 = \frac{7}{12}\pi$

$2x + \pi = 4\pi - \frac{\pi}{6}$; $2x = 3\pi - \frac{\pi}{6} = \frac{17}{6}\pi$; $x_3 = \frac{17}{12}\pi$

$2x + \pi = 4\pi + \frac{\pi}{6}$; $2x = 3\pi + \frac{\pi}{6} = \frac{19}{6}\pi$; $x_4 = \frac{19}{12}\pi$

Lösungen: $\frac{5}{12}\pi$; $\frac{7}{12}\pi$; $\frac{17}{12}\pi$; $\frac{19}{12}\pi$

Aufgabe 2

a) $\sin(x) = z$; $z^2 + z - 2 = 0$; $z_1 = \frac{-1+3}{2} = 1$; $z_2 = \frac{-1-3}{2} = -2$

$\sin(x) = 1$; $x_1 = \frac{\pi}{2}$

$\sin(x) = -2$; keine weiteren Lösungen

b) $\sin(x) = z$; $2z^2 - 3z + 1 = 0$; $z_1 = \frac{3+1}{4} = 1$; $z_2 = \frac{3-1}{2} = \frac{1}{2}$

$\sin(x) = 1$; $x_1 = \frac{\pi}{2}$

$\sin(x) = \frac{1}{2}$; $x_2 = \frac{\pi}{6}$; $x_3 = \pi - \frac{\pi}{6} = \frac{5}{6}\pi$

c) $\cos(x) = z$; $2z^2 + 3z + 1 = 0$; $z_1 = \frac{-3+1}{4} = -\frac{1}{2}$; $z_2 = \frac{-3-1}{4} = -1$

$\cos(x) = -\frac{1}{2}$; $x_1 = -\pi + \frac{\pi}{3} = -\frac{2}{3}\pi$; $x_2 = -\pi - \frac{\pi}{3} = -\frac{4}{3}\pi$

$\cos(x) = -1$; $x_3 = -\pi$

Aufgabe 3

a) $\sin^2(x) = 1 - \cos^2(x)$; $2(1 - \cos^2(x)) = 3 \cdot \cos(x)$

$2 \cdot \cos^2(x) + 3 \cdot \cos(x) - 2 = 0$; $\cos(x) = z$; $2z^2 + 3z - 2 = 0$;

$z_1 = \frac{-3+5}{4} = \frac{1}{2}$; $z_2 = \frac{-3-5}{4} = -2$

$\cos(x) = \frac{1}{2}$; $x_1 = \frac{\pi}{3}$; $x_2 = \frac{5}{3}\pi$

$\cos(x) = -2$; keine weiteren Lösungen

b) $\cos^2(x) = 1 - \sin^2(x)$; $2 \cdot \sin^2(x) + 3(1 - \sin^2(x)) - 3 = 0$;

$2 \cdot \sin^2(x) - 3 \cdot \sin^2(x) = 0$; $-\sin^2(x) = 0$; $x_1 = 0$; $x_2 = \pi$

c) $\cos^2(x) = 1 - \sin^2(x)$; $1 - \sin^2(x) + 2 \cdot \sin(x) + 2 = 0$;

$\sin^2(x) - 2 \cdot \sin(x) - 3 = 0$; $\sin(x) = z$; $z^2 - 2z - 3 = 0$;

$z_1 = \frac{2+4}{2} = 3$; $z_2 = \frac{2-4}{2} = -1$

$\sin(x) = 3$; keine Lösung

$\sin(x) = -1$; $x_1 = \frac{3}{2}\pi$

Logarithmusgleichungen

Aufgabe 1

a) $2 - 3e^{-x} = 1$; $e^{-x} = \frac{1}{3}$; $-x = \ln\left(\frac{1}{3}\right) = \ln(1) - \ln(3) = -\ln(3)$; $x_1 = \ln(3)$

b) $2x - 1 = 1$; $x_1 = 1$

c) $4 - x^2 = 1$; $x^2 = 3$; $x_1 = -\sqrt{3}$; $x_2 = +\sqrt{3}$

Aufgabe 2

a) $\ln(3x) = 1$; $3x = e$; $x_1 = \frac{1}{3}e$

b) $\ln\left(\frac{1}{3}x^2\right) = 2$; $\frac{1}{3}x^2 = e^2$; $x^2 = 3e^2$; $x_1 = -e\sqrt{3}$; $x_2 = +e\sqrt{3}$

c) $\ln(x^2) + 2 \cdot \ln(x) = 3$; $2 \cdot \ln(x) + 2 \cdot \ln(x) = 3$; $4 \cdot \ln(x) = 3$; $\ln(x) = \frac{3}{4}$; $x_1 = e^{\frac{3}{4}}$

Aufgabe 3

a) $\ln(x)(x-2) = 0$; $\ln(x) = 0$; $x_1 = 1$; $x - 2 = 0$; $x_2 = 2$

b) $\ln(x+1) \cdot (2x-5) = 0$; $\ln(x+1) = 0$; $x + 1 = 1$; $x_1 = 0$; $2x - 5 = 0$; $x_2 = \frac{5}{2}$

Aufgabe 4

a) $\ln(x) = z$; $z^2 - z - 2 = 0$; $z_1 = \frac{1+3}{2} = 2$; $z_2 = \frac{1-3}{2} = -1$

$\ln(x) = 2$; $x_1 = e^2$

$\ln(x) = -1$; $x_2 = e^{-1}$

b) $\ln(2x) = z$; $z^2 + z - 2 = 0$; $z_1 = \frac{-1+3}{2} = 1$; $z_2 = \frac{-1-3}{2} = -2$;

$\ln(2x) = 1$; $2x = e$; $x_1 = \frac{1}{2}e$

$\ln(2x) = -2$; $2x = e^{-2}$; $x_2 = \frac{1}{2}e^{-2}$

c) $\ln(x^2) = z; \quad z^2 - 6z + 8 = 0; \quad z_1 = \frac{6 + z}{2} = 4; \quad z_2 = \frac{6 - 2}{2} = 2$

$\ln(x^2) = 4; \quad x^2 = e^4; \quad x_1 = -e^2; \quad x_2 = +e^2$

$\ln(x^2) = 2; \quad x^2 = e^2; \quad x_3 = -e; \quad x_4 = +e$

Aufgabe 5

a) $x^2 + t = 1; \quad x^2 = 1 - t; \quad x_{1/2} = \pm\sqrt{1 - t};$

Lösungen für $1 - t \geqq 0$, d.h. für $t \leqq 1$.

b) $\frac{1 + x}{t - x} = 1; \quad 1 + x = t - x; \quad 2x = t - 1; \quad x_1 = \frac{1}{2}t - \frac{1}{2}$

Lösungen für $t \in \mathbb{R}$.

Lineare Gleichungssysteme

Aufgabe 1

a) Lösung: $(3; -5)$

b) Lösung: $\left(\frac{2}{3}; -\frac{5}{2}\right)$

c) Lösung: $\left(\frac{152}{61}; -\frac{24}{61}\right)$

d) Lösung: $\left(2; -\frac{1}{2}; 3\right)$

e) Lösung: $(-2; 6; 10)$

f) Lösung: $\left(-\frac{1}{3}; 7; 7\right)$

Aufgabe 2

a) $L = \left\{\left(2t; 2 + \frac{1}{2}t; t\right) \mid t \in \mathbb{R}\right\}$

b) Das LGS ist unlösbar.

c) $L = \left\{\left(2 - t; -\frac{5}{2} + \frac{1}{2}t; t\right) \mid t \in \mathbb{R}\right\}$

Aufgabe 3

a)
$$\begin{aligned} 2x_1 - x_2 &= 7 \\ (4+t)x_1 \quad &= 19 \end{aligned}$$

Genau eine Lösung für $t \neq -4$.

Für diesen Fall lautet die Lösung: $\left(\frac{19}{4+t}; \frac{10-7t}{4+t}\right)$.

b)
$$\begin{aligned} tx_1 - 2tx_2 &= 5 \\ 14tx_2 &= 9t - 15 \end{aligned}$$

Genau eine Lösung für $t \neq 0$.

Für diesen Fall lautet die Lösung: $\left(\frac{18t+40}{14t}; \frac{9t-15}{14t}\right)$.

c)
$$\begin{aligned} 2x_1 - tx_2 &= 3 \\ 2(t^2-1)x_1 \quad &= 10t - 3 \end{aligned}$$

Genau eine Lösung für $t \neq +1$; $t \neq -1$.

Für diesen Fall lautet die Lösung: $\left(\frac{10t-3}{2(t^2-1)}; \frac{10-3t}{t^2-1}\right)$.

Ganzrationale Funktionen

Aufgabe 1

a) Nullstellen: $x_1 = -2$; $x_2 = 0$ (doppelt!)
Schnittpunkt mit der y-Achse: $S(0|0)$
für $x \to +\infty$ strebt $f(x) \to +\infty$; für $x \to -\infty$ strebt $f(x) \to -\infty$;
Graph: Fig. 1

b) Nullstellen: $x_1 = 0$; $x_2 = 3$ (doppelt!)
Schnittpunkt mit der y-Achse: $S(0|0)$
für $x \to +\infty$ strebt $f(x) \to -\infty$; für $x \to -\infty$ strebt $f(x) \to +\infty$;
Graph: Fig. 2

c) Nullstellen: $x_1 = 0$ (doppelt!); $x_2 = 4$ (doppelt!)
Schnittpunkt mit der y-Achse: $S(0|0)$
für $x \to +\infty$ strebt $f(x) \to +\infty$; für $x \to -\infty$ strebt $f(x) \to +\infty$;
Graph: Fig. 3

d) Nullstellen: $x_1 = 2$ (dreifach!); $x_2 = -1$
Schnittpunkt mit der y-Achse: $S\left(0\middle|-\frac{8}{5}\right)$
für $x \to +\infty$ strebt $f(x) \to +\infty$; für $x \to -\infty$ strebt $f(x) \to +\infty$;
Graph: Fig. 4

e) Nullstellen: $x_1 = 1$; $x_2 = -3$; $x_3 = +3$
Schnittpunkt mit der y-Achse: $S\left(0\middle|\frac{9}{15}\right)$
für $x \to +\infty$ strebt $f(x) \to +\infty$; für $x \to -\infty$ strebt $f(x) \to -\infty$;
Graph: Fig. 5

f) Nullstellen: $x_1 = 2$ (doppelt!); $x_2 = -2$ (doppelt!)
Schnittpunkt mit der y-Achse: $S(0|4)$
für $x \to +\infty$ strebt $f(x) \to +\infty$; für $x \to -\infty$ strebt $f(x) \to +\infty$;
Graph: Fig. 6

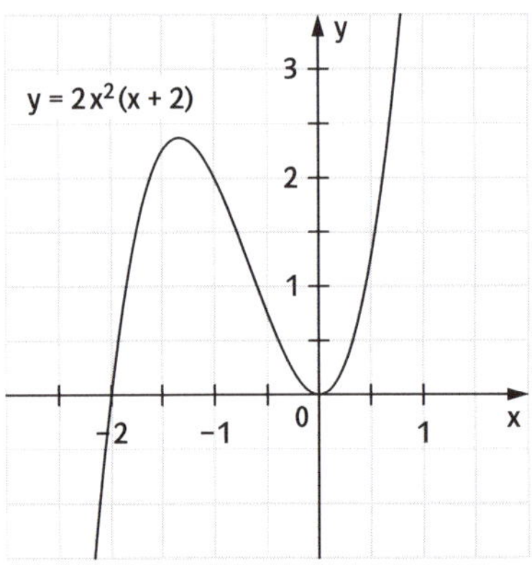

Fig. 1

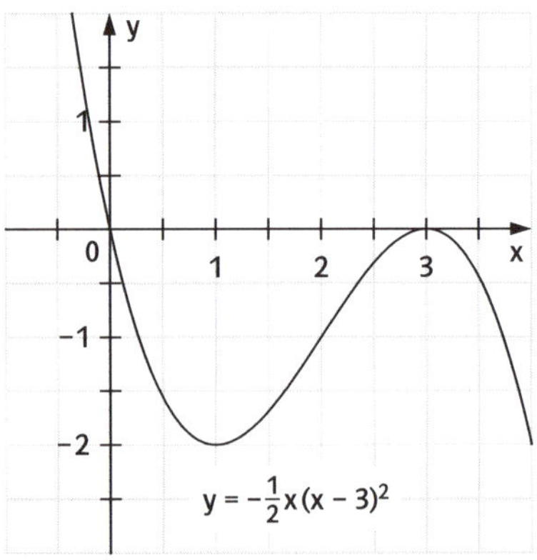

Fig. 2

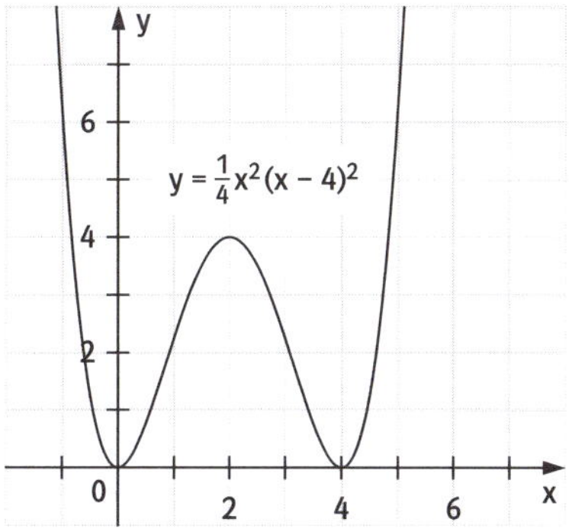

Fig. 3

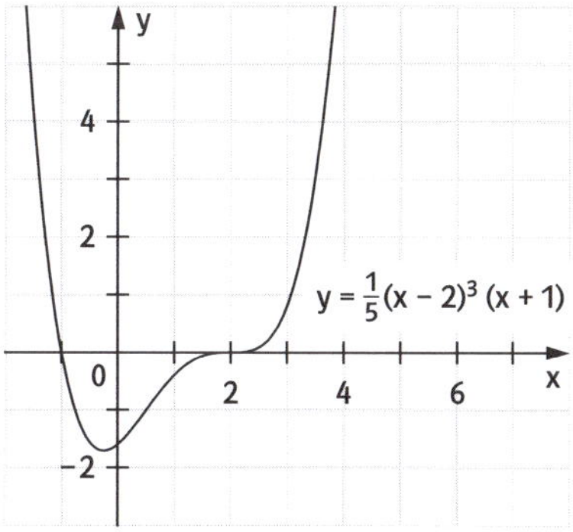

Fig. 4

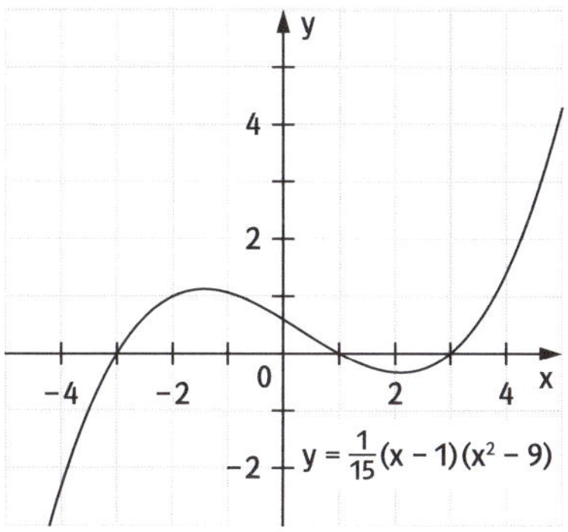

Fig. 5

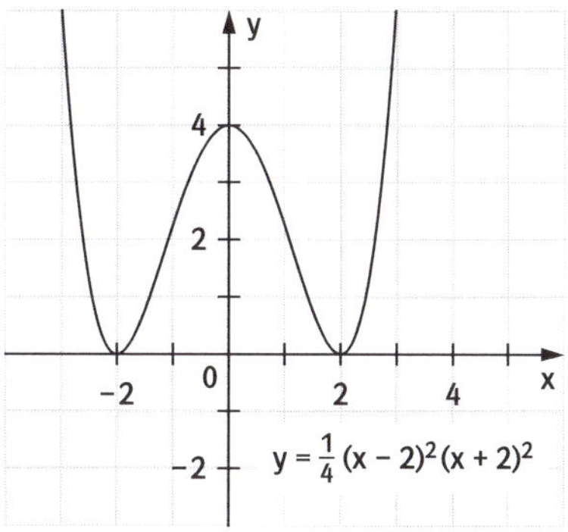

Fig. 6

Aufgabe 2

a) $x^3 - 5x^2 + 6x = 0$; $x(x^2 - 5x + 6) = 0$; $x_1 = 0$; $x_2 = \frac{5+1}{2} = 3$; $x_3 = \frac{5-1}{2} = 2$
Für $x \to +\infty$ strebt $f(x) \to +\infty$; für $x \to -\infty$ strebt $f(x) \to -\infty$.

b) $-\frac{1}{2}x^4 + \frac{3}{2}x^2 + 2 = 0$; $x^2 = z$; $-\frac{1}{2}z^2 + \frac{3}{2}z + 2 = 0$; $z^2 - 3z - 4 = 0$;

$z_1 = \frac{3+5}{2} = 4$; $z_2 = \frac{3-5}{2} = -1$

$x^2 = 4$; $x_1 = +2$; $x_2 = -2$

$x^2 = -1$; keine weiteren Nullstellen

Für $x \to +\infty$ strebt $f(x) \to -\infty$; für $x \to -\infty$ strebt $f(x) \to -\infty$;

Achsensymmetrie zur y-Achse.

Aufgabe 3

Ansatz: $f(x) = a(x+3)(x-1)(x-4)$
Punktprobe für $P(2|2)$ liefert: $2 = a \cdot 5 \cdot 1 \cdot (-2)$, also $a = -\frac{1}{5}$;
$f(x) = -\frac{1}{5}(x+3)(x-1)(x-4)$

Aufgabe 4

Fig. 1: Ansatz: $f(x) = a(x + 3)(x - 2)^2$

Punktprobe für $S(0\,|\,3)$ liefert: $3 = a \cdot 3 \cdot (-2)^2$, also $a = \frac{1}{4}$;

$f(x) = \frac{1}{4}(x + 3)(x - 2)^2$

Fig. 2: Ansatz: $f(x) = a \cdot x^2 (x + 2)(x - 2)$

Punktprobe für $P(1\,|\,2)$ liefert: $2 = a \cdot 1 \cdot 3 \cdot (-1)$, also $a = -\frac{2}{3}$;

$f(x) = -\frac{2}{3}x^2 (x + 2)(x - 2)$

Gebrochenrationale Funktionen

Aufgabe 1

a) $D = \mathbb{R} \setminus \{-2; 1\}$; Nullstelle: $x_1 = -1$; Schnittpunkt mit der y-Achse: $S\left(0 \middle| -\frac{3}{2}\right)$;
senkrechte Asymptoten: $x = -2$; $x = 1$;
für $x \to +\infty$ strebt $f(x) \to 0$; für $x \to -\infty$ strebt $f(x) \to 0$;
waagrechte Asymptote: $y = 0$; Graph: Fig. 1

b) $D = \mathbb{R}$; Nullstelle: keine; Schnittpunkt mit der y-Achse: $S(0\,|\,1)$;
keine senkrechten Asymptoten; Achsensymmetrie zur y-Achse;
für $x \to \pm\infty$ strebt $f(x) \to 0$;
waagrechte Asymptote: $y = 0$; Graph: Fig. 2

c) $D = \mathbb{R} \setminus \{3\}$; Nullstellen: $x_1 = -2$; $x_2 = +2$; Schnittpunkt mit der y-Achse: $S\left(0 \middle| \frac{4}{3}\right)$;
senkrechte Asymptote: $x = 3$; Polynomdivision liefert: $y = x + 3 + \frac{5}{x - 3}$;
schiefe Asymptote: $y = x + 3$; Graph: Fig. 3

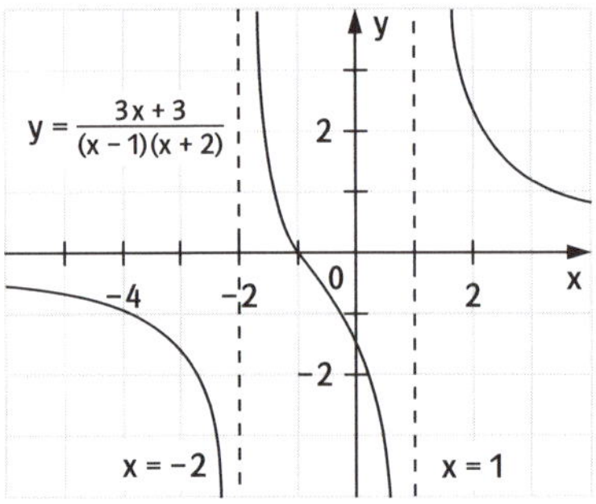

Fig. 1

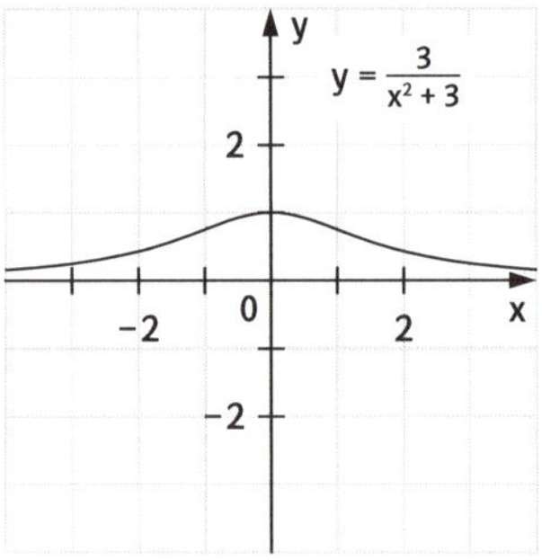

Fig. 2

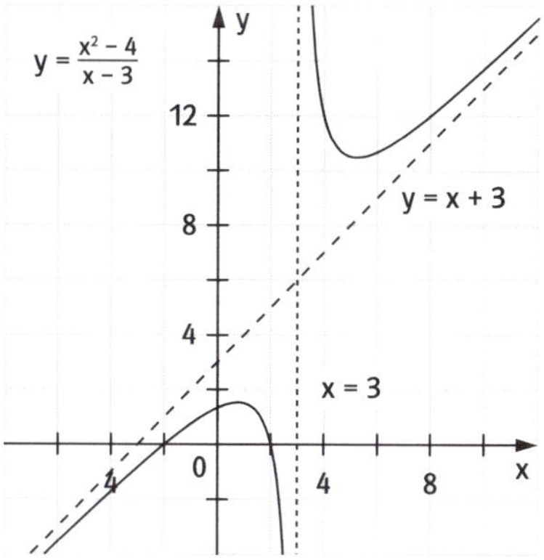

Fig. 3

Aufgabe 2

a) $f(x) = \frac{x + 3}{x + 1}$

b) $f(x) = \frac{x^2}{(x - 2)(x + 2)} = \frac{x^2}{x^2 - 4}$

c) $f(x) = \frac{1}{2}x + \frac{a}{x}$; Punktprobe mit $P(1|2)$ liefert: $2 = \frac{1}{2} \cdot 1 + \frac{a}{1}$,

also $a = \frac{3}{2}$; $f(x) = \frac{1}{2}x + \frac{3}{2x} = \frac{x^2 + 3}{2x}$

Aufgabe 3

a) $f(x) = \frac{x}{(x + 1)(x - 2)}$

b) $f(x) = \frac{a(x - 1)}{x^2}$; Punktprobe für $P(2|1)$ liefert: $1 = a \cdot \frac{1}{4}$; $a = 4$; $f(x) = \frac{4(x - 1)}{x^2}$

Exponentialfunktionen

Aufgabe 1

a), b)

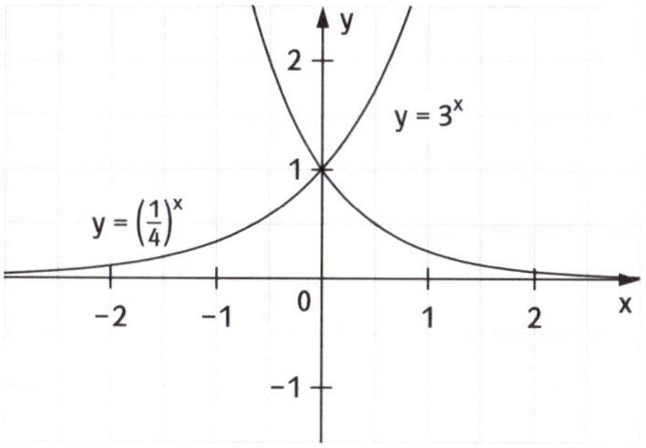

c), d)

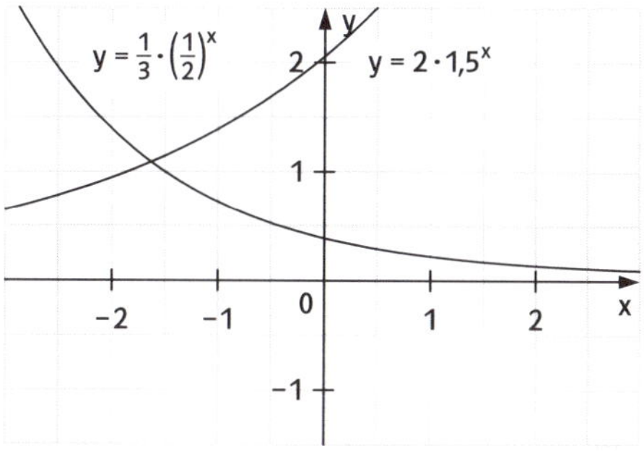

Aufgabe 2

a) $2{,}25 = a^2;\ a = 1{,}5$

b) $25 = a^{-2};\ \frac{1}{a^2} = 25;\ a^2 = \frac{1}{25};\ a = \frac{1}{5}$

c) $0{,}16 = a^{-2};\ \frac{1}{a^2} = \frac{16}{100};\ a^2 = \frac{100}{16};\ a = \frac{10}{4} = \frac{5}{2}$

d) $\frac{10}{3} = a^{-1};\ \frac{1}{a} = \frac{10}{3};\ a = \frac{3}{10}$

Aufgabe 3

a) $5 = c \cdot a^{-1};\ 0{,}8 = c \cdot a^1;\ \frac{0{,}8}{5} = \frac{a}{a^{-1}};\ 0{,}16 = a^2;\ a = 0{,}4;\ c = \frac{0{,}8}{0{,}4} = 2$

b) $0{,}5 = c \cdot a^1;\ 0{,}75 = c \cdot a^2;\ \frac{0{,}75}{0{,}5} = a;\ a = 1{,}5;\ c = \frac{0{,}5}{1{,}5} = \frac{1}{3}$

c) $-1{,}5 = c \cdot a^1;\ -4{,}5 = c \cdot a^2;\ \frac{-4{,}5}{-1{,}5} = a;\ a = 3;\ c = \frac{-1{,}5}{3} = -0{,}5$

Aufgabe 4

a) $f(x) = 3 \cdot 1{,}5^x = 3 \cdot e^{x \cdot \ln(1{,}5)}$

b) $f(x) = 2 \cdot 0{,}5^x = 2 \cdot e^{x \cdot \ln(0{,}5)} = 2 \cdot e^{x \cdot \ln\left(\frac{1}{2}\right)} = 2 \cdot e^{-x \cdot \ln(2)}$

c) $f(x) = 0{,}9 \cdot 1{,}1^x = 0{,}9 \cdot e^{x \cdot \ln(1{,}1)}$

d) $f(x) = 1{,}2 \cdot 0{,}8^x = 1{,}2 \cdot e^{x \cdot \ln(0{,}8)}$

e-Funktionen

Aufgabe 1

a) Gemeinsame Punkte mit der x-Achse: $(x + 1) \cdot e^{-x} = 0;\ x_1 = -1;$
Schnittpunkt mit der y-Achse: $S(0|1)$
für $x \to +\infty$ geht $(x + 1) \cdot e^{-x} \to 0;$ also $f(x) \to 0;$
für $x \to -\infty$ geht $e^{-x} \to \infty;\ x + 1 \to -\infty;$ also $f(x) \to -\infty.$
Graph: Fig. 1

b) Gemeinsame Punkte mit der x-Achse: $(1 - x) \cdot e^{x} = 0;\ x_1 = 1;$
Schnittpunkt mit der y-Achse: $S(0|1)$
für $x \to +\infty$ geht $e^x \to \infty;\ 1 - x \to -\infty;$ also $f(x) \to -\infty;$
für $x \to -\infty$ geht $e^x \to 0;\ 1 - x \to \infty;$ also $f(x) \to 0.$
Graph: Fig. 2

c) Gemeinsame Punkte mit der x-Achse: $x^2 \cdot e^{-x} = 0;\ x_1 = 0$ (doppelt!);
Schnittpunkt mit der y-Achse: $S(0|0)$
für $x \to +\infty$ geht $x^2 \cdot e^{-x} \to 0;$ also $f(x) \to 0;$
für $x \to -\infty$ geht $f(x) \to +\infty.$
Graph: Fig. 3

d) Gemeinsame Punkte mit der x-Achse:

$\frac{1}{4}e^x - \frac{2}{e^x} = 0$; $\frac{1}{4}e^{2x} - 2 = 0$; $e^{2x} = 8$; $x_1 = \frac{1}{2}\ln(8) \approx 1{,}04$;

Schnittpunkt mit der y-Achse: $S(0\,|\,-1{,}75)$

für $x \to +\infty$ geht $\frac{1}{4}e^x \to +\infty$ und $-2 \cdot e^{-x} \to 0$, also $f(x) \to +\infty$;

für $x \to -\infty$ geht $\frac{1}{4}e^x \to 0$ und $-2 \cdot e^{-x} \to -\infty$, also $f(x) \to -\infty$.

Graph: Fig. 4

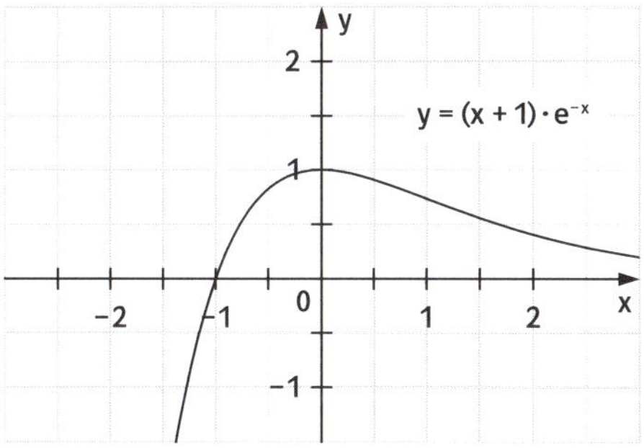

Fig. 1

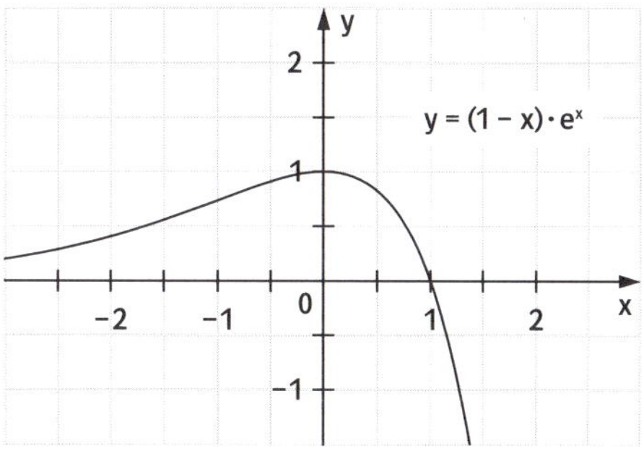

Fig. 2

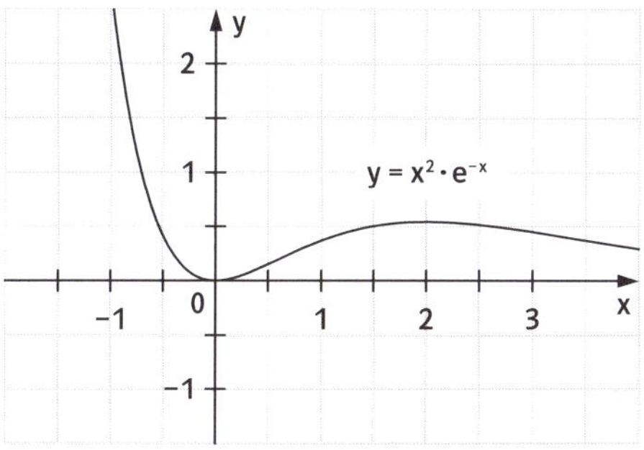

Fig. 3

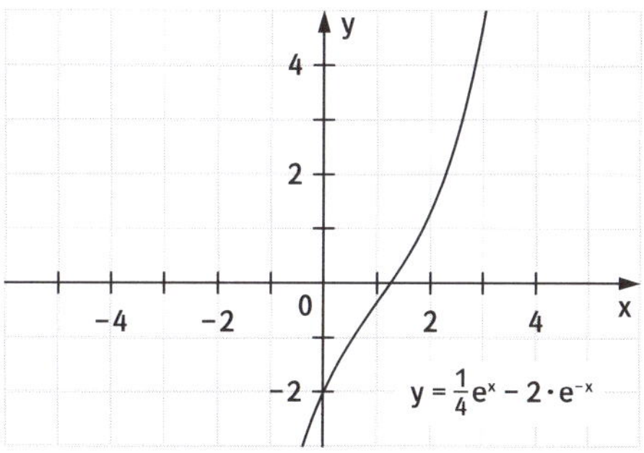

Fig. 4

Aufgabe 2

I: $g(x) = 2 + x \cdot e^{-x}$

II: $k(x) = (x + 1)^2 \cdot e^{-x}$

III: $f(x) = (1 - x) \cdot e^x$

IV: $h(x) = \frac{1}{1 + e^x}$

Aufgabe 3

I hat die schiefe Asymptote $y = x$; also ist $f(x) = x + e^{-x}$ möglich.

II hat die waagrechte Asymptote $y = 2$; also ist $f(x) = 2 - e^{-x}$ möglich.

Sinus- und Kosinusfunktionen

Aufgabe 1

a) Die Sinusfunktion mit $y = \sin(x)$ wird parallel zur y-Achse von der x-Achse aus mit dem Faktor 2 und parallel zur x-Achse von der y-Achse aus mit dem Faktor $\frac{1}{\pi}$ gestreckt. Dadurch entsteht der Graph mit der Gleichung $y = 2 \cdot \sin(\pi x)$, der dann noch um 1 in positive y-Richtung verschoben wird.

b) Die Sinusfunktion mit $y = \sin(x)$ wird parallel zur y-Achse von der x-Achse aus mit dem Faktor $\frac{1}{2}$ und parallel zur x-Achse von der y-Achse aus mit dem Faktor 3 gestreckt. Dadurch entsteht der Graph mit der Gleichung $y = \frac{1}{2} \cdot \sin\left(\frac{1}{3}x\right)$, der dann noch um 3 in negative y-Richtung verschoben wird.

c) Die Sinusfunktion mit $y = \sin(x)$ wird parallel zur y-Achse von der x-Achse aus mit dem Faktor 3 und parallel zur x-Achse von der y-Achse aus mit dem Faktor 2 gestreckt. Dadurch entsteht der Graph mit der Gleichung $y = 3 \cdot \sin\left(\frac{1}{2}x\right)$, der dann noch um $\frac{\pi}{4}$ in positive x-Richtung und um 2 in positive y-Richtung verschoben wird.

d) Es ist $y = 0{,}8 \cdot \sin\left[2\left(x - \frac{\pi}{2}\right)\right] - 0{,}5$.
Die Sinusfunktion mit $y = \sin(x)$ wird parallel zur y-Achse von der x-Achse aus mit dem Faktor 0,8 und parallel zur x-Achse von der y-Achse aus mit dem Faktor $\frac{1}{2}$ gestreckt. Dadurch entsteht der Graph mit der Gleichung $y = 0{,}8 \cdot \sin(2x)$, der dann noch um $\frac{\pi}{2}$ in positive x-Richtung und um 0,5 in negative y-Richtung verschoben wird.

Aufgabe 2

$H\left(\frac{\pi}{2}\middle|1\right)$; $H_1\left(\frac{\pi}{2}\middle|3\right)$; $H_2(\pi\,|\,3)$; $H_3\left(\frac{\pi}{2}\middle|3\right)$; $H_4\left(\frac{\pi}{2}\middle|2\right)$

Aufgabe 3

a) $a = 1{,}5$; $p = 4\pi$; $y = 1{,}5 \cdot \sin\left(\frac{1}{2}x\right) + 1$

b) $a = 0{,}5$; $p = 2$; $y = 0{,}5 \cdot \sin[\pi(x - 2)] - 2$

Natürliche Logarithmusfunktion

Aufgabe 1

a) $x_1 = e^2$

b) $3x = e^{-1};\ x_1 = \frac{1}{3} \cdot e^{-1} = \frac{1}{3e}$

c) $\sqrt{x} = e^2;\ x_1 = e^4$

d) $\frac{5}{x} = e^2;\ x_1 = \frac{5}{e^2}$

Aufgabe 2

$\ln(x_1) = \ln(5) + 3;\ x_1 = e^{\ln(5) + 3} \approx 100{,}4$

Der Graph der ln-Funktion steigt sehr langsam an.

Aufgabe 3

a) $f(x) = \ln(3x) = \ln(x) + \ln(3)$

Verschiebung in positive y-Richtung um ln (3).

b) $f(x) = \ln\left(\frac{x}{2}\right) = \ln(x) - \ln(2)$

Verschiebung in negative y-Richtung um ln (2).

c) $f(x) = \ln[4(x-1)] = \ln(x-1) + \ln(4)$

Verschiebung in positive x-Richtung um 1 und in positive y-Richtung um ln (4).

d) $f(x) = \ln(\sqrt{2x}) = \ln(2x)^{\frac{1}{2}} = \frac{1}{2} \cdot \ln(2x) = \frac{1}{2} \cdot [\ln(x) + \ln(2)]$

Verschiebung in positive y-Richtung um ln (2) und Streckung in positive y-Richtung mit dem Faktor $\frac{1}{2}$.

Aufgabe 4

a) $D_t = \mathbb{R}^+;\ W_t = \mathbb{R}$

b) $\ln\left(\frac{x}{t}\right) = 0;\ \frac{x}{t} = e^0 = 1;\ x_1 = t;\ N(t \mid 0)$

c) $f_t(x) = \ln\left(\frac{x}{t}\right) = \ln(x) - \ln(t)$

Verschiebung in negative y-Richtung um ln (t).

ln-Funktionen

Aufgabe 1

a) $x - 1 > 0$; $x > 1$; $D = \{x \mid x > 1\}$

b) $x^2 > 0$; $D = \mathbb{R} \setminus \{0\}$

c) $x > 0$; $D = \mathbb{R}^+$

d) $x^2 - 4 > 0$; $x^2 > 4$; $D = \mathbb{R} \setminus \{x \mid -2 \leqq x \leqq 2\}$

e) $x^2 + 1 > 0$; $x^2 > -1$; $D = \mathbb{R}$

f) $\frac{1}{x} > 0$; $x > 0$; $D = \mathbb{R}^+$

Aufgabe 2

a) $x^2 + 4 > 0$; $x^2 > -4$; $D = \mathbb{R}$;

$\ln(x^2 + 4) = 0$; $x^2 + 4 = 1$; $x^2 = -3$; keine gemeinsamen Punkte mit der x-Achse;

Schnittpunkt mit der y-Achse: $S(0 \mid \ln(4)) \approx S(0 \mid 1{,}39)$;

Graph: Fig. 1

b) $\frac{x^2}{4} - \frac{1}{2} > 0$; $x^2 > 2$; $D = \mathbb{R} \setminus \{x \mid -\sqrt{2} \leqq x \leqq \sqrt{2}\}$;

$\ln\left(\frac{x^2}{4} - \frac{1}{2}\right) = 0$; $\frac{x^2}{4} - \frac{1}{2} = 1$; $x^2 = 6$; $x_1 = -\sqrt{6}$; $x_2 = +\sqrt{6}$;

keinen Schnittpunkt mit der y-Achse;

für $x \to +\sqrt{2}$ strebt $f(x) \to -\infty$; für $x \to -\sqrt{2}$ strebt $f(x) \to -\infty$;

Graph: Fig. 2

c) $x + 2 > 0$; $x > -2$; $D = \{x \mid x > -2\}$;

$[\ln(x + 2)]^2 = 0$; $\ln(x + 2) = 0$; $x + 2 = 1$; $x_1 = -1$ (doppelt!)

Schnittpunkt mit der y-Achse: $S(0 \mid (\ln(2))^2) \approx S(0 \mid 0{,}48)$;

für $x \to -2$ strebt $f(x) \to +\infty$;

Graph: Fig. 3

d) $\frac{1 + x}{1 - x} > 0$; $x \neq 1$; $x \neq -1$; $D = \{x \mid -1 < x < +1\}$;

$\ln\left(\frac{1 + x}{1 - x}\right) = 0$; $\frac{1 + x}{1 - x} = 1$; $1 + x = 1 - x$; $x_1 = 0$

Schnittpunkt mit der y-Achse: $S(0 \mid 0)$;

für $x \to +1$ strebt $f(x) \to +\infty$; für $x \to -1$ strebt $f(x) \to -\infty$;

Graph: Fig. 4

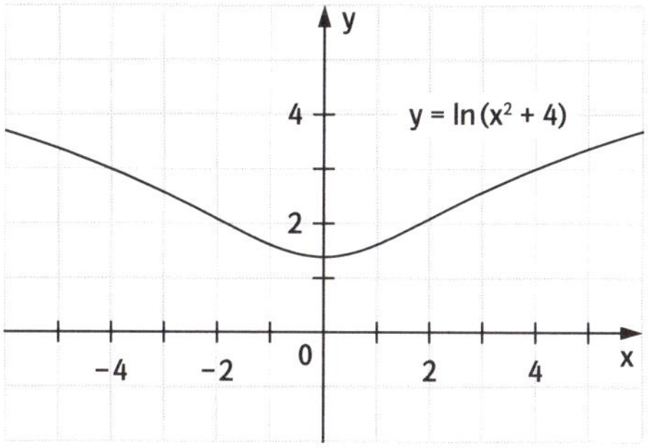

Fig. 1

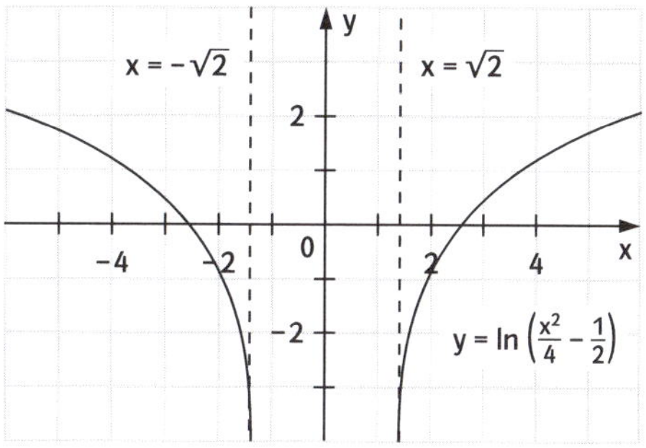

Fig. 2

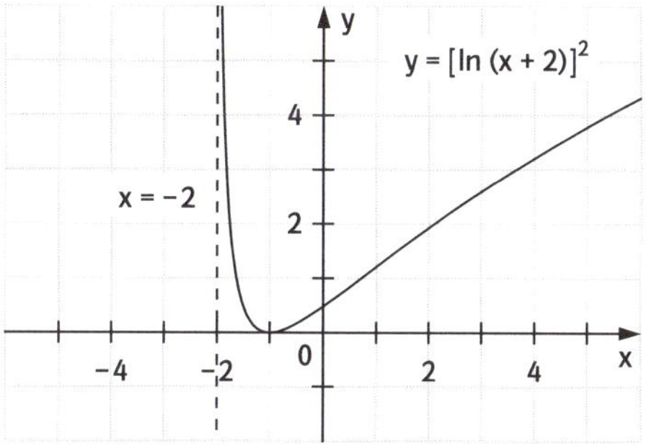

Fig. 3

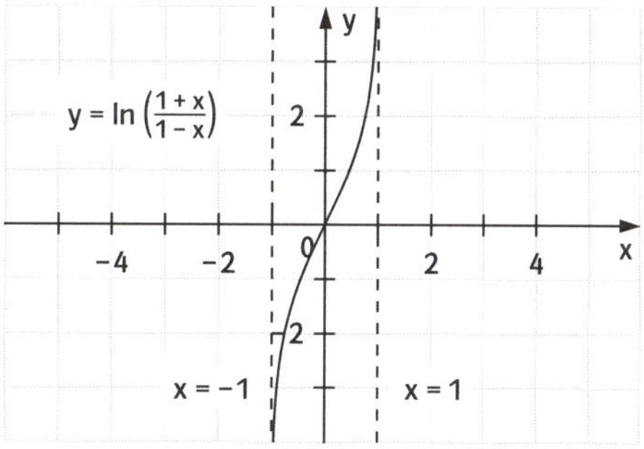

Fig. 4

Nullstellen

Aufgabe 1

a) $3x^2 + x - 2 = 0$; $x_1 = \frac{-1+5}{6} = \frac{2}{3}$; $x_2 = \frac{-1-5}{6} = -1$

b) $x^2 + 3x - 4 = 0$; $x_1 = \frac{-3+5}{2} = 1$; $x_2 = \frac{-3-5}{2} = -4$

c) $\frac{1}{2}x^3 - \frac{5}{2}x^2 + 2x = 0$; $x^3 - 5x^2 + 4x = 0$; $x(x^2 - 5x + 4) = 0$;

$x_1 = 0$; $x_2 = \frac{5+3}{2} = 4$; $x_3 = \frac{5-3}{2} = 1$

d) $x(x^2 - 6x + 8) = 0$; $x_1 = 0$; $x_2 = \frac{6+2}{2} = 4$; $x_3 = \frac{6-2}{2} = 2$

e) $2x^4 - 3x^2 - 20 = 0$; $x^2 = z$; $2z^2 - 3z - 20 = 0$;

$z_1 = \frac{3+13}{4} = 4$; $z_2 = \frac{3-13}{4} = -\frac{5}{2}$

$x^2 = 4$; $x_1 = = +2$; $x_2 = -2$

$x^2 = -\frac{5}{2}$; keine weiteren Nullstellen

f) $9x^4 - 85x^2 + 36 = 0$; $x^2 = z$; $9z^2 - 85z + 36 = 0$;

$z_1 = \frac{85+77}{18} = 9$; $z_2 = \frac{85-77}{18} = \frac{4}{9}$

$x^2 = 9$; $x_1 = +3$; $x_2 = -3$

$x^2 = \frac{4}{9}$; $x_3 = +\frac{2}{3}$; $x_4 = -\frac{2}{3}$

Aufgabe 2

a) $f(x) = (x-2)\cdot(x-1)\cdot(x+3)$ b) $f(x) = (x+4)^2\cdot(x-2)$

Aufgabe 3

a) $\frac{1}{t}\cdot x^3 - \frac{1}{t^2}\cdot x^4 = 0;\ x^3\left(\frac{1}{t} - \frac{1}{t^2}x\right) = 0;\ x_1 = 0$ (dreifach!)

$\frac{1}{t} - \frac{1}{t^2}\cdot x = 0;\ x_2 = t$

b) $\frac{1}{2t}\cdot x^3 - 3x^2 + 4{,}5tx = 0;\ x\left(\frac{1}{2t}x^2 - 3x + 4{,}5t\right) = 0;$

$x_1 = 0;\ x^2 - 6tx + 9t^2 = 0;\ x_2 = \frac{6t}{2} = 3t$ (doppelt!)

c) $\frac{(x-t)^3}{x^2} = 0;\ (x-t)^3 = 0;\ x_1 = t$ (dreifach!)

d) $\frac{4tx - t^2}{x^3} = 0;\ 4tx - t^2 = 0;\ x_1 = \frac{t}{4}$

Aufgabe 4

a) $x\cdot e^{3-x} = 0;\ x_1 = 0$

b) $(x^2-4)\cdot e^{-x^2} = 0;\ x^2 - 4 = 0;\ x_1 = +2;\ x_2 = -2$

c) $1 - \frac{2e^x}{e^x+1} = 0;\ \frac{2e^x}{e^x+1} = 1;\ 2e^x = e^x + 1;\ e^x = 1;\ x_1 = 0$

d) $e^{2x} - 2e^x - 3 = 0;\ e^x = z;\ z^2 - 2z - 3 = 0;$

$z_1 = \frac{2+4}{2} = 3;\ z_2 = \frac{2-4}{2} = -1$

$e^x = 3;\ x_1 = \ln(3)$

$e^x = -1;$ keine weiteren Nullstellen

Aufgabe 5

a) $2\cdot\left(\cos\frac{\pi}{2} + x\right) + 1 = 0;\ \cos\left(\frac{\pi}{2} + x\right) = -\frac{1}{2};$

$\frac{\pi}{2} + x = \pi - \frac{1}{3}\pi = \frac{2}{3}\pi;\ x_1 = \frac{2}{3}\pi - \frac{\pi}{2} = \frac{1}{6}\pi;$

$\frac{\pi}{2} + x = \pi + \frac{1}{3}\pi = \frac{4}{3}\pi;\ x_2 = \frac{4}{3}\pi - \frac{\pi}{2} = \frac{5}{6}\pi$

b) $2\cdot\sin(2x-3) - 1 = 0;\ \sin(2x-3) = \frac{1}{2};$

$2x - 3 = \frac{\pi}{6};\ x_1 = \frac{\pi}{12} + \frac{3}{2} \approx 1{,}76;$

$2x - 3 = \frac{5}{6}\pi;\ x_2 = \frac{5}{12}\pi + \frac{3}{2} \approx 2{,}81;$

$2x - 3 = 2\pi + \frac{\pi}{6} = \frac{13}{6}\pi;\ x_3 = \frac{13}{12}\pi + \frac{3}{2} \approx 4{,}90;$

$2x - 3 = 3\pi - \frac{\pi}{6} = \frac{17}{6}\pi;\ x_4 = \frac{17}{12}\pi + \frac{3}{2} \approx 5{,}95$

c) $\sin(x) + \sin(2x) = 0$; es ist $\sin(2x) = 2 \cdot \sin(x) \cdot \cos(x)$;

$\sin(x) + 2 \cdot \sin(x) \cdot \cos(x) = 0$; $\sin(x) \cdot [1 + 2\cos(x)] = 0$;

$\sin(x) = 0$; $x_1 = 0$; $x_2 = \pi$;

$\cos(x) = -\frac{1}{2}$; $x_3 = \frac{2}{3}\pi$; $x_4 = \frac{4}{3}\pi$

d) $\sin(x) - \cos(2x) = 0$; es ist $\cos(2x) = 1 - 2 \cdot \sin^2(x)$;

$\sin(x) - 1 + 2 \cdot \sin^2(x) = 0$; $2\sin^2(x) + \sin(x) - 1 = 0$;

$\sin(x) = z$; $2z^2 + z - 1 = 0$; $z_1 = \frac{-1+3}{4} = \frac{1}{2}$; $z_2 = \frac{-1-3}{4} = -1$

$\sin(x) = \frac{1}{2}$; $x_1 = \frac{\pi}{6}$; $x_2 = \pi - \frac{\pi}{6} = \frac{5}{6}\pi$;

$\sin(x) = -1$; $x_3 = \frac{3}{2}\pi$ (doppelt!)

Aufgabe 6

a) $x_1 = 1$; $(x^3 - 7x^2 + 15x - 9) : (x - 1) = x^2 - 6x + 9$; $x_2 = 3$ (doppelt!)

b) $x_1 = -1$; $(x^3 - 4x^2 - 19x - 14) : (x + 1) = x^2 - 5x - 14$;

$x^2 - 5x - 14 = 0$; $x_2 = \frac{5+9}{2} = 7$; $x_3 = \frac{5-9}{2} = -2$

Aufgabe 7

a) $2 + \ln\left(\frac{x}{2}\right) = 0$; $\ln\left(\frac{x}{2}\right) = -2$; $\frac{x}{2} = e^{-2}$; $x_1 = 2 \cdot e^{-2} \approx 0{,}27$

b) $[\ln(x+1)]^2 = 0$; $\ln(x+1) = 0$; $x + 1 = 1$; $x_1 = 0$ (doppelt!)

Aufgabe 8

$\ln\left(\frac{1}{x^2+t}\right) = 0$; $\ln(1) - \ln(x^2 + t) = 0$; $\ln(x^2 + t) = 0$;

$x^2 + t = 1$; $x^2 = 1 - t$; $x_{1/2} = \pm\sqrt{1-t}$;

keinen gemeinsamen Punkt mit der x-Achse: $t > 1$;

einen gemeinsamen Punkt mit der x-Achse: $t = 1$;

zwei gemeinsame Punkte mit der x-Achse: $t < 1$

Spiegeln, Verschieben und Strecken von Graphen

Aufgabe 1

a) Strecken von der x-Achse aus in y-Richtung mit dem Faktor 2, Verschiebung in positive y-Richtung um 1.

b) Verschiebung um 1 in positive x-Richtung, Streckung von der x-Achse aus in y-Richtung mit dem Faktor 2.

c) Strecken von der y-Achse aus in x-Richtung mit dem Faktor 2, Strecken von der x-Achse aus in y-Richtung mit dem Faktor 3.

Aufgabe 2

a) Verschiebung in negative x-Richtung um 1, Verschiebung in negative y-Richtung um 2.

b) Streckung von der y-Achse aus in x-Richtung mit dem Faktor 3, Streckung von der x-Achse aus in y-Richtung mit dem Faktor 2.

c) Es ist $g(x) = e^{\frac{1}{2}(x+4)}$.
Streckung von der y-Achse aus in x-Richtung mit dem Faktor 2, Verschiebung in negative x-Richtung um 4.

d) Es ist $g(x) = e^{-(x-1)}$.
Spiegelung an der y-Achse, Verschiebung um 1 in positive x-Richtung.

Aufgabe 3

a) $g(x) = \frac{1}{x-1} + 2$

b) $g(x) = 2 \cdot e^{2x+1} - 1$

Achsensymmetrie zur y-Achse; Punktsymmetrie zum Ursprung

Aufgabe 1

a) Nur gerade Hochzahlen; Achsensymmetrie zur y-Achse.

b) Nur ungerade Hochzahlen: Punktsymmetrie zum Ursprung.

c) Keine Symmetrie erkennbar.

d) Nur ungerade Hochzahlen; Punktsymmetrie zum Ursprung.

e) Keine Symmetrie erkennbar.

f) Nur gerade Hochzahlen; Achsensymmetrie zur y-Achse.

Aufgabe 2

a) $\frac{1}{-x} = -\frac{1}{x} = -f(x)$; Punktsymmetrie zum Ursprung

b) $\frac{1}{(-x)^2+8} = \frac{1}{x^2+8} = f(x)$; Achsensymmetrie zur y-Achse

c) $\frac{-x}{(-x)^2-2} = -\frac{x}{x^2-2} = -f(x)$; Punktsymmetrie zum Ursprung

d) $1 - \frac{2}{(-x)^2-1} = 1 - \frac{2}{x^2-1} = f(x)$; Achsensymmetrie zur y-Achse

e) Achsensymmetrie zur y-Achse

f) $4 - e^{-(-x)} = 4 - e^x$; keine Symmetrie erkennbar

g) $(-x)^3 \cdot e^{-(-x)^2} = -x^3 \cdot e^{-x^2} = -f(x)$; Punktsymmetrie zum Ursprung

h) $(-x) \cdot \sin(-x) = (-x) \cdot (-\sin(x)) = x \cdot \sin(x) = f(x)$; Achsensymmetrie zur y-Achse

i) $(-x) + \frac{-x}{(-x)^2-4} = -x - \frac{x}{x^2-4} = -\left(x + \frac{x}{x^2-4}\right) = -f(x)$; Punktsymmetrie zum Ursprung

Aufgabe 3

a) $\ln\left(\frac{1+x}{1-x}\right) = \ln(1+x) - \ln(1-x) = f(x)$;

$\ln\left(\frac{1-x}{1+x}\right) = \ln(1-x) - \ln(1+x) = -(\ln(1+x) - \ln(1-x)) = -f(x)$;

Punktsymmetrie zum Ursprung

b) $(-x) \cdot \ln\left(\frac{(-x)^2}{4}\right) = -x \cdot \ln\left(\frac{x^2}{4}\right) = -f(x)$;

Punktsymmetrie zum Ursprung

Achsensymmetrie zur Geraden $x = a$; Punktsymmetrie zum Punkt $Z(u \mid v)$

Aufgabe 1

a) $f(3+h) = (3+h)^2 - 6(3+h) + 8 = 9 + 6h + h^2 - 18 - 6h = h^2 - 9$,

$f(3-h) = (3-h)^2 - 6(3-h) + 8 = 9 - 6h + h^2 - 18 + 6h = h^2 - 9$;

Achsensymmetrie zur Geraden mit der Gleichung $x = 3$.

b) $f(1+h) = \frac{(1+h-1)^2}{(1+h) \cdot (1+h-2)} = \frac{h^2}{(1+h) \cdot (h-1)}$;

$f(1-h) = \frac{(1-h-1)^2}{(1-h) \cdot (1-h-2)} = \frac{h^2}{-(h-1) \cdot (-1) \cdot (h+1)} = \frac{h^2}{(1+h) \cdot (h-1)}$;

Achsensymmetrie zur Geraden mit der Gleichung $x = 1$.

Aufgabe 2

a) $\frac{1}{2}[(-1+h)^3 + 3(-1+h)^2 + (-1+h) + 2 + (-1-h)^3 + 3(-1-h)^2 + (-1-h) + 2]$

$= \frac{1}{2}[(h-1)^3 + 3(h-1)^2 - 1 + h + 2 - (h+1)^3 + 3(h+1)^2 - 1 - h + 2]$

$= \frac{1}{2}[h^3 - 3h^2 + 3h - 1 + 3h^2 - 6h + 3 + 1 + h - (h^3 + 3h^2 + 3h + 1) + 3h^2 + 6h + 3 - 1 - h + 2]$

$= \frac{1}{2}[h^3 - 2h + 3 - h^3 + 2h + 3]$

$= \frac{1}{2} \cdot 6 = 3 = v;$

Punktsymmetrie zum Punkt Z(−1 | 3).

b) $\frac{1}{2}\left[\frac{16}{1+(-1+h)} + \frac{16}{1+(-1-h)}\right] = \frac{1}{2}\left(\frac{16}{h} - \frac{16}{h}\right) = 0 = v$

Punktsymmetrie zum Punkt Z(−1 | 0).

c) $\frac{1}{2}\left[1 + h + 1 + \frac{1}{1+h-1} + 1 - h + 1 + \frac{1}{1-h-1}\right] = \frac{1}{2}\left[4 + \frac{1}{h} - \frac{1}{h}\right] = 2 = v$

Punktsymmetrie zum Punkt Z(1 | 2).

d) $\frac{1}{2}\left[1 - \frac{8}{e^{2\cdot(\ln(2)+h)} + 4} + 1 - \frac{8}{e^{2\cdot(\ln(2)-h)} + 4}\right] = \frac{1}{2}\left[1 - \frac{8}{(e^{\ln(2)} \cdot e^{h})^2 + 4} + 1 - \frac{8}{(e^{\ln(2)} \cdot e^{-h})^2 + 4}\right]$

$= \frac{1}{2}\left[1 - \frac{8}{(2 \cdot e^{h})^2 + 4} + 1 - \frac{8}{(2 \cdot e^{-h})^2 + 4}\right]$

$= \frac{1}{2}\left[1 - \frac{8}{4 \cdot e^{2h} + 4} + 1 - \frac{8}{4 \cdot e^{-2h} + 4}\right]$

$= \frac{1}{2}\left[2 - \frac{2}{e^{2h} + 1} - \frac{2}{e^{-2h} + 1}\right]$

$= \frac{1}{2}\left[2 - \frac{2}{e^{2h} + 1} - \frac{2 \cdot e^{2h}}{e^{2h} + 1}\right]$

$= \frac{1}{2}\left[2 - 2 \cdot \frac{1 + e^{2h}}{e^{2h} + 1}\right] = \frac{1}{2}[2 - 2] = 0 = v$

Punktsymmetrie zum Punkt Z(ln (2) | 0).

e) $\frac{1}{2}\left[\ln\left(\frac{4}{2+h} - 1\right) + \ln\left(\frac{4}{2-h} - 1\right)\right] = \frac{1}{2}\left[\ln\left(\frac{4-(2+h)}{2+h}\right) + \ln\left(\frac{4-(2-h)}{2-h}\right)\right]$

$= \frac{1}{2}\left[\ln\left(\frac{2-h}{2+h}\right) + \ln\left(\frac{2+h}{2-h}\right)\right] = \frac{1}{2}\left[\ln\left(\frac{1}{\frac{2+h}{2-h}}\right) + \ln\left(\frac{2+h}{2-h}\right)\right]$

$= \frac{1}{2}\left[\ln(1) - \ln\left(\frac{2+h}{2-h}\right) + \ln\left(\frac{2+h}{2-h}\right)\right] = 0 = v$

Punktsymmetrie zum Punkt Z(2 | 0).

Aufgabe 3

a)

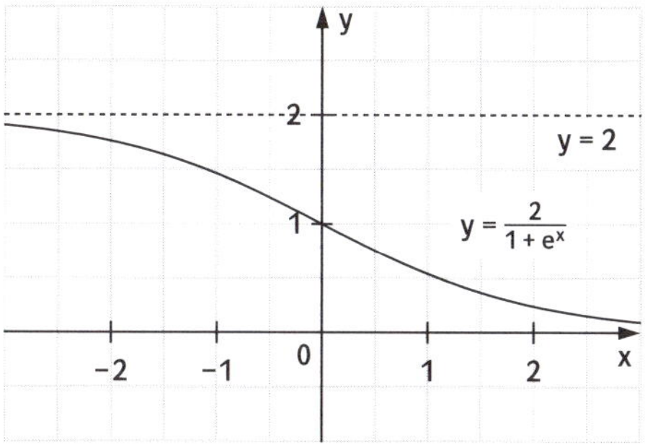

Vermutung:

Der Graph ist punktsymmetrisch zu Z(0 | 1).

Beweis:

$$\frac{1}{2}\left[\frac{2}{1+e^h}+\frac{2}{1+e^{-h}}\right]=\frac{1}{2}\left[\frac{2}{1+e^h}+\frac{2}{\frac{e^h+1}{e^h}}\right]$$

$$=\frac{1}{2}\cdot 2\left[\frac{1+e^h}{1+e^h}\right]=1=v$$

b)

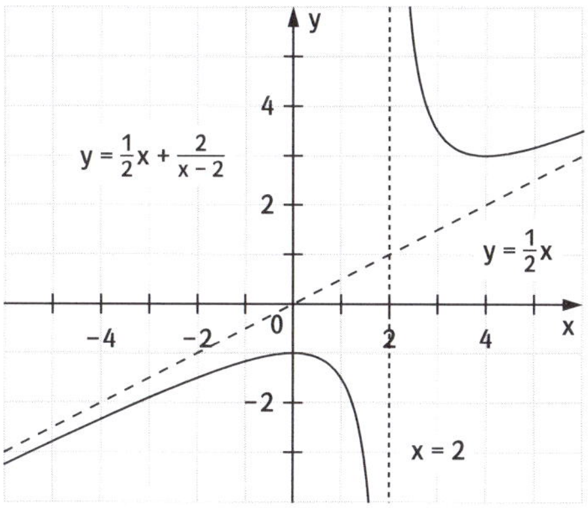

Vermutung:

Der Graph ist punktsymmetrisch zu Z(2 | 1).

Beweis:

$$\frac{1}{2}\left[\frac{1}{2}(2+h)+\frac{2}{2+h-2}+\frac{1}{2}(2-h)+\frac{2}{2-h-2}\right]$$

$$=\frac{1}{2}\left[1+\frac{1}{2}h+\frac{2}{h}+1-\frac{1}{2}h+\frac{2}{-h}\right]=\frac{1}{2}\cdot 2=1=v$$

Aufgabe 4

Ansatz: $f(x) = a(x+1)^2$

Punktprobe für P(2 | 3) liefert: $3 = a(2+1)^2$; $a = \frac{1}{3}$

$f(x) = \frac{1}{3}(x+1)^2$

b) $f(x) = \frac{1}{(x-3)^2}$

c) Ansatz: $f(x) = a(x-2)^3 + 5$

Punktprobe für O(0 | 0) liefert: $0 = a\cdot(-8) + 5$; $a = \frac{5}{8}$

$f(x) = \frac{5}{8}(x-2)^3 + 5$

Ableitungen

Aufgabe 1

a) $f'(x) = 12x^2 + 14x$ b) $f'(x) = -5e^x$ c) $f'(x) = 6x + \sin(x)$

Aufgabe 2

a) $f(x) = x^{-2};\quad f'(x) = -2x^{-3} = \frac{-2}{x^3}$

b) $f(x) = x^{\frac{1}{2}};\quad f'(x) = \frac{1}{2}x^{-\frac{1}{2}} = \frac{1}{2\sqrt{x}}$

c) $f(x) = -2 \cdot x^{-3};\quad f'(x) = -2 \cdot (-3) \cdot x^{-4} = \frac{6}{x^4}$

Aufgabe 3

a) $f(x) = 1 + 4 \cdot x^{\frac{1}{2}} + 7e^x;\quad f'(x) = 4 \cdot \frac{1}{2} \cdot x^{-\frac{1}{2}} + 7e^x = \frac{2}{\sqrt{x}} + 7e^x$

b) $f(x) = x^{-2} - 3\sin(x);\quad f'(x) = -2 \cdot x^{-3} - 3\cos(x) = -\frac{2}{x^3} - 3\cos(x)$

c) $f(x) = 2 \cdot x^{-1} + 5 \cdot e^x - 3;\quad f'(x) = -2 \cdot x^{-2} + 5 \cdot e^x = \frac{-2}{x^2} + 5 \cdot e^x$

d) $f'(x) = 2 \cdot \frac{1}{x}$

e) $f'(x) = 1 - \frac{1}{x}$

f) $f'(x) = 2x + \frac{3}{x}$

Höhere Ableitungsregeln

Aufgabe 1

a) $f'(x) = 2x \cdot e^x + x^2 \cdot e^x = e^x(2x + x^2)$

b) $f'(x) = 3x^2 \cdot \sin(x) + x^3 \cdot \cos(x)$

c) $f'(x) = 2x(x^3 - 8) + (x^2 - 1) \cdot 3x^2 = 5x^4 - 3x^2 - 16x$

d) $f'(x) = \ln(x) + x \cdot \frac{1}{x} = 1 + \ln(x)$

Aufgabe 2

a) $f'(x) = \frac{4x(3x - 4) - (2x^2 - 3) \cdot 3}{(3x - 4)^2} = \frac{6x^2 - 16x + 9}{(3x - 4)^2}$

b) $f'(x) = \frac{1 \cdot (x^2 + 1) - (x + 1) \cdot 2x}{(x^2 + 1)^2} = \frac{-x^2 - 2x + 1}{(x^2 + 1)^2}$

c) $f'(x) = \frac{\cos(x) \cdot x^2 - \sin(x) \cdot 2x}{x^4} = \frac{x \cdot \cos(x) - 2 \cdot \sin(x)}{x^3}$

d) $f'(x) = \frac{1 \cdot \ln(x) - x \cdot \frac{1}{x}}{(\ln(x))^2} = \frac{\ln(x) - 1}{(\ln(x))^2}$

Aufgabe 3

a) $f'(x) = 3(2x - 5)^2 \cdot 2 = 6(2x - 5)^2$

b) $f'(x) = 4(3x^2 - 8)^3 \cdot 6x = 24x(3x^2 - 8)^3$

c) $f'(x) = 4 \cdot 4 \cdot (5 - 3x)^3 \cdot (-3) = -48(5 - 3x)^3$

d) $f'(x) = e^{3x} \cdot 3 = 3e^{3x}$

e) $f'(x) = 4 \cdot e^{-x^2} \cdot (-2x) = -8x \cdot e^{-x^2}$

f) $f'(x) = -\sin(3x - \pi) \cdot 3 = -3 \cdot \sin(3x - \pi)$

g) $f'(x) = \cos(x^2) \cdot 2x = 2x \cdot \cos(x^2)$

h) $f'(x) = \frac{1}{x^2} \cdot 2x = \frac{2}{x}$

i) $f'(x) = 2 \cdot \ln(x + 2) \cdot \frac{1}{x + 2} = \frac{2}{x + 2} \cdot \ln(x + 2)$

Aufgabe 4

a) $f'(x) = 2x \cdot (5 - 7x)^3 + x^2 \cdot 3(5 - 7x)^2 \cdot (-7)$

$= 2x \cdot (5 - 7x)^3 - 21x^2(5 - 7x)^2$

$= (5 - 7x)^2 \cdot (10x - 35x^2)$

b) $f'(x) = e^x \cdot (1 - 2x)^2 + e^x \cdot 2(1 - 2x) \cdot (-2)$

$= e^x(1 - 2x) \cdot (-2x - 3) = e^x \cdot (4x^2 + 4x - 3)$

c) $f'(x) = 2 \cdot \cos(3x) + (2x - 1) \cdot (-\sin(3x) \cdot 3)$

$= 2 \cdot \cos(3x) - (6x - 3) \cdot \sin(3x)$

d) $f'(x) = \frac{1 \cdot (3x + 2)^2 - x \cdot 2(3x + 2) \cdot 3}{(3x + 2)^4} = \frac{-3x + 2}{(3x + 2)^3}$

e) $f'(x) = \frac{2(2x^2 - 8) \cdot 4x(x^2 + 4) - (2x^2 - 8)^2 \cdot 2x}{(x^2 + 4)^2}$

$= \frac{2x(2x^2 - 8)\,[4(x^2 + 4) - 1]}{(x^2 + 4)^2}$

$= \frac{16x^5 - 124x^3 - 240x}{(x^2 + 4)^2}$

f) $f'(x) = \frac{e^{2x} \cdot 2(x + 1) - e^{2x} \cdot 1}{(x + 1)^2} = \frac{e^{2x}(2x + 1)}{(x + 1)^2}$

Aufgabe 5

a) $f(x) = 3 \cdot x^{-2} - 4 \cdot x^{-3}$

$f'(x) = 3 \cdot (-2) \cdot x^{-3} - 4 \cdot (-3) \cdot x^{-4} = -\frac{6}{x^3} + \frac{12}{x^4}$

$f''(x) = -6 \cdot (-3) \cdot x^{-4} + 12 \cdot (-4) \cdot x^{-5} = \frac{18}{x^4} - \frac{48}{x^5}$

b) $f'(x) = \frac{4x(x^2+1) - 2x^2 \cdot 2x}{(x^2+1)^2} = \frac{4x}{(x^2+1)^2}$

$f''(x) = \frac{4 \cdot (x^2+1)^2 - 4x \cdot 2(x^2+1) \cdot 2x}{(x^2+1)^4} = \frac{4(x^2+1) - 16x^2}{(x^2+1)^3} = \frac{-12x^2+4}{(x^2+1)^3}$

c) $f'(x) = -e^x \cdot e^x + (4 - e^x) \cdot e^x = -e^{2x} + 4e^x - e^{2x} = -2e^{2x} + 4e^x$

$f''(x) = -2 \cdot e^{2x} \cdot 2 + 4e^x = 4e^x - 4e^{2x}$

d) $f'(x) = 1 \cdot \ln\left(\frac{x^2}{4}\right) + x \cdot \frac{1}{\frac{x^2}{4}} \cdot \frac{1}{2}x = \ln\left(\frac{x^2}{4}\right) + 2$

$f''(x) = \frac{4}{x^2} \cdot \frac{1}{2}x = \frac{2}{x}$

Tangenten und Normalen

Aufgabe 1

a) $y = -\frac{5}{2}x + 2$

b) $y = -\frac{4}{9}x + 2$

c) $y = x + 1$

d) $f'(x) = \cos(x)$; $\cos\left(\frac{\pi}{6}\right) = \frac{1}{2}\sqrt{3}$; $y = \frac{1}{2}\sqrt{3}x + c$;

$\frac{1}{2} = \frac{1}{2}\sqrt{3} \cdot \frac{\pi}{6} + c$; $c = \frac{1}{2} - \frac{\pi}{12}\sqrt{3}$; $y = \frac{1}{2}\sqrt{3}x + \frac{1}{2} - \frac{\pi}{12}\sqrt{3} \approx 0{,}866x + 0{,}047$

Aufgabe 2

a) $y = -\frac{1}{2}x - 2$

b) $y = -2x + \frac{11}{3}$

c) $y = \frac{2}{e^2}x + \frac{2}{e^2} + \frac{1}{2}e^2 \approx 0{,}27x + 3{,}97$

d) $y = -2x + 7{,}5$

Aufgabe 3

a) $f'(x) = 2(x-1)(1-x) + (x-1)^2 \cdot (-1) = 2x - 2x^2 - 2 + 2x - x^2 + 2x - 1 = -3x^2 + 6x - 3$

$P(1\,|\,0)$; $f'(1) = 0$; Tangente: $y = 0$; Normale: $x = 1$

b) $f'(x) = 1 + e^{1-x} \cdot (-1) = 1 - e^{1-x}$; $P(0\,|\,1+e)$; $f'(0) = 1 - e$;

Tangente: $y = (1-e) \cdot x + c$; $1 + e = c$; $y = (1-e) \cdot x + 1 + e \approx -1{,}72x + 3{,}72$

Normale: $y = \frac{-1}{1-e}x + c$; $1 + e = c$; $y = \frac{-1}{1-e}x + 1 + e \approx 0{,}58x + 3{,}72$

c) $f'(x) = \frac{\frac{1}{x} \cdot x - (2 + \ln(x))}{x^2} = \frac{-1 - \ln(x)}{x^2}$; $P(1|2)$; $f'(1) = -1$;

Tangente: $y = -x + c$; $2 = -1 + c$; $c = 3$; $y = -x + 3$

Normale: $y = x + c$; $2 = 1 + c$; $c = 1$; $y = x + 1$

Aufgabe 4

a) $f(x) = 1 - \sin(x)$; $P(0|1)$; $f'(x) = -\cos(x)$; $f'(0) = -1$; $y = x + c$; $1 = c$; n: $y = x + 1$

b) $f(x) = -\frac{1}{2}x + \pi - \sin(x)$; $P(2\pi|0)$; $f'(x) = -\frac{1}{2} - \cos(x)$; $f'(2\pi) = -\frac{3}{2}$;

$y = -\frac{3}{2}x + c$; $0 = -\frac{3}{2} \cdot 2\pi + c$; $c = 3\pi$; t: $y = -\frac{3}{2}x + 3\pi$

Aufgabe 5

a) $f'(x) = \frac{3}{2}x^2 - 9x + 9$; $f'(2) = -3$

$y = -3x + c$; $4 = -3 \cdot 2 + c$; $c = 10$; $y = -3x + 10$; $-3x + 10 = \frac{1}{2}x^3 - \frac{9}{2}x^2 + 9x$;

$\frac{1}{2}x^3 - \frac{9}{2}x^2 + 12x - 10 = 0$; $x^3 - 9x^2 + 24x - 20 = 0$; $x_{1/2} = 2$

$(x^3 - 9x^2 + 24x - 20) : (x - 2)^2$; $(x^3 - 9x^2 + 24x - 20) : (x^2 - 4x + 4) = x - 5$;

$x_3 = 5$; Schnittpunkt: $S(5|-5)$

b) $f'(x) = \frac{1}{2}x^3 - \frac{3}{2}x^2 - x + 2$; $f'(2) = -2$

$y = -2x + c$; $0 = -2 \cdot 2 + c$; $c = 4$; $y = -2x + 4$; $-2x + 4 = \frac{1}{8}x^4 - \frac{1}{2}x^3 - \frac{1}{2}x^2 + 2x$;

$\frac{1}{8}x^4 - \frac{1}{2}x^3 - \frac{1}{2}x^2 + 4x - 4 = 0$; $x^4 - 4x^3 - 4x^2 + 32x - 32 = 0$;

$(x^4 - 4x^3 - 4x^2 + 32x - 32) : (x - 2)^2$; $(x^4 - 4x^3 - 4x^2 + 32x - 32) : (x^2 - 4x + 4) = x^2 - 8$;

Schnittpunkte: $S_1(2\sqrt{2}|4 - 4\sqrt{2})$; $S_2(-2\sqrt{2}|4 + 4\sqrt{2})$

Monotonie

Aufgabe 1

a) $f'(x) = \frac{3}{2}x^2 - 6x + \frac{9}{2}$

$\frac{3}{2}x^2 - 6x + \frac{9}{2} > 0$; $x^2 - 4x + 3 > 0$; $(x - 3)(x - 1) > 0$

f ist streng monoton wachsend für $x < 1$ und für $x > 3$.

$x^2 - 4x + 3 < 0$; $(x - 3)(x - 1) < 0$

f ist streng monoton fallend für $1 < x < 3$.

b) $f'(x) = -2x^3 + 2x$

$-2x^3 + 2x > 0$; $-2x(x^2 - 1) > 0$; $-2x(x + 1) \cdot (x - 1) > 0$

f ist streng monoton wachsend für $x < -1$ und für $0 < x < 1$.

$-2x(x + 1) \cdot (x - 1) < 0$

f ist streng monoton fallend für $-1 < x < 0$ und für $x > 1$.

c) $f'(x) = 1 - \frac{1}{x^2};\ x \neq 0$

$1 - \frac{1}{x^2} > 0;\quad 1 > \frac{1}{x^2};\quad 1 < x^2$

f ist streng monoton wachsend für $x < -1$ und für $x > 1$.

$1 - \frac{1}{x^2} < 0;\quad x^2 < 1$

f ist streng monoton fallend für $-1 < x < 0$ und für $0 < x < 1$.

Aufgabe 2

a) $f'(x) = \frac{32}{x^3};\ x \neq 0$

$\frac{32}{x^3} > 0;\quad x > 0$

f ist streng monoton wachsend für $x > 0$.

$\frac{32}{x^3} < 0;\quad x < 0$

f ist streng monoton fallend für $x < 0$.

b) $f'(x) = 2 \cdot \cos\left(\frac{\pi}{6} \cdot x\right) \cdot \frac{\pi}{6} = \frac{\pi}{3} \cdot \cos\left(\frac{\pi}{6} \cdot x\right)$

$\frac{\pi}{3} \cdot \cos\left(\frac{\pi}{6} \cdot x\right) > 0;\quad \cos\left(\frac{\pi}{6} \cdot x\right) > 0;\quad 0 \leqq x < 3$

f ist streng monoton wachsend für $0 \leqq x < 3$.

$\cos\left(\frac{\pi}{6} \cdot x\right) < 0;\quad 3 < x \leqq 6$

f ist streng monoton fallend für $3 < x \leqq 6$.

c) $f'(x) = \frac{1 + x - x}{(1 + x)^2} = \frac{1}{(1 + x)^2};\quad x \neq -1$

f ist streng monoton wachsend für $x \in \mathbb{R};\ x \neq -1$.

Aufgabe 3

a) $f'(x) = -e^x;\quad -e^x > 0;\quad e^x < 0;$ keine Lösung

$-e^x < 0;\quad e^x > 0$ für $x \in \mathbb{R}$

f ist streng monoton fallend für $x \in \mathbb{R}$.

b) $f'(x) = e^x + (x + 1) \cdot e^x = e^x(x + 2)$

$e^x(x + 2) > 0;\quad x > -2$

f ist streng monoton wachsend für $x > -2$.

$e^x(x + 2) < 0;\quad x < -2$

f ist streng monoton fallend für $x < -2$.

c) $f'(x) = \frac{4e^x(4 + e^x) - 4e^x \cdot e^x}{(4 + e^x)^2} = \frac{16e^x}{(4 + e^x)^2};$

$\frac{16e^x}{(4 + e^x)^2} > 0$ für $x \in \mathbb{R}$

f ist streng monoton wachsend für $x \in \mathbb{R}$.

d) $f'(x) = \frac{1 \cdot (-1) \cdot x^{-2}}{\frac{4}{x} - 1} = \frac{-1}{x^2\left(\frac{4}{x} - 1\right)} = \frac{-1}{4x - x^2} = \frac{-1}{x(4 - x)}$

Es ist $D = \{x \mid 0 < x < 4\}$. Es ist $\frac{-1}{x(4 - x)} < 0$ für $0 < x < 4$.

f ist streng monoton fallend für $0 < x < 4$.

Aufgabe 4

$f_t'(x) = \ln\left(\frac{x}{t}\right) + (x - t) \cdot \frac{t}{x} \cdot \frac{1}{t} = \ln\left(\frac{x}{t}\right) + \frac{x - t}{x}$

$\ln\left(\frac{x}{t}\right) + \frac{x - t}{x} > 0; \quad x > t$

f ist streng monoton wachsend für $x > t$.

$\ln\left(\frac{x}{t}\right) + \frac{x - t}{x} < 0; \quad x < t$

f ist streng monoton fallend für $x < t$.

Aufgabe 5

Ansatz: $f(x) = -(x + 3)^2 \cdot (x - a)$

Der Graph muss an der Stelle 3 die Steigung 0 haben.

$f'(x) = -2(x + 3) \cdot (x - a) - (x + 3)^2$

$\quad = (x + 3)(-2x + 2a - x - 3) = (x + 3)(-3x + 2a - 3)$

$f'(3) = 6 \cdot (-9 + 2a - 3) = 6 \cdot (2a - 12)$

Aus $6 \cdot (2a - 12) = 0$ folgt $a = 6$.

$f(x) = -(x + 3)^2 \cdot (x - 6)$

Der Graph dieser Funktion ist nur für $-3 \leqq x \leqq +3$ monoton wachsend.

Aufgabe 6

a) Dies ist wahr. Die Funktion f′ hat nur an der Stelle 0 eine Nullstelle. Also hat K nur einen Punkt mit waagrechter Tangente. Da $f'(x)$ an der Stelle 0 einen Vorzeichenwechsel von „−“ nach „+“ hat, besitzt K an der Stelle 0 einen Tiefpunkt.

b) Dies ist falsch. Da f′ streng monoton wachsend ist, besitzt K′ keine Extrempunkte und somit K keinen Wendepunkt.

c) Dies ist falsch. Da $f'(x) > 0$ für $x > 0$ und $f'(x) < 0$ für $x < 0$ gilt, ist f streng monoton wachsend für $x > 0$ und streng monoton fallend für $x < 0$.

d) Dies ist falsch. Es ist f in einer Umgebung von 0 definiert, und somit müsste K als zu $O(0 \mid 0)$ punktsymmetrischer Graph den Punkt $O(0 \mid 0)$ als Wendepunkt besitzen. Nach b) hat aber K keinen Wendepunkt.

Untersuchung einer Funktion auf lokale Extremwerte mithilfe des Vorzeichenwechsels

Aufgabe 1

a) $f'(x) = x^3 - 6x = x(x^2 - 6) = x(x - \sqrt{6})(x + \sqrt{6})$

$x(x^2 - 6) = 0$; $x_1 = 0$; $x_2 = +\sqrt{6}$; $x_3 = -\sqrt{6}$

Untersuchung an der Stelle $x_1 = 0$:

x nahe $x_1 = 0$ und $x < x_1$:

$x < 0$; $x - \sqrt{6} < 0$; $x + \sqrt{6} > 0$; also $x(x - \sqrt{6})(x + \sqrt{6}) > 0$;

x nahe $x_1 = 0$ und $x > x_1$:

$x > 0$; $x - \sqrt{6} < 0$; $x + \sqrt{6} > 0$; also $x(x - \sqrt{6})(x + \sqrt{6}) < 0$;

Vorzeichenwechsel von + nach −; lokales Maximum bei $x_1 = 0$; $H(0|0)$.

Untersuchung an der Stelle $x_2 = +\sqrt{6}$:

x nahe $x_2 = +\sqrt{6}$ und $x < x_2$:

$x > 0$; $x - \sqrt{6} < 0$; $x + \sqrt{6} > 0$; also $x(x - \sqrt{6})(x + \sqrt{6}) < 0$;

x nahe $x_2 = +\sqrt{6}$ und $x > x_2$:

$x > 0$; $x - \sqrt{6} > 0$; $x + \sqrt{6} > 0$; also $x(x - \sqrt{6})(x + \sqrt{6}) > 0$;

Vorzeichenwechsel von − nach +; lokales Minimum bei $x_2 = +\sqrt{6}$; $T_1(\sqrt{6}|-9)$.

Untersuchung an der Stelle $x_2 = -\sqrt{6}$:

Wegen der Achsensymmetrie lokales Minimum bei $x_3 = -\sqrt{6}$; $T_2(-\sqrt{6}|-9)$.

b) $f'(x) = 4x^3 - 6x^2 = x^2(4x - 6)$

$x^2(4x - 6) = 0$; $x_1 = 0$ (doppelt!); $x_2 = \frac{3}{2}$

Untersuchung an der Stelle $x_1 = 0$:

x nahe $x_1 = 0$ und $x < x_1$:

$x^2 > 0$; $4x - 6 < 0$; also $x^2(4x - 6) < 0$;

x nahe $x_1 = 0$ und $x > x_1$:

$x^2 > 0$; $4x - 6 < 0$; also $x^2(4x - 6) < 0$;

kein Vorzeichenwechsel; also Sattelpunkt bei $x_1 = 0$; $S(0|0)$.

Untersuchung an der Stelle $x_2 = \frac{3}{2}$:

x nahe $x_2 = \frac{3}{2}$ und $x < x_2$:

$x^2 > 0$; $4x - 6 < 0$; also $x^2(4x - 6) < 0$;

x nahe $x_2 = \frac{3}{2}$ und $x > x_2$:

$x^2 > 0$; $4x - 6 > 0$; also $x^2(4x - 6) > 0$;

Vorzeichenwechsel von − nach +; lokales Minimum bei $x_2 = \frac{3}{2}$; $T\left(\frac{3}{2}\middle|-\frac{27}{16}\right)$.

Aufgabe 2

a) $f'(x) = \frac{1}{4}x - \frac{2}{x^2}$

$\frac{1}{4}x - \frac{2}{x^2} = 0$; $x^3 - 8 = 0$; $x_1 = 2$

Untersuchung an der Stelle $x_1 = 2$:

x nahe $x_1 = 2$ und $x < x_1$:

$\frac{1}{4}x - \frac{2}{x^2} < 0$;

x nahe $x_1 = 2$ und $x > x_1$:

$\frac{1}{4}x - \frac{2}{x^2} > 0$;

Vorzeichenwechsel von − nach +; lokales Minimum bei $x_1 = 2$; $T(2\,|\,1{,}5)$.

b) $f'(x) = \frac{2x(x^2+16) - x^2 \cdot 2x}{(x^2+16)^2} = \frac{32x}{(x^2+16)^2}$

$\frac{32x}{(x^2+16)^2} = 0$; $x_1 = 0$

Untersuchung an der Stelle $x_1 = 0$:

x nahe $x_1 = 0$ und $x < x_1$:

$\frac{32x}{(x^2+16)^2} < 0$;

x nahe $x_1 = 0$ und $x > x_1$:

$\frac{32x}{(x^2+16)^2} > 0$;

Vorzeichenwechsel von − nach +; lokales Minimum bei $x_1 = 0$; $T(0\,|\,0)$.

c) $f'(x) = \frac{1 \cdot (x-2)^2 - (x-3) \cdot 2(x-2)}{(x-2)^4} = \frac{x - 2 - 2(x-3)}{(x-2)^3} = \frac{-x+4}{(x-2)^3}$

$\frac{-x+4}{(x-2)^3} = 0$; $x_1 = 4$

Untersuchung an der Stelle $x_1 = 4$:

x nahe $x_1 = 4$ und $x < x_1$:

$\frac{-x+4}{(x-2)^3} > 0$;

x nahe $x_1 = 4$ und $x > x_1$:

$\frac{-x+4}{(x-2)^3} < 0$;

Vorzeichenwechsel von + nach −; lokales Maximum bei $x_1 = 4$; $H\left(4\,\middle|\,\frac{1}{4}\right)$.

d) $f'(x) = 2x \cdot e^x + (x^2 - 1) \cdot e^x = e^x(x^2 + 2x - 1)$

$e^x(x^2 + 2x - 1) = 0$; $x_1 = -1 + \sqrt{2}$; $x_2 = -1 - \sqrt{2}$;

Untersuchung an der Stelle $x_1 = -1 + \sqrt{2}$:

x nahe $x_1 = -1 + \sqrt{2} \approx 0{,}41$ und $x < x_1$:

Es ist $e^x(x^2 + 2x - 1) = e^x(x + 1 - \sqrt{2})(x + 1 + \sqrt{2})$.

$e^x > 0$; $x + 1 - \sqrt{2} < 0$; $x + 1 + \sqrt{2} > 0$;

also $e^x(x + 1 - \sqrt{2})(x + 1 + \sqrt{2}) < 0$;

x nahe $x_1 = -1 + \sqrt{2} \approx 0{,}41$ und $x > x_1$:

$e^x > 0; \quad x + 1 - \sqrt{2} > 0; \quad x + 1 + \sqrt{2} > 0;$

also $e^x(x + 1 - \sqrt{2})(x + 1 + \sqrt{2}) > 0;$

Vorzeichenwechsel von – nach +; lokales Minimum bei $x_1 = -1 + \sqrt{2}$; $T(-1+\sqrt{2}\,|\,-1{,}25)$.

Untersuchung an der Stelle $x_2 = -1 - \sqrt{2}$:

x nahe $x_2 = -1 - \sqrt{2} \approx -2{,}41$ und $x < x_2$:

$e^x > 0; \quad x + 1 - \sqrt{2} < 0; \quad x + 1 + \sqrt{2} < 0;$

also $e^x(x + 1 - \sqrt{2})(x + 1 + \sqrt{2}) > 0;$

x nahe $x_2 = -1 - \sqrt{2}$ und $x > x_2$:

$e^x > 0; \quad x + 1 - \sqrt{2} < 0; \quad x + 1 + \sqrt{2} > 0;$

also $e^x(x + 1 - \sqrt{2})(x + 1 + \sqrt{2}) < 0;$

Vorzeichenwechsel von + nach –; lokales Maximum bei $x_2 = -1 - \sqrt{2}$; $H(-1-\sqrt{2}\,|\,0{,}43)$.

Untersuchung einer Funktion auf lokale Extremwerte mithilfe der 2. Ableitung

Aufgabe 1

a) $f'(x) = \frac{1}{2}x^2 - 4x + 6; \; f''(x) = x - 4$

$\frac{1}{2}x^2 - 4x + 6 = 0; \; x^2 - 8x + 12 = 0; \; x_1 = \frac{8+4}{2} = 6; \; x_2 = \frac{8-4}{2} = 2$

$f''(6) = 6 - 4 = 2 > 0; \; f''(2) = 2 - 4 = -2 < 0;$

f hat an der Stelle 2 ein lokales Maximum und an der Stelle 6 ein lokales Minimum;

$H\left(2\,\middle|\,\frac{22}{3}\right)$; $T(6\,|\,2)$.

b) $f'(x) = \frac{3}{8}x^2 - \frac{3}{2}x; \quad f''(x) = \frac{3}{4}x - \frac{3}{2}$

$\frac{3}{8}x^2 - \frac{3}{2}x = 0; \; \frac{3}{2}x\left(\frac{1}{4}x - 1\right) = 0; \; x_1 = 0; \; x_2 = 4$

$f''(0) = -\frac{3}{2} < 0; \quad f''(4) = 3 - \frac{3}{2} = \frac{3}{2} > 0;$

f hat an der Stelle 0 ein lokales Maximum und an der Stelle 4 ein lokales Minimum;

$H(0\,|\,0)$; $T(4\,|\,-4)$.

c) $f'(x) = \frac{1}{6}x^4 - \frac{3}{2}x^2; \; f''(x) = \frac{2}{3}x^3 - 3x;$

$\frac{1}{6}x^4 - \frac{3}{2}x^2 = 0; \; x^2\left(\frac{1}{6}x^2 - \frac{3}{2}\right) = 0; \; x_1 = 0$ (doppelt!); $x_2 = -3; \; x_3 = +3;$

$f''(0) = 0; \; f''(-3) = -9 < 0; \; f''(3) = +9 > 0;$

f hat an der Stelle –3 ein lokales Maximum und an der Stelle +3 ein lokales Minimum;

$H(-3\,|\,5{,}4)$; $T(3\,|\,-5{,}4)$; für die Stelle 0 liefert der Test keine Entscheidung. An der Stelle 0 ist kein Vorzeichenwechsel der 1. Ableitung; Sattelpunkt $S(0\,|\,0)$.

Aufgabe 2

a) $f'(x) = \frac{1}{3} - \frac{3}{x^2}$; $f''(x) = \frac{6}{x^3}$

$\frac{1}{3} - \frac{3}{x^2} = 0$; $x_1 = -3$; $x_2 = +3$;

$f''(-3) = -\frac{6}{27} < 0$; $f''(+3) = \frac{6}{27} > 0$;

f hat an der Stelle -3 ein lokales Maximum und an der Stelle $+3$ ein lokales Minimum;

$H(-3\,|\,-2)$; $T(3\,|\,2)$.

b) $f'(x) = 1 + (-1) \cdot (x-1)^{-2} = 1 - \frac{1}{(x-1)^2}$; $f''(x) = \frac{2}{(x-1)^3}$;

$1 - \frac{1}{(x-1)^2} = 0$; $1 = \frac{1}{(x-1)^2}$; $1 = (x-1)^2$; $x - 1 = \pm 1$; $x_1 = 2$; $x_2 = 0$;

$f''(2) = 2 > 0$; $f''(0) = -2 < 0$;

f hat an der Stelle 2 ein lokales Minimum und an der Stelle 0 ein lokales Maximum;

$T(2\,|\,4)$; $H(0\,|\,0)$.

c) $f'(x) = e^{1-x} + x \cdot e^{1-x} \cdot (-1) = e^{1-x}(1-x)$;

$f''(x) = e^{1-x} \cdot (-1) \cdot (1-x) + e^{1-x} \cdot (-1) = e^{1-x} \cdot (x-2)$

$e^{1-x} \cdot (1-x) = 0$; $x_1 = 1$;

$f''(1) = -1 < 0$;

f hat an der Stelle 1 ein lokales Maximum; $H(1\,|\,1)$.

d) $f'(x) = \frac{2x}{x^2+1}$; $f''(x) = \frac{2 \cdot (x^2+1) - 2x \cdot 2x}{(x^2+1)^2} = \frac{-2x^2+2}{(x^2+1)^2}$

$\frac{2x}{x^2+1} = 0$; $x_1 = 0$; $f''(0) = 2 > 0$

f hat an der Stelle 0 ein lokales Minimum; $T(0\,|\,0)$.

Aufgabe 3

a) Da ganzrationale Funktionen einfach abzuleiten sind, ist in der Regel der Test mit der 2. Ableitung vorzuziehen.

$f'(x) = 4x^3 - 8x$; $f''(x) = 12x^2 - 8$

$4x^3 - 8x = 0$; $4x(x^2 - 2) = 0$; $x_1 = 0$; $x_2 = +\sqrt{2}$; $x_3 = -\sqrt{2}$;

$f''(0) = -8 < 0$; $f''(+\sqrt{2}) = 16 > 0$; $f''(-\sqrt{2}) = 16 > 0$;

f hat an der Stelle 0 ein lokales Maximum und an den Stellen $-\sqrt{2}$ und $+\sqrt{2}$ lokale Minima; $H(0\,|\,3)$; $T_1(-\sqrt{2}\,|\,-1)$; $T_2(+\sqrt{2}\,|\,-1)$.

b) Bei komplizierteren gebrochenrationalen Funktionen ist der Vorzeichentest vorzuziehen.

$f'(x) = \frac{3x^2 \cdot 3(x-1)^2 - x^3 \cdot 3 \cdot 2(x-1)}{9 \cdot (x-1)^4} = \frac{3x^3 - 9x^2}{9(x-1)^3} = \frac{x^3 - 3x^2}{3(x-1)^3} = \frac{x^2(x-3)}{3(x-1)^3}$

$\frac{x^2(x-3)}{3(x-1)^3} = 0$; $x_1 = 0$ (doppelt!); $x_2 = 3$

Untersuchung an der Stelle $x_1 = 0$:

x nahe $x_1 = 0$ und $x < x_1$:

$x^2 > 0$; $x - 3 < 0$; $(x-1)^3 < 0$; also $\frac{x^2(x-3)}{3(x-1)^3} > 0$;

x nahe $x_1 = 0$ und $x > x_1$:

$x^2 > 0$; $x - 3 < 0$; $(x-1)^3 < 0$; also $\frac{x^2(x-3)}{3(x-1)^3} > 0$;

Untersuchung an der Stelle $x_2 = 3$:

x nahe $x_2 = 3$ und $x < x_2$:

$x^2 > 0$; $x - 3 < 0$; $(x-1)^3 > 0$; also $\frac{x^2(x-3)}{3(x-1)^3} < 0$;

x nahe $x_2 = 3$ und $x > x_2$:

$x^2 > 0$; $x - 3 > 0$; $(x-1)^3 > 0$; also $\frac{x^2(x-3)}{3(x-1)^3} > 0$;

Vorzeichenwechsel an der Stelle 3 von – nach +; also lokales Minimum an der Stelle 3; $T\left(3 \middle| \frac{9}{4}\right)$. f hat an der Stelle 0 keinen Vorzeichenwechsel: Sattelpunkt $S(0|0)$.

c) $f'(x) = 3x^2 \cdot e^{-0,5x^2} + x^3 \cdot e^{-0,5x^2} \cdot (-x) = e^{-0,5x^2}(3x^2 - x^4)$

$f''(x) = e^{-0,5x^2} \cdot (-x) \cdot (3x^2 - x^4) + e^{-0,5x^2} \cdot (6x - 4x^3)$

$= e^{-0,5x^2} \cdot (x^5 - 7x^3 + 6x)$

$e^{-0,5x^2}(3x^2 - x^4) = 0$; $x^2(3 - x^2) = 0$; $x_1 = 0$ (doppelt!); $x_2 = -\sqrt{3}$; $x_3 = +\sqrt{3}$;

$f''(0) = 0$; $f''(+\sqrt{3}) = -6e^{-1,5} < 0$; $f''(-\sqrt{3}) = 6e^{-1,5} > 0$

f hat an der Stelle $+\sqrt{3}$ ein lokales Maximum und an der Stelle $-\sqrt{3}$ ein lokales Minimum; $H(\sqrt{3}\,|\,1,16)$; $T(-\sqrt{3}\,|\,-1,16)$; für die Stelle 0 liefert der Test keine Entscheidung. An der Stelle 0 ist kein Vorzeichenwechsel der 1. Ableitung: Sattelpunkt $S(0|0)$.

Untersuchung einer Funktion auf globale Extremwerte

Aufgabe 1

a) $f'(x) = 3x^2 - 12x + 9;\ f''(x) = 6x - 12$

$3x^2 - 12x + 9 = 0;\ x^2 - 4x + 3 = 0;\ x_1 = \frac{4+2}{2} = 3;\ x_2 = \frac{4-2}{2} = 1$

$f''(3) = 6 > 0;\ f''(1) = -6 < 0$

f hat an der Stelle 3 ein lokales Minimum und an der Stelle 1 ein lokales Maximum; $T(3|2);\ H(1|6)$.

Weiterhin ist $f(-1) = -14;\ f(5) = 22$.

Damit ist $P(-1|-14)$ ein Randminimum und $Q(5|22)$ ein Randmaximum.

b) $f'(x) = 1 + 2\cdot\cos(x);\ f''(x) = -2\cdot\sin(x)$

$1 + 2\cdot\cos(x) = 0;\ \cos(x) = -\frac{1}{2};\ x_1 = \frac{2}{3}\pi;\ x_2 = \frac{4}{3}\pi$

$f''\left(\frac{2}{3}\pi\right) = -2\cdot\sin\left(\frac{2}{3}\pi\right) = -\sqrt{3} < 0;\ f''\left(\frac{4}{3}\pi\right) = -2\cdot\sin\left(\frac{4}{3}\pi\right) = +\sqrt{3} > 0$

f hat an der Stelle $\frac{2}{3}\pi$ ein lokales Maximum und an der Stelle $\frac{4}{3}\pi$ ein lokales Minimum;

$H\left(\frac{2}{3}\pi\middle|3{,}83\right);\ T\left(\frac{4}{3}\pi\middle|2{,}46\right)$. Weiterhin ist $f(0) = 0;\ f(2\pi) = 2\pi$.

Damit ist $P(0|0)$ ein Randminimum und $Q(2\pi|2\pi)$ ein Randmaximum.

c) $f'(x) = 3x^2 - 24x + 48;\ f''(x) = 6x - 24$

$3x^2 - 24x + 48 = 0;\ x^2 - 8x + 16 = 0;\ x_1 = \frac{8+0}{2} = 4;\ x_2 = \frac{8-0}{2} = 4;$

$f''(4) = 0$, kein Vorzeichenwechsel von f' bei $x_1 = x_2 = 4$, also Sattelpunkt $S(4|114)$.

Die Definitionsmenge ist ein offenes Intervall. Es gibt weder lokale noch globale Extremwerte.

d) $f'(x) = 1\cdot e^{-x} + (x+2)\cdot e^{-x}\cdot(-1) = e^{-x}(-x-1);$

$f''(x) = e^{-x}\cdot(-1)\cdot(-x-1) + e^{-x}\cdot(-1) = e^{-x}\cdot x$

$e^{-x}\cdot(-x-1) = 0;\ x_1 = -1;\ f''(-1) = -e < 0$

f hat an der Stelle -1 ein lokales Maximum; $H(-1|e)$.

Für $x \to +\infty$ strebt $f(x) \to 0$; für $x \to -\infty$ strebt $f(x) \to -\infty$.

Also ist das lokale Maximum ein globales Maximum.

e) $f'(x) = -\frac{4}{x^2} + \frac{4}{x^3};\ f''(x) = \frac{8}{x^3} - \frac{12}{x^4}$

$-\frac{4}{x^2} + \frac{4}{x^3} = 0;\ -4x + 4 = 0;\ x_1 = 1;\ f''(1) = -4 < 0$

f hat an der Stelle 1 ein lokales Maximum; $H(1|2)$.

Für $x \to +\infty$ strebt $f(x) \to 0$; für $x \to -\infty$ strebt $f(x) \to 0$;

für $x \to 0$ mit $x > 0$ strebt $f(x) \to -\infty$; für $x \to 0$ mit $x < 0$ strebt $f(x) \to -\infty$;

Also ist das lokale Maximum ein globales Maximum.

f) $f'(x) = \frac{1}{2}e^x - 4\cdot e^{-x}\cdot(-1) = \frac{1}{2}e^x + 4\cdot e^{-x}$

$\frac{1}{2}e^x + 4\cdot e^{-x} = 0;\ \frac{1}{2}e^{2x} + 4 = 0;\ e^{2x} = -8$; keine Lösung;

$f'(x) > 0$ für $x \in \mathbb{R}$; f ist für $x \in \mathbb{R}$ streng monoton wachsend und hat keine Extremwerte.

Aufgabe 2

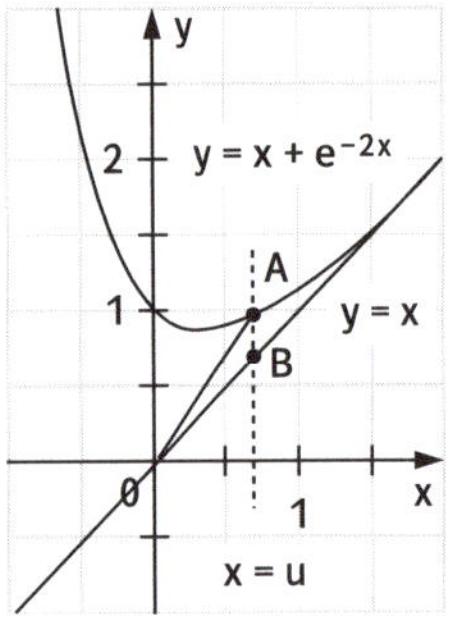

Das Dreieck OBA hat die Strecke $\overline{AB}$ mit $A(u\,|\,f(u))$ und $B(u\,|\,u)$ als Grundseite und das Lot von 0 auf die Gerade $x = u$ als Höhe.
Damit gilt für den Flächeninhalt A(u) des Dreiecks OBA:

$A(u) = \frac{1}{2}u \cdot (f(u) - u) = \frac{1}{2}u \cdot e^{-2u}$.

$A'(u) = e^{-2u}\left(\frac{1}{2} - u\right)$; $A''(u) = e^{-2u}(2u - 2)$;

$e^{-2u}\left(\frac{1}{2} - u\right) = 0$; $u_1 = \frac{1}{2}$; $A''\left(\frac{1}{2}\right) = -e^{-1} < 0$

Damit hat A(u) an der Stelle $\frac{1}{2}$ ein relatives Maximum.

Für $u \to +\infty$ geht $A(u) \to 0$; für $u \to -\infty$ geht $A(u) \to -\infty$.

Damit ist das relative Maximum ein globales Maximum mit

$A\left(\frac{1}{2}\right) = \frac{1}{4} \cdot e^{-1} \approx 0{,}09$.

Untersuchung einer Funktion auf Wendestellen

Aufgabe 1

a) $f'(x) = 12 - 3x^2$; $f''(x) = -6x$; $f'''(x) = -6$

$-6x = 0$; $x_1 = 0$; $f'''(0) = -6 \neq 0$

f hat an der Stelle 0 eine Wendestelle, der Graph den Wendepunkt $W(0\,|\,5)$.

b) $f'(x) = \frac{1}{6}x^3 - x^2 + \frac{3}{2}x$; $f''(x) = \frac{1}{2}x^2 - 2x + \frac{3}{2}$; $f'''(x) = x - 2$

$\frac{1}{2}x^2 - 2x + \frac{3}{2} = 0$; $x^2 - 4x + 3 = 0$; $x_1 = \frac{4+2}{2} = 3$; $x_2 = \frac{4-2}{2} = 1$

$f'''(3) = 1 \neq 0$; $f'''(1) = -1 \neq 0$

f hat an den Stellen 1 und 3 Wendestellen; der Graph hat die Wendepunkte

$W_1\left(1\,\middle|\,\frac{35}{24}\right)$ und $W_2\left(3\,\middle|\,\frac{17}{8}\right)$.

Aufgabe 2

a) $f'(x) = \frac{1 \cdot (x^2+4) - x \cdot 2x}{(x^2+4)^2} = \frac{4-x^2}{(x^2+4)^2}$;

$f''(x) = \frac{-2x(x^2+4)^2 - (4-x^2) \cdot 2(x^2+4) \cdot 2x}{(x^2+4)^4} = \frac{2x^3-24x}{(x^2+4)^3} = \frac{2x(x^2-12)}{(x^2+4)^3}$

$\frac{2x^3-24x}{(x^2+4)^3} = 0$; $2x(x^2-12) = 0$; $x_1 = 0$; $x_2 = -\sqrt{12} = -2\sqrt{3}$; $x_3 = +\sqrt{12} = +2\sqrt{3}$

Untersuchung von f″ auf Vorzeichenwechsel an der Stelle $x_1 = 0$:

x nahe $x_1 = 0$ und $x < x_1$:

$2x < 0$; $x^2 - 12 < 0$; $(x^2+4)^3 > 0$; also $\frac{2x(x^2-12)}{(x^2+4)^3} > 0$;

x nahe $x_1 = 0$ und $x > x_1$:

$2x > 0$; $x^2 - 12 < 0$; $(x^2+4)^3 > 0$; also $\frac{2x(x^2-12)}{(x^2+4)^3} < 0$.

f″ hat an der Stelle $x_1 = 0$ einen Vorzeichenwechsel.

Untersuchung von f″ auf Vorzeichenwechsel an der Stelle $x_2 = -2\sqrt{3}$:

x nahe $x_2 = -2\sqrt{3}$ und $x < x_2$:

$2x < 0$; $x^2 - 12 > 0$; $(x^2+4)^3 > 0$; also $\frac{2x(x^2-12)}{(x^2+4)^3} < 0$;

x nahe $x_2 = -2\sqrt{3}$ und $x > x_2$:

$2x < 0$; $x^2 - 12 < 0$; $(x^2+4)^3 > 0$; also $\frac{2x(x^2-12)}{(x^2+4)^3} > 0$.

f″ hat an der Stelle $x_2 = -2\sqrt{3}$ einen Vorzeichenwechsel.

f hat also an den Stellen 0 und $-2\sqrt{3}$ Wendestellen; der Graph hat die Wendepunkte $W_1(0\,|\,0)$ und $W_2\left(-2\sqrt{3}\,\middle|\,-\frac{1}{8}\sqrt{3}\right)$.

Wegen der Punktsymmetrie ist $W_3\left(2\sqrt{3}\,\middle|\,\frac{1}{8}\sqrt{3}\right)$ ein dritter Wendepunkt.

b) $f'(x) = \frac{3x^2 \cdot x - (x^3+1)}{x^2} = \frac{2x^3-1}{x^2}$; $f''(x) = \frac{6x^2 \cdot x^2 - (2x^3-1) \cdot 2x}{x^4} = \frac{2x^3+2}{x^3}$;

$f'''(x) = \frac{6x^2 \cdot x^3 - (2x^3+2) \cdot 3x^2}{x^6} = -\frac{6}{x^4}$

$\frac{2x^3+2}{x^3} = 0$; $2x^3 + 2 = 0$; $x_1 = -1$; $f'''(-1) = -6 \neq 0$

f hat an der Stelle -1 eine Wendestelle; der Graph hat den Wendepunkt $W(-1\,|\,0)$.

c) $f'(x) = \frac{36(3+x^2)^2 - 36x \cdot 2(3+x^2) \cdot 2x}{(3+x^2)^4} = \frac{36(3+x^2) - 144x^2}{(3+x^2)^3} = \frac{108 - 108x^2}{(3+x^2)^3}$

$f''(x) = \frac{-216x(3+x^2)^3 - (108-108x^2) \cdot 3(3+x^2)^2 \cdot 2x}{(3+x^2)^6}$

$= \frac{-216x(3+x^2) - 6x(108-108x^2)}{(3+x^2)^4}$

$= \frac{432x^3 - 1296x}{(3+x^2)^4}$

$f'''(x) = \frac{(1296x^2 - 1296) \cdot (3+x^2)^4 - (432x^3 - 1296x) \cdot 4(3+x^2)^3 \cdot 2x}{(3+x^2)^8}$

$= \frac{(1296x^2 - 1296) \cdot (3+x^2) - 8x(432x^3 - 1296x)}{(3+x^2)^5}$

$= \frac{3888x^2 - 3888 + 1296x^4 - 1296x^2 - 3456x^4 + 10\,368x^2}{(3+x^2)^5}$

$= \frac{-2160x^4 + 12\,960x^2 - 3888}{(3+x^2)^5}$

$\frac{432x^3 - 1296x}{(3+x^2)^4} = 0;\quad 432x^3 - 1296x = 0;\quad x^3 - 3x = 0;$

$x(x^2 - 3) = 0;\quad x_1 = 0;\quad x_2 = -\sqrt{3};\quad x_3 = +\sqrt{3};$

$f'''(0) = \frac{-3888}{243} = -16 \neq 0;\quad f'''(-\sqrt{3}) = \frac{15\,552}{7776} = 2 \neq 0;\quad f'''(\sqrt{3}) = 2 \neq 0$

f hat an den Stellen 0, $-\sqrt{3}$ und $+\sqrt{3}$ Wendestellen; der Graph hat die Wendepunkte $W_1(0\,|\,0)$, $W_2(-\sqrt{3}\,|-\sqrt{3})$, $W_3(+\sqrt{3}\,|+\sqrt{3})$.

Aufgabe 3

a) $f'(x) = e^{x+1} + (x-1) \cdot e^{x+1} = e^{x+1} \cdot x = x \cdot e^{x+1}$

$f''(x) = e^{x+1} + x \cdot e^{x+1} = e^{x+1} \cdot (1+x) = (1+x) \cdot e^{x+1}$

$f'''(x) = e^{x+1} + (1+x) \cdot e^{x+1} = e^{x+1}(2+x) = (x+2) \cdot e^{x+1}$

$(1+x) \cdot e^{x+1} = 0;\quad 1 + x = 0;\quad x_1 = -1$

$f'''(-1) = e^0 = 1 \neq 0$

f hat an der Stelle -1 eine Wendestelle; der Graph hat den Wendepunkt $W(-1\,|-2)$.

b) $f'(x) = 2 \cdot e^{1-x} + 2x \cdot e^{1-x} \cdot (-1) = e^{1-x}(2 - 2x) = (2 - 2x) \cdot e^{1-x}$

$f''(x) = -2 \cdot e^{1-x} + (2 - 2x) \cdot e^{1-x} \cdot (-1) = e^{1-x}(-2 - 2 + 2x) = (-4 + 2x) \cdot e^{1-x}$

$f'''(x) = 2 \cdot e^{1-x} + (-4 + 2x) \cdot e^{1-x} \cdot (-1) = e^{1-x}(2 + 4 - 2x) = (6 - 2x) \cdot e^{1-x}$

$(-4 + 2x) \cdot e^{1-x} = 0;\quad -4 + 2x = 0;\quad x_1 = 2$

$f'''(2) = 2 \cdot e^{-1} \neq 0$

f hat an der Stelle 2 eine Wendestelle; der Graph hat den Wendepunkt $W(2\,|\,4 \cdot e^{-1})$.

c) $f'(x) = -2x \cdot e^{-x} + (2 - x^2) \cdot e^{-x} \cdot (-1) = e^{-x}(-2x - 2 + x^2) = (x^2 - 2x - 2) \cdot e^{-x}$

$f''(x) = (2x - 2) \cdot e^{-x} + (x^2 - 2x - 2) \cdot e^{-x} \cdot (-1) = e^{-x}(2x - 2 - x^2 + 2x + 2) = (-x^2 + 4x) \cdot e^{-x}$

$f'''(x) = (-2x + 4) \cdot e^{-x} + (-x^2 + 4x) \cdot e^{-x} \cdot (-1)$

$= e^{-x}(-2x + 4 + x^2 - 4x) = (x^2 - 6x + 4) \cdot e^{-x}$

$(-x^2 + 4x) \cdot e^{-x} = 0;\quad -x^2 + 4x = 0,\quad x(-x + 4) = 0,\quad x_1 = 0;\quad x_2 = 4$

$f'''(0) = 4 \neq 0;\quad f'''(4) = -4 \cdot e^{-4} \neq 0$

f hat an den Stellen 0 und 4 Wendestellen; der Graph hat die Wendepunkte $W_1(0\,|\,2)$ und $W_2(4\,|\,-14 \cdot e^{-4})$.

Aufgabe 4

a) $f'(x) = \frac{2x}{1 + x^2};\quad f''(x) = \frac{2(1 + x^2) - 2x \cdot 2x}{(1 + x^2)^2} = \frac{2 - 2x^2}{(1 + x^2)^2}$

$f'''(x) = \frac{-4x(1 + x^2)^2 - (2 - 2x^2) \cdot 2(1 + x^2) \cdot 2x}{(1 + x^2)^4}$

$= \frac{-4x(1 + x^2) - 4x(2 - 2x^2)}{(1 + x^2)^3} = \frac{4x^3 - 12x}{(1 + x^2)^3}$

$\frac{2 - 2x^2}{(1 + x^2)^2} = 0;\quad 2 - 2x^2 = 0;\quad x^2 = 1;\quad x_1 = -1;\quad x_2 = +1$

$f'''(-1) = 1 \neq 0;\quad f'''(1) = -1 \neq 0$

f hat an den Stellen −1 und +1 Wendestellen; der Graph hat die Wendepunkte $W_1(-1\,|\,\ln(2))$ und $W_2(1\,|\,\ln(2))$.

b) $f'(x) = \frac{x^2}{x + 1} \cdot \frac{x^2 - (x + 1) \cdot 2x}{x^4} = \frac{x^2}{x + 1} \cdot \frac{-x - 2}{x^3} = \frac{-x - 2}{x^2 + x}$

$f''(x) = \frac{-(x^2 + x) - (-x - 2) \cdot (2x + 1)}{(x^2 + x)^2} = \frac{x^2 + 4x + 2}{(x^2 + x)^2}$

$x^2 + 4x + 2 = 0;\quad x_1 = \frac{-4 + 2\sqrt{2}}{2} = -2 + \sqrt{2};\quad x_2 = \frac{-4 - 2\sqrt{2}}{2} = -2 - \sqrt{2};$

Die Stelle x_2 liegt außerhalb der Definitionsmenge $D = \{x\,|\,-1 < x < 0 \text{ oder } x > 0\}$.

Untersuchung von f″ auf Vorzeichenwechsel an der Stelle x_1:

x nahe $x_1 = -2 + \sqrt{2} \approx -0{,}59$ und $x < x_1$:

$x^2 + 4x + 2 < 0;\quad (x^2 + x)^2 > 0;\quad \text{also}\ \frac{x^2 + 4x + 2}{(x^2 + x)^2} < 0;$

x nahe $x_1 = -2 + \sqrt{2} \approx -0{,}59$ und $x > x_1$:

$x^2 + 4x + 2 > 0;\quad (x^2 + x)^2 > 0;\quad \text{also}\ \frac{x^2 + 4x + 2}{(x^2 + x)^2} > 0;$

f″ hat an der Stelle $x_1 = -2 + \sqrt{2}$ einen Vorzeichenwechsel.
f hat also an dieser Stelle eine Wendestelle; der Graph hat den Wendepunkt $W(-2 + \sqrt{2}\,|\,0{,}188)$.

Momentane Änderungsrate als Ableitung

Aufgabe 1

a) $s'(t) = 4{,}9 \cdot 2t = 9{,}8t$

$s'(5) = 9{,}8 \cdot 5 = 49$

Nach 5 Sekunden hat der Körper eine Geschwindigkeit von $49\,\frac{m}{s}$.

b) $s(t_1) = 50$; $\quad 4{,}9t_1^2 = 50$; $\quad t_1^2 = \frac{50}{4{,}9}$; $\quad t_1 = \sqrt{\frac{50}{4{,}9}} \approx 3{,}19$

$s'(3{,}19) = 9{,}8 \cdot 3{,}19 \approx 31{,}3$

Die Geschwindigkeit beim Aufprall auf dem Boden beträgt rund $31{,}3\,\frac{m}{s}$.

Aufgabe 2

a) $f(4) = -0{,}008 \cdot 4^3 + 0{,}115 \cdot 4^2 - 0{,}020 \cdot 4 + 0{,}194 \approx 1{,}44$

Nach 4 Monaten ist die Pflanze ungefähr 1,44 Meter hoch.

b) $f'(t) = -3 \cdot 0{,}008t^2 + 2 \cdot 0{,}115t - 0{,}020$

$= -0{,}024t^2 + 0{,}23t - 0{,}02$

$f'(4) = -0{,}024 \cdot 4^2 + 0{,}23 \cdot 4 - 0{,}02 \approx 0{,}52$

Nach 4 Monaten hat die Pflanze eine Wachstumsgeschwindigkeit von etwas mehr als 0,5 Meter pro Monat.

c) $-0{,}024t^2 + 0{,}23t - 0{,}02 = 0{,}4$; $\quad 0{,}024t^2 - 0{,}23t + 0{,}42 = 0$

$t_{1/2} = \frac{0{,}23 \pm \sqrt{0{,}23^2 - 4 \cdot 0{,}024 \cdot 0{,}42}}{2 \cdot 0{,}024}$; $\quad t_1 \approx 7{,}13$; $\quad t_2 \approx 2{,}45$

Nach 2,45 Monaten bzw. nach 7,13 Monaten beträgt die Wachstumsgeschwindigkeit 0,4 Meter pro Monat.

Aufgabe 3

a) $f'(x) = 50 \cdot e^{0{,}6t} \cdot 0{,}6 - 0{,}3 \cdot e^{1{,}2t} \cdot 1{,}2$

$= 30 \cdot e^{0{,}6t} - 0{,}36 \cdot e^{1{,}2t}$

Graphen: Siehe Fig.

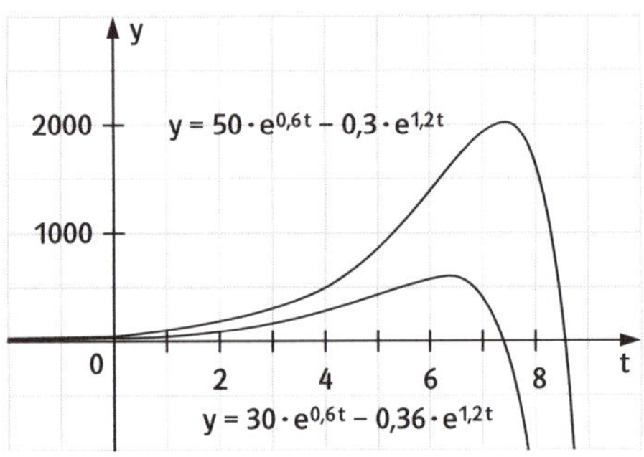

b) $50 \cdot e^{0{,}6t} - 0{,}3 \cdot e^{1{,}2t} = 0$

$50 \cdot e^{0{,}6t} - 0{,}3 \cdot (e^{0{,}6t})^2 = 0$

$e^{0{,}6t} = z$

$50z - 0{,}3 \cdot z^2 = 0$; $\quad z(50 - 0{,}3 \cdot z) = 0$;

$z_1 = 0$; $\quad z_2 = \frac{50}{0{,}3} = \frac{500}{3}$

$e^{0{,}6t} = 0$; keine Lösung; $\quad e^{0{,}6t} = \frac{500}{3}$;

$t_1 = \frac{1}{0{,}6} \cdot \ln\left(\frac{500}{3}\right) = \frac{5}{3}\ln\left(\frac{500}{3}\right) \approx 8{,}53$

Nach rund 8,5 Minuten sind keine Pilze mehr vorhanden.

c) $f'(3) = 30 \cdot e^{0,6 \cdot 3} - 0,36 \cdot e^{1,2 \cdot 3} = 30 \cdot e^{1,8} - 0,36 \cdot e^{3,6} \approx 168,31$

Die Wachstumsgeschwindigkeit nach 3 Minuten beträgt rund 168,3 Tausend Pilze pro Minute.

d) Gesucht ist die Wendestelle.

$f''(t) = 30 \cdot e^{0,6t} \cdot 0,6 - 0,36 \cdot e^{1,2t} \cdot 1,2 = 18 \cdot e^{0,6t} - 0,432 \cdot e^{1,2t}$

$18 \cdot e^{0,6t} - 0,432 \cdot e^{1,2t} = 0;\quad e^{0,6t}(18 - 0,432 \cdot e^{0,6t}) = 0$

$18 - 0,432 \cdot e^{0,6t} = 0;\quad e^{0,6t} = \frac{18}{0,432};\quad t_1 = \frac{1}{0,6} \cdot \ln\left(\frac{18}{0,432}\right) \approx 6,22$

Nach rund 6,2 Minuten nimmt die Wachstumsgeschwindigkeit ab.

Untersuchung einer Funktion auf Zeitpunkte stärkster Änderungen

Aufgabe 1

a) $f'(x) = 4x^3 - 12x^2;\quad f''(x) = 12x^2 - 24x;\quad f'''(x) = 24x - 24$

$12x^2 - 24x = 0;\quad 12x(x-2) = 0;\quad x_1 = 0;\quad x_2 = 2$

$f'''(0) = -24 \neq 0;\quad f'''(2) = 24 \neq 0$

$W_1(0\,|\,10);\ W_2(2\,|\,-6)$

b) $f'(x) = 8 \cdot (-1) \cdot (x^2+4)^{-2} \cdot 2x = \frac{-16x}{(x^2+4)^2}$

$f''(x) = \frac{-16(x^2+4)^2 + 16x \cdot 2(x^2+4) \cdot 2x}{(x^2+4)^4} = \frac{48x^2 - 64}{(x^2+4)^3}$

$f'''(x) = \frac{48 \cdot 2x \cdot (x^2+4)^3 - (48x^2 - 64) \cdot 3 \cdot (x^2+4)^2 \cdot 2x}{(x^2+4)^6}$

$= \frac{96x \cdot (x^2+4) - 6x(48x^2 - 64)}{(x^2+4)^4} = \frac{-192x^3 + 384x + 384}{(x^2+4)^4}$

$\frac{48x^2 - 64}{(x^2+4)^3} = 0;\quad 48x^2 - 64 = 0;\quad 6x^2 = 8;\quad x^2 = \frac{4}{3}$

$x_1 = -\sqrt{\frac{4}{3}} = -\frac{2}{3}\sqrt{3};\quad x_2 = +\frac{2}{3}\sqrt{3};$

$f'''\left(-\sqrt{\frac{4}{3}}\right) \neq 0;\quad f'''\left(+\sqrt{\frac{4}{3}}\right) \neq 0$

$W_1\left(-\frac{2}{3}\sqrt{3}\,\middle|\,\frac{3}{2}\right);\ W_2\left(+\frac{2}{3}\sqrt{3}\,\middle|\,\frac{3}{2}\right)$

c) $f'(x) = 5e^x - e^{2x} \cdot 2 = 5e^x - 2e^{2x}$

$f''(x) = 5e^x - 2 \cdot e^{2x} \cdot 2 = 5e^x - 4e^{2x}$

$f'''(x) = 5e^x - 4e^{2x} \cdot 2 = 5e^x - 8e^{2x}$

$5e^x - 4e^{2x} = 0;\quad e^x(5 - 4e^x) = 0;\quad e^x = \frac{5}{4};\quad x_1 = \ln\left(\frac{5}{4}\right)$

$f'''\left(\ln\left(\frac{5}{4}\right)\right) = 5 \cdot \frac{5}{4} - 8 \cdot \left(\frac{5}{4}\right)^2 \neq 0;$

$W\left(\ln\left(\frac{5}{4}\right)\,\middle|\,\frac{91}{16}\right)$

Aufgabe 2

Gesucht ist die Extremstelle der 1. Ableitung.

$f'(t) = \frac{3}{8}t^2 - 4t + 9;\quad f''(t) = \frac{3}{4}t - 4;\quad f'''(t) = \frac{3}{4}$

$\frac{3}{4}t - 4 = 0;\quad 3t = 16;\quad t_1 = \frac{16}{3} \approx 5{,}33$

$f'''\left(\frac{16}{3}\right) \neq 0$

$f\left(\frac{16}{3}\right) = \frac{1}{8}\cdot\left(\frac{16}{3}\right)^3 - 2\cdot\left(\frac{16}{3}\right)^2 + 9\cdot\left(\frac{16}{3}\right) = \frac{272}{27} \approx 10{,}07$

Nach rund 5,3 Stunden sinkt die Durchflussgeschwindigkeit am stärksten ab. Zu diesem Zeitpunkt beträgt die Durchflussgeschwindigkeit rund 10 Kubikmeter pro Stunde.

Aufgabe 3

Gesucht ist die Extremstelle der 1. Ableitung.

$f'(t) = 6\cdot e^{-0{,}25t} + 6t\cdot e^{-0{,}25t}\cdot(-0{,}25)$

$\quad = 6\cdot e^{-0{,}25t} - 1{,}5t\cdot e^{-0{,}25t} = e^{-0{,}25t}(6 - 1{,}5t)$

$f''(t) = e^{-0{,}25t}\cdot(-0{,}25)\cdot(6 - 1{,}5t) + e^{-0{,}25t}\cdot(-1{,}5)$

$\quad = e^{-0{,}25t}(-1{,}5 + 0{,}375t - 1{,}5)$

$\quad = e^{-0{,}25t}\cdot(0{,}375t - 3)$

$e^{-0{,}25t}\cdot(0{,}375t - 3) = 0;\quad 0{,}375t - 3 = 0;\quad t_1 = \frac{3}{0{,}375} = 8$

Das Medikament wird 8 Stunden nach der Einnahme am stärksten abgebaut.

Aufgabe 4

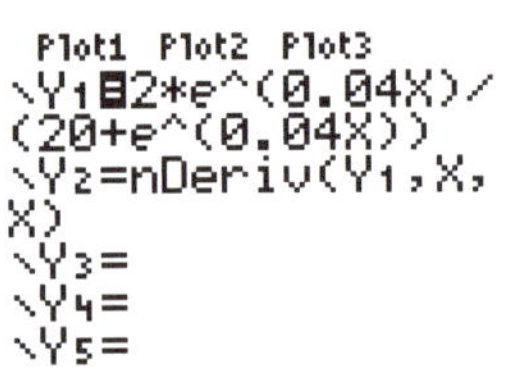

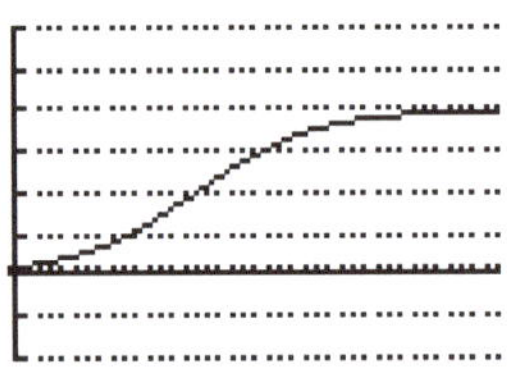

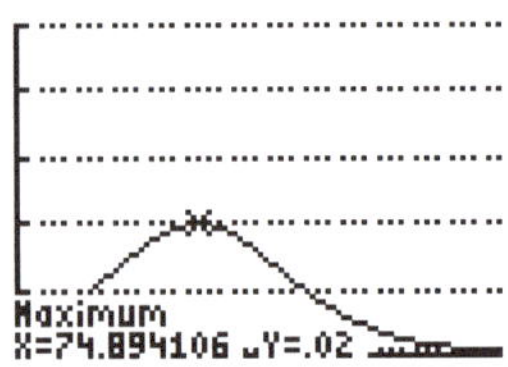

Nach rund 75 Tagen ist die Wachstumsgeschwindigkeit einer Sonnenblume am größten. Sie beträgt dann rund 2 cm am Tag.

Extremwertaufgaben

Aufgabe 1

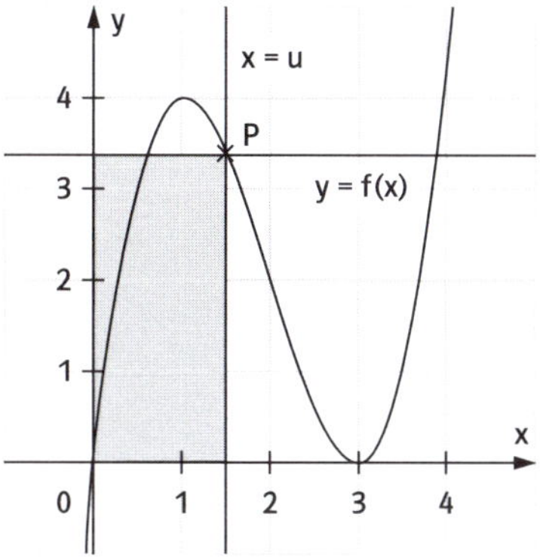

Das Rechteck hat die Seitenlängen u und f(u).

$A(u) = u \cdot f(u) = u \cdot (u^3 - 6u^2 + 9u)$

$= u^4 - 6u^3 + 9u^2$

$= u^2 \cdot (u-3)^2; \quad 0 < u < 3$

$A'(u) = 4u^3 - 18u^2 + 18u$

$= 2u(2u^2 - 9u + 9)$

$A''(u) = 12u^2 - 36u + 18$

$= 6(2u^2 - 6u + 3)$

Aus $A'(u) = 0$ folgt $u = 0$ oder $2u^2 - 9u + 9 = 0$; also $u_1 = 0$; $u_2 = \frac{3}{2}$; $u_3 = 3$. Wegen $0 < u < 3$ und $A''\left(\frac{3}{2}\right) = -9 < 0$ hat A(u) an der Stelle $\frac{3}{2}$ ein relatives Maximum.

Weil aber $A(u) \to 0$ für $x \to 0$ und für $x \to 3$ gilt, ist dieses relative Maximum sogar das absolute Maximum.

Der maximale Flächeninhalt ist dann

$A\left(\frac{3}{2}\right) = \left(\frac{3}{2}\right)^4 - 6 \cdot \left(\frac{3}{2}\right)^3 + 9 \cdot \left(\frac{3}{2}\right)^2 = \frac{81}{16} = 5{,}0625.$

Aufgabe 2

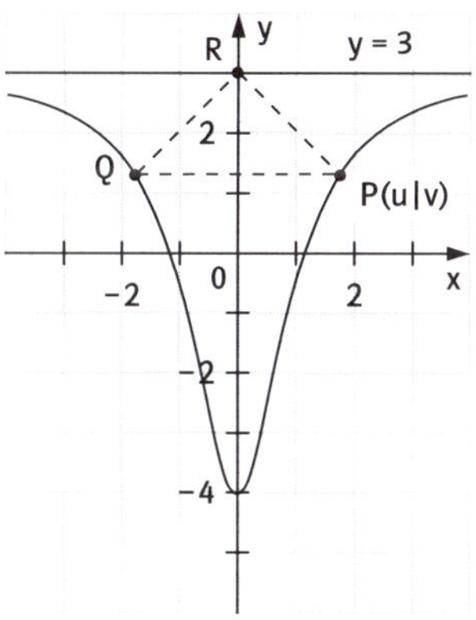

Das Dreieck hat 2u als Länge der Grundseite und $3 - f(u)$ als Länge der Höhe.

$A(u) = \frac{1}{2} \cdot 2u \cdot (3 - f(u)) = u \cdot (3 - f(u))$

$= u \cdot \left(3 - \frac{3u^2 - 4}{u^2 + 1}\right)$

$= u \cdot \frac{3u^2 + 3 - 3u^2 + 4}{u^2 + 1}$

$= \frac{7u}{u^2 + 1}; \quad u > 0$

$A'(u) = \frac{7 \cdot (u^2 + 1) - 7u \cdot 2u}{(u^2 + 1)^2} = \frac{-7u^2 + 7}{(u^2 + 1)^2};$

$A''(u) = \frac{-14u(u^2 + 1)^2 - (-7u^2 + 7) \cdot 2(u^2 + 1) \cdot 2u}{(u^2 + 1)^4}$

$= \frac{-14u(u^2 + 1) - 4u(-7u^2 + 7)}{(u^2 + 1)^3}$

$= \frac{14u^3 - 42u}{(u^2 + 1)^3}$

Aus $A'(u) = 0$ folgt $\frac{-7u^2 + 7}{(u^2 + 1)^2} = 0$ bzw. $u^2 = 1$; $u_1 = -1$; $u_2 = +1$.

Die Stelle −1 liegt außerhalb der Definitionsmenge von A; $A''(1) = \frac{14-42}{2^3} = -3{,}5 < 0$.
Damit hat A an der Stelle 1 ein relatives Maximum. Weil aber $A(u) \to 0$ für $u \to 0$ und für $u \to +\infty$ gilt, ist dieses relative Maximum sogar das absolute Maximum.
Der maximale Flächeninhalt ist dann
$A(1) = \frac{7}{2} = 3{,}5$.

Aufgabe 3

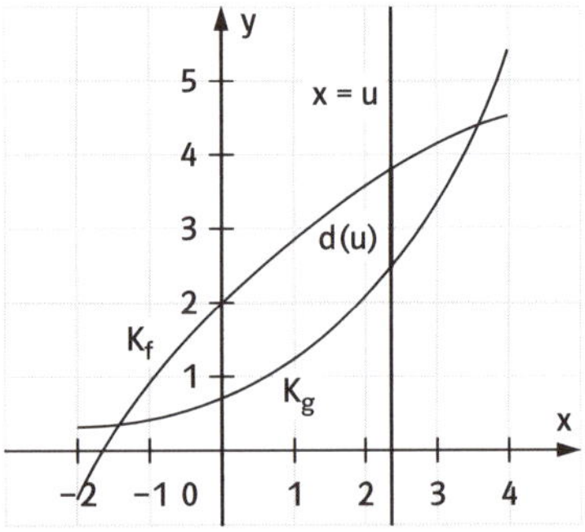

Man erhält die abgebildeten Graphen.

$d(0) = f(0) - g(0) = 2 - \frac{2}{e} \approx 1{,}264$

$d(2) = f(2) - g(2) = 4 - \frac{4}{\sqrt{e}} \approx 1{,}574$

Mit der Zielfunktion d mit

$d(u) = f(u) - g(u) = 6 - 4e^{-\frac{1}{4}u} - 2e^{\frac{1}{2}u-1}$

erhält man

$d'(u) = e^{-\frac{1}{4}u} - e^{\frac{1}{2}u-1}$ und

$d''(u) = -\frac{1}{4}e^{-\frac{1}{4}u} - \frac{1}{2}e^{\frac{1}{2}u-1}$,

und dies liefert ein relatives Maximum an der Stelle $\frac{4}{3}$. Da d(u) nur einen Extremwert für $-2 < u < 4$ besitzt, hat d(u) an der Stelle $\frac{4}{3}$ das absolute Maximum.
Die maximale Streckenlänge ist $d\left(\frac{4}{3}\right) = 6\left(1 - e^{-\frac{1}{3}}\right) \approx 1{,}701$.

Funktionenscharen und Ortslinien

Aufgabe 1

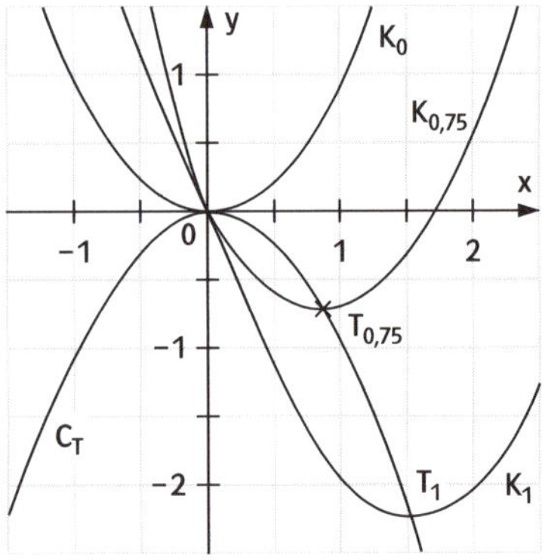

a) Nullstellen: $x^2 - 3t^2x = 0$; $x(x - 3t^2) = 0$

$x_1 = 0$; $x_2 = 3t^2$

Extrempunkte: $f_t'(x) = 2x - 3t^2$; $f_t''(x) = 2$

$2x - 3t^2 = 0$; $x_1 = \frac{3}{2}t^2$

$f_t''\left(\frac{3}{2}t^2\right) = 2 > 0$; $T\left(\frac{3}{2}t^2 \middle| -\frac{9}{4}t^4\right)$

Graphen: Siehe Fig.

b) $x = \frac{3}{2}t^2;\ y = -\frac{9}{4}t^4$

Mit $t^2 = \frac{2}{3}x$ folgt $y = -\frac{9}{4}\cdot\left(\frac{2}{3}x\right)^2 = -x^2$.

Nur die Punkte im 4. Feld sind Tiefpunkte eines Graphen K_t.

Aufgabe 2

a) $H_t\left(-\sqrt{\frac{2}{t}}\,\middle|\,-\sqrt{2t}\right);\ T_t\left(\sqrt{\frac{2}{t}}\,\middle|\,\sqrt{2t}\right);$

b) C_H: $y = \frac{2}{x}$;
nur die Punkte von C_H im 3. Feld sind Hochpunkte eines Graphen K_t;
C_T: $y = \frac{2}{x}$;
nur die Punkte von C_T im 1. Feld sind Tiefpunkte eines Graphen K_t;
K_t hat die y-Achse als senkrechte und die Gerade mit der Gleichung $y = \frac{1}{2}tx$ als schiefe Asymptote.

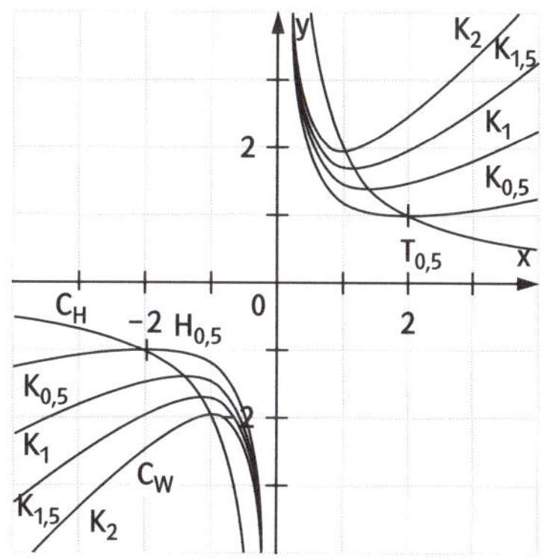

Aufgabe 3

a) Gemeinsame Punkte mit der x-Achse sind für beliebiges t nicht ermittelbar.
$Y_t(0\,|\,t);\ T_t(\ln(t)\,|\,1+\ln(t));$
K_t hat die Gerade mit der Gleichung $y = x$ als schiefe Asymptote für $x \to \infty$.

b) C_T: $y = x + 1$;
alle Punkte von C_T sind Tiefpunkte eines Graphen K_t.

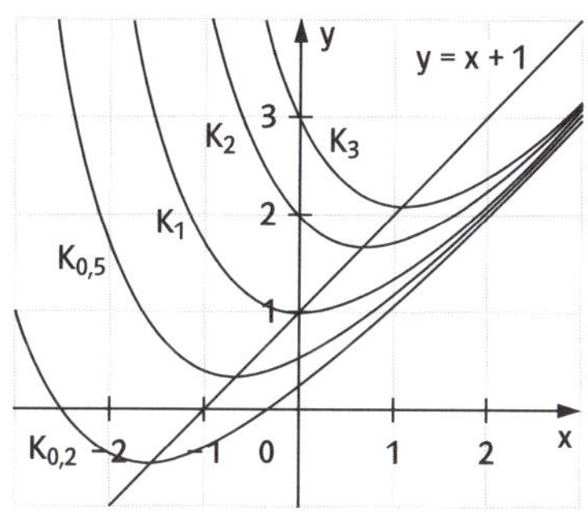

Aufgabe 4

a) Gemeinsame Punkte mit der x-Achse sind für beliebiges t nicht ermittelbar.
$Y_t(0\,|\,e^{2t}-3t)$; $T_t(2t\,|\,1-t)$;
K_t hat die Gerade mit der Gleichung $y = x - 3t$ als schiefe Asymptote für $x \to \infty$.

b) C_T: $y = -\frac{1}{2}x + 1$;
alle Punkte von C_T sind Tiefpunkte eines Graphen K_t.

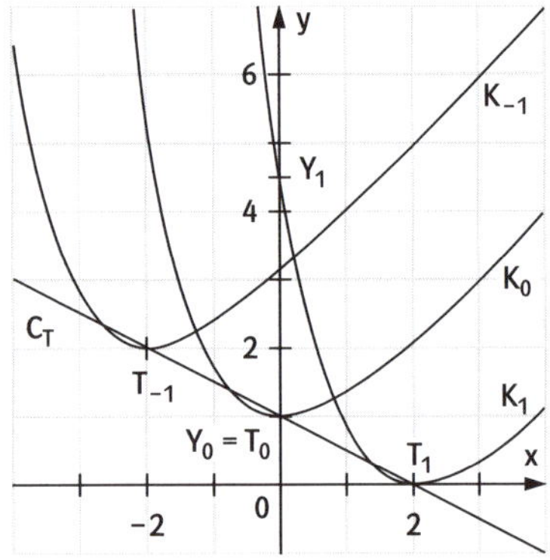

Bestimmung einer Funktion aus Bedingungen

Aufgabe 1

a) $f(x) = ax^4 + bx^2 + c$; $f'(x) = 4ax^3 + 2bx$

$f(0) = 0$: $c = 0$

$f(2) = 9$: $16a + 4b + c = 9$

$f'(2) = 0$: $32a + 4b = 0$

Hieraus folgt $a = -\frac{9}{16}$; $b = \frac{9}{2}$; $c = 0$.

$f(x) = -\frac{9}{16}x^4 + \frac{9}{2}x^2$

Diese Funktion bzw. der zugehörige Graph K erfüllen die Bedingungen.

b) $f(x) = ax^3 + bx$; $f'(x) = 3ax^2 + b$

$f(\sqrt{3}) = \sqrt{3}$: $3a\sqrt{3} + b\sqrt{3} = \sqrt{3}$; $3a + b = 1$

$f'(\sqrt{3}) = 0$: $3a \cdot 3 + b = 0$; $9a + b = 0$

Hieraus folgt $a = -\frac{1}{6}$; $b = \frac{3}{2}$.

$f(x) = -\frac{1}{6}x^3 + \frac{3}{2}x$

Diese Funktion bzw. der zugehörige Graph K erfüllen die Bedingungen.

c) $f(x) = ax^3 + bx^2 + cx + d$; $f'(x) = 3ax^2 + 2bx + c$

$f(0) = 0$: $d = 0$

$f(3) = 0$: $27a + 9b + 3c + d = 0$

$f(6) = 0$: $216a + 36b + 6c + d = 0$

$f'(0) = 3$: $c = 3$

Hieraus folgt $a = \frac{1}{6}$; $b = -\frac{3}{2}$; $c = 3$; $d = 0$.

$f(x) = \frac{1}{6}x^3 - \frac{3}{2}x^2 + 3x$

Diese Funktion bzw. der zugehörige Graph K erfüllen die Bedingungen.

Aufgabe 2

$f(x) = \frac{ax^2}{bx+2}$; $f'(x) = \frac{2ax(bx+2) - ax^2 \cdot b}{(bx+2)^2} = \frac{abx^2 + 4ax}{(bx+2)^2}$

$f(-3) = -3$: $\frac{9a}{-3b+2} = -3$; $3a - 3b + 2 = 0$

$f'(-3) = 0$: $\frac{9ab - 12a}{(-3b+2)^2} = 0$; $3b - 4 = 0$

Hieraus folgt $b = \frac{4}{3}$; $a = \frac{2}{3}$.

$f(x) = \frac{\frac{2}{3}x^2}{\frac{4}{3}x + 2} = \frac{2x^2}{4x+6}$

Diese Funktion bzw. der Graph von K erfüllen die Bedingungen.

Aufgabe 3

Ansatz: $f(x) = a \cdot e^{bx}$

$f(0) = 3$: $a \cdot e^0 = 3$

$f(2) = 3 \cdot e^{0,5}$: $a \cdot e^{2b} = 3 \cdot e^{0,5}$

Hieraus folgt $a = 3$; $b = \frac{1}{4}$.

$f(x) = 3 \cdot e^{\frac{1}{4}x}$

Bestimmung von Stammfunktionen

Aufgabe 1

a) $F(x) = \frac{1}{4}x^4$
b) $F(x) = \frac{1}{4}x^8 + 2x$
c) $F(x) = -\frac{1}{2}x^{-2}$
d) $F(x) = -\frac{1}{6}x^{-6}$
e) $F(x) = -\frac{1}{3} \cdot \frac{1}{x^3} - x$
f) $F(x) = -\frac{1}{5} \cdot \frac{1}{x^5}$
g) $F(x) = -2x^{-2}$
h) $F(x) = \frac{2}{x^6}$
i) $F(x) = 2 \cdot \ln(x) + 4x$
j) $F(x) = \frac{1}{3}x^6 - \frac{3}{5}x^5 + x^3 - x$
k) $F(x) = \frac{1}{8}x^4 - \frac{2}{9}x^3 - \frac{3}{8}x^2$
l) $F(x) = \ln(x) + \frac{1}{2}x^4 + 5x$

Aufgabe 2

a) $F(x) = 4e^x$
b) $F(x) = -5e^x + 2x$
c) $F(x) = -\frac{1}{4}\cos(x)$
d) $F(x) = 2\sin(x)$
e) $F(x) = \frac{1}{4}x^2 + 3e^x$
f) $F(x) = 2e^x + \frac{1}{2}\cos(x)$

Aufgabe 3

a) $F(x) = \frac{1}{4}(2x-3)^4 \cdot \frac{1}{2} = \frac{1}{8}(2x-3)^4$
b) $F(x) = \frac{2}{3} \cdot \frac{1}{6}(3-4x)^6 \cdot \left(-\frac{1}{4}\right) = -\frac{1}{36}(3-4x)^6$
c) $F(x) = 6e^{3-\frac{4}{5}x} \cdot \left(-\frac{5}{4}\right) = -\frac{15}{2}e^{3-\frac{4}{5}x}$
d) $F(x) = -\frac{1}{2}\cos(2x+1)$
e) $F(x) = -\sin(1-\pi x)$
f) $F(x) = \frac{1}{2}\ln(2x-1)$

Aufgabe 4

a) $F(x) = -\frac{1}{12}(2-4x)^4 + c$; $F(1) = 0$; $-\frac{1}{12}(-2)^4 + c = 0$; $c = \frac{4}{3}$;

$F(x) = -\frac{1}{12}(2-4x)^4 + \frac{4}{3}$

b) $F(x) = 4 \cdot e^{3x} \cdot \frac{1}{3} - 2 \cdot e^{-2x} \cdot \left(-\frac{1}{2}\right) + c = \frac{4}{3}e^{3x} + e^{-2x} + c$;

$F(0) = 2$; $\frac{4}{3}e^0 + e^0 + c = 2$; $c = -\frac{1}{3}$

$F(x) = \frac{4}{3}e^{3x} + e^{-2x} - \frac{1}{3}$

c) $F(x) = 3 \cdot \ln(x-2) + c$; $F(5) = 1$; $3 \cdot \ln(3) + c = 1$; $c = 1 - 3 \cdot \ln(3)$

$F(x) = 3 \cdot \ln(x-2) + 1 - 3 \cdot \ln(3)$

Nachweis einer Stammfunktion durch Ableiten

Aufgabe 1

a) $F'(x) = -1 \cdot (-1) \cdot (1 + e^x)^{-2} \cdot e^x = \frac{e^x}{(1+e^x)^2} = f(x)$

b) $F'(x) = 1 \cdot e^{\frac{1}{2}x} + (x - 6) \cdot e^{\frac{1}{2}x} \cdot \frac{1}{2} = e^{\frac{1}{2}x}\left(1 + \frac{1}{2}x - 3\right) = e^{\frac{1}{2}x}\left(\frac{1}{2}x - 2\right) = f(x)$

c) $F'(x) = -1 \cdot e^{2-x} + (-x - 1) \cdot e^{2-x} \cdot (-1) = e^{2-x}(-1 + x + 1) = x \cdot e^{2-x} = f(x)$

d) $F'(x) = -1 \cdot e^{-x} + (-x - 2) \cdot e^{-x} \cdot (-1) = e^{-x}(-1 + x + 2) = e^{-x} \cdot (x + 1) = f(x)$

Aufgabe 2

a) $F'(x) = -1 \cdot \cos(x) + (-x) \cdot (-\sin(x)) + \cos(x) = x \cdot \sin(x) = f(x)$

b) $F'(x) = \frac{1}{2} \cdot 2\sin(x) \cdot \cos(x) = \sin(x) \cdot \cos(x) = f(x)$

c) $F'(x) = \frac{1}{2}\left[1 - \left(\cos(x) \cdot \cos(x) + \sin(x) \cdot (-\sin(x))\right)\right]$

$= \frac{1}{2}(1 - \cos^2(x) + \sin^2(x)) = \frac{1}{2}(1 - (1 - \sin^2(x)) + \sin^2(x))$

$= \frac{1}{2} \cdot 2\sin^2(x) = \sin^2(x) = f(x)$

Aufgabe 3

a) $F'(x) = x \cdot \left(\ln(x) - \frac{1}{2}\right) + \frac{1}{2}x^2 \cdot \frac{1}{x} = x\ln(x) - \frac{1}{2}x + \frac{1}{2}x = x\ln(x) = f(x)$

b) $F'(x) = \frac{1}{2} \cdot \frac{x+4}{x+2} \cdot \frac{x + 4 - (x+2)}{(x+4)^2} = \frac{1}{2} \cdot \frac{2}{(x+2) \cdot (x+4)} = \frac{1}{(x+2) \cdot (x+4)} = f(x)$

c) $F'(x) = \frac{1}{9} \cdot 3x^2(5 - 3 \cdot \ln(x^2)) + \frac{1}{9}x^3 \cdot \left(-3 \cdot \frac{1 \cdot 2x}{x^2}\right)$

$= \frac{1}{3}x^2(5 - 3 \cdot \ln(x^2)) - \frac{2}{3}x^2 = x^2 - x^2 \cdot \ln(x^2) = f(x)$

Ermittlung eines Bestandes aus einer Änderungsrate

Aufgabe 1

$f(3) = 5 + \int_1^3 2 \cdot e^{-0,2x}\,dx = 5 + 2\int_1^3 e^{-0,2x}\,dx = 5 + 2 \cdot \left[-5 \cdot e^{-0,2x}\right]_1^3$

$= 5 + 2\left(-5 \cdot e^{-0,6} + 5 \cdot e^{-0,2}\right) = 5 - 10 \cdot e^{-0,6} + 10 \cdot e^{-0,2} \approx 7{,}70$

Aufgabe 2

$$s(8) = \int_0^8 \left(-\frac{1}{4}t^3 + 3t^2\right)dt = \left[-\frac{1}{16}t^4 + t^3\right]_0^8 = \left(-\frac{1}{16}\cdot 8^4 + 8^3\right) - 0 = 256$$

Der nach 8 Sekunden zurückgelegte Weg beträgt 256 Meter.

Aufgabe 3

$$B(5) = 500 + \int_0^5 (100 - 10\cdot e^{-0,35t})\,dt = 500 + \left[100t + \frac{1000}{35}\cdot e^{-0,35t}\right]_0^5$$

$$= 500 + 100\cdot 5 + \frac{1000}{35}\cdot e^{-0,35\cdot 5} - \frac{1000}{35} \approx 976,4$$

Die Population ist in den ersten 5 Jahren auf rund 976 Individuen angewachsen.

Aufgabe 4

Momentane Durchflussgeschwindigkeit:

$d(t) = a\cdot t^2;\quad 20 = a\cdot 2^2;\quad a = \frac{20}{4} = 5;\quad d(t) = 5t^2;$

$$B(2) = 80 + \int_0^2 5t^2\,dt = 80 + \left[\frac{5}{3}t^3\right]_0^2 = 80 + \frac{5}{3}\cdot 2^3 = \frac{280}{3} \approx 93,3$$

Nach 2 Minuten sind rund 93 Liter Flüssigkeit in dem Behälter.

Aufgabe 5

a) Graph: Siehe Fig.

b) $B(t) = 10 + \int_0^t \frac{2}{(1+x)^2}\,dx$

$= 10 + \left[\frac{-2}{1+x}\right]_0^t$

$= 10 + \frac{-2}{1+t} + 2 = 12 - \frac{2}{1+t}$

Graph: Siehe Fig.

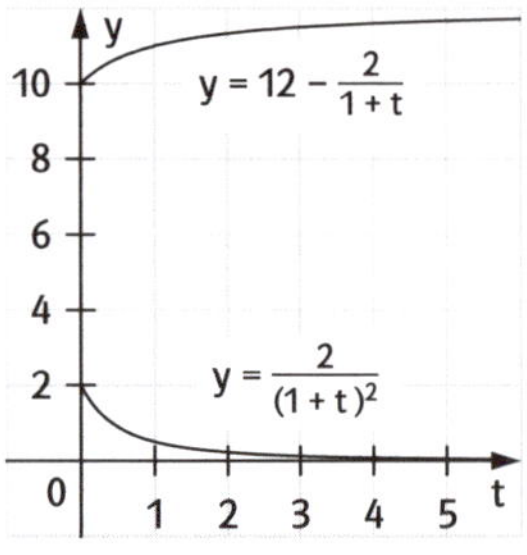

c) Während die Wachstumsgeschwindigkeit monoton fällt, ist der Bestand monoton wachsend.

Flächenberechnungen bei abgeschlossenen Flächen

Aufgabe 1

a) Nullstellen: $x_1 = 1$; $x_2 = 5$; Stammfunktion: $F(x) = 4x - \frac{1}{3}(x-3)^3$;

Flächenberechnung:

$$A = -\int_0^1 (4-(x-3)^2)\,dx + \int_1^5 (4-(x-3)^2)\,dx$$

$$= -\left[4x - \frac{1}{3}(x-3)^3\right]_0^1 + \left[4x - \frac{1}{3}(x-3)^3\right]_1^5$$

$$= -\left(\left(4+\frac{8}{3}\right) - (0+9)\right) + \left(20 - \frac{8}{3}\right) - \left(4 + \frac{8}{3}\right)$$

$$= 13$$

b) Nullstellen: $1 - e^{2-x} = 0$; $x_1 = 2$; Stammfunktion: $F(x) = x + e^{2-x}$;

Flächenberechnung:

$$A = -\int_1^2 (1-e^{2-x})\,dx + \int_2^3 (1-e^{2-x})\,dx$$

$$= -\left[x + e^{2-x}\right]_1^2 + \left[x + e^{2-x}\right]_2^3$$

$$= -((2+e^0) - (1+e^1)) + (3+e^{-1}) - (2+e^0)$$

$$= -2 + e + \frac{1}{e} \approx 1{,}09$$

c) Nullstellen: $\sin\left(x - \frac{\pi}{4}\right) = 0$; $x_1 = \frac{\pi}{4}$; Stammfunktion: $F(x) = -3\cos\left(x - \frac{\pi}{4}\right)$;

Flächenberechnung:

$$A = -\int_{-\frac{\pi}{2}}^{\frac{\pi}{4}} 3\cdot\sin\left(x - \frac{\pi}{4}\right)dx + \int_{\frac{\pi}{4}}^{\pi} 3\cdot\sin\left(x - \frac{\pi}{4}\right)dx$$

$$= -\left[-3\cos\left(x - \frac{\pi}{4}\right)\right]_{-\frac{\pi}{2}}^{\frac{\pi}{4}} + \left[-3\cos\left(x - \frac{\pi}{4}\right)\right]_{\frac{\pi}{4}}^{\pi}$$

$$= -\left(-3 + 3\cdot\left(-\frac{1}{2}\sqrt{2}\right)\right) + \left(-3\cdot\left(-\frac{1}{2}\sqrt{2}\right) + 3\right) = 6 + 3\sqrt{2} \approx 10{,}24$$

d) Nullstellen: $\frac{1}{16}x^3 - x^2 + 3x = 0$; $x(x^2 - 16x + 48) = 0$; $x_1 = 0$; $x_2 = 4$; $x_3 = 12$

Stammfunktion: $F(x) = \frac{1}{64}x^4 - \frac{1}{3}x^3 + \frac{3}{2}x^2$

Flächenberechnung:

$$A = \int_1^4 \left(\frac{1}{16}x^3 - x^2 + 3x\right)dx - \int_4^7 \left(\frac{1}{16}x^3 - x^2 + 3x\right)dx$$

$$= \left[\frac{1}{64}x^4 - \frac{1}{3}x^3 + \frac{3}{2}x^2\right]_1^4 - \left[\frac{1}{64}x^4 - \frac{1}{3}x^3 + \frac{3}{2}x^2\right]_4^7$$

$$= \left(4 - \frac{64}{3} + 24\right) - \left(\frac{1}{64} - \frac{1}{3} + \frac{3}{2}\right) - \left[\left(\frac{2401}{64} - \frac{343}{3} + \frac{147}{2}\right) - \left(4 - \frac{64}{3} + 24\right)\right] = \frac{495}{32}$$

e) Nullstellen: $x + \frac{8}{x^2} = 0$; $x^3 = -8$; $x_1 = -2$;

Stammfunktion: $F(x) = \frac{1}{2}x^2 - \frac{8}{x}$

Flächenberechnung:

$$A = -\int_{-3}^{-2} \left(x + \frac{8}{x^2}\right)dx + \int_{-2}^{-1} \left(x + \frac{8}{x^2}\right)dx = -\left[\frac{1}{2}x^2 - \frac{8}{x}\right]_{-3}^{-2} + \left[\frac{1}{2}x^2 - \frac{8}{x}\right]_{-2}^{-1}$$

$$= -\left((2 + 4) - \left(\frac{9}{2} + \frac{8}{3}\right)\right) + \left(\frac{1}{2} + 8\right) - (2 + 4) = \frac{11}{3}$$

Aufgabe 2

a) Schnittpunkte: $\frac{12}{x^2} = 4 - \frac{1}{4}x^2$; $x^4 - 16x^2 + 48 = 0$; $x^2 = z$;

$z^2 - 16z + 48 = 0$; $z_1 = \frac{16 + 8}{2} = 12$; $z_2 = \frac{16 - 8}{2} = 4$;

$x^2 = 12$; $x_{1/2} = \pm\sqrt{12} = \pm 2\sqrt{3}$; $x^2 = 4$; $x_{3/4} = \pm 2$

Für $x > 0$ sind 2 und $2\sqrt{3}$ die Schnittstellen.

Flächenberechnung:

$$A = \int_2^{2\sqrt{3}} \left(4 - \frac{1}{4}x^2 - \frac{12}{x^2}\right)dx = \left[4x - \frac{1}{12}x^3 + \frac{12}{x}\right]_2^{2\sqrt{3}}$$

$$= \left(4 \cdot 2\sqrt{3} - \frac{1}{12} \cdot 12 \cdot 2\sqrt{3} + \frac{6}{\sqrt{3}}\right) - \left(8 - \frac{2}{3} + 6\right)$$

$$= 6\sqrt{3} + \frac{6}{\sqrt{3}} + \frac{2}{3} - 14 = 6\sqrt{3} + \frac{6}{\sqrt{3}} - \frac{40}{3} \approx 0{,}52$$

b) Gleichung der Tangente in $B(2|3)$: $y = -x + 5$

$$A = \int_0^2 \left(-x + 5 - 4 + \frac{1}{4}x^2\right)dx = \int_0^2 \left(-x + 1 + \frac{1}{4}x^2\right)dx = \left[-\frac{1}{2}x^2 + x + \frac{1}{12}x^3\right]_0^2$$

$$= \left(-2 + 2 + \frac{2}{3}\right) - (0) = \frac{2}{3}$$

Aufgabe 3

a) Graph: Siehe Fig.

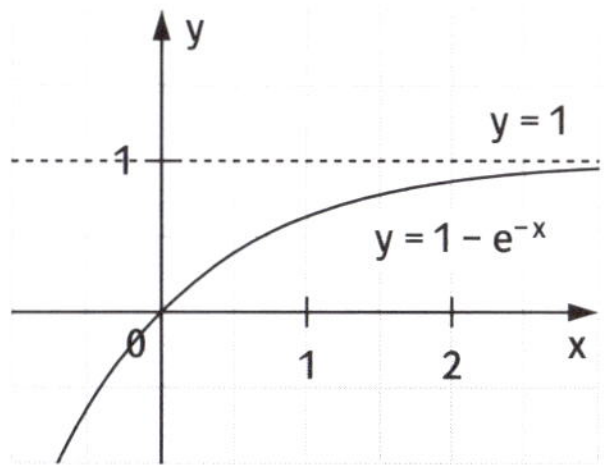

b) $A = \int_0^{\ln(2)} (1 - 1 + e^{-x})\,dx = \int_0^{\ln(2)} e^{-x}\,dx$

$= \left[-e^{-x}\right]_0^{\ln(2)} = -e^{-\ln(2)} + e^0$

$= -\left(e^{\ln(2)}\right)^{-1} + 1 = -2^{-1} + 1$

$= 1 - \frac{1}{2} = \frac{1}{2}$

Flächenberechnungen bei offenen Flächen

Aufgabe 1

$A(z) = \int_0^z e^{-0{,}25x+1}\,dx = \left[-4 \cdot e^{-0{,}25x+1}\right]_0^z = -4 \cdot e^{-0{,}25z+1} + 4 \cdot e$

$A(10) = -4 \cdot e^{-0{,}25 \cdot 10+1} + 4e = -4 \cdot e^{-1{,}5} + 4e \approx 9{,}98$

$\lim_{z \to +\infty} A(z) = \lim_{z \to +\infty} \left(4e - 4e^{-0{,}25z+1}\right) = 4e$

Aufgabe 2

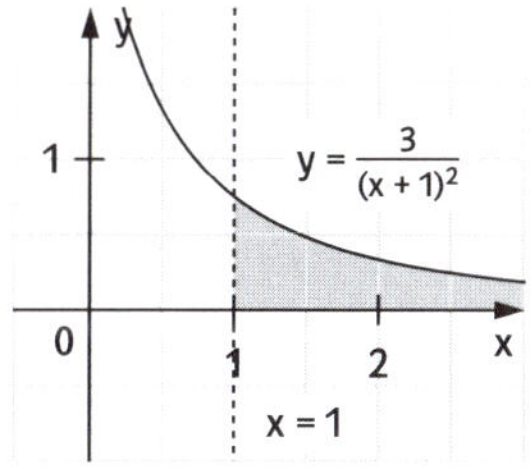

$A(z) = \int_1^z \frac{3}{(x+1)^2}\,dx = \left[\frac{-3}{x+1}\right]_1^z = \frac{-3}{z+1} + \frac{3}{2}$

$\lim_{z \to +\infty} A(z) = \lim_{z \to +\infty} \left(\frac{3}{2} - \frac{3}{z+1}\right) = \frac{3}{2}$

Aufgabe 3

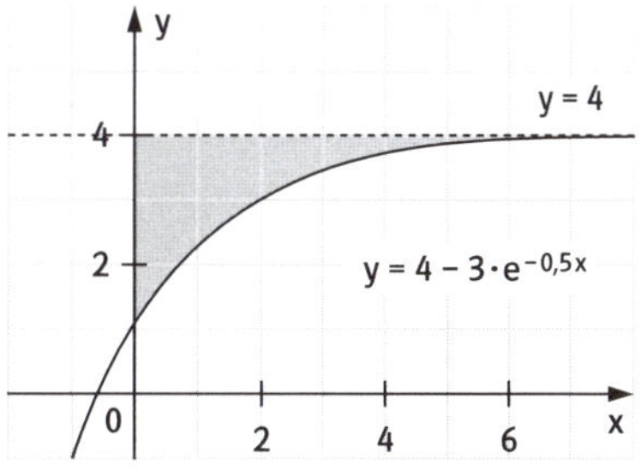

$A(z) = \int_0^z (4 - (4 - 3 \cdot e^{-0{,}5x}))\,dx$

$= \int_0^z 3 \cdot e^{-0{,}5x}\,dx$

$= \left[-6 \cdot e^{-0{,}5x}\right]_0^z = -6 \cdot e^{-0{,}5z} + 6$

$\lim_{z \to +\infty} A(z) = 6$

Aufgabe 4

$$A(z) = \int_z^0 (2 - (e^{2x} - 3 \cdot e^x + 2))\,dx = \int_z^0 (-e^{2x} + 3 \cdot e^x)\,dx$$

$$= \left[-\frac{1}{2}e^{2x} + 3e^x\right]_z^0 = -\frac{1}{2} + 3 + \frac{1}{2}e^{2z} - 3e^z$$

$$= 2{,}5 + \frac{1}{2}e^{2z} - 3e^z$$

$$\lim_{z \to -\infty} A(z) = 2{,}5$$

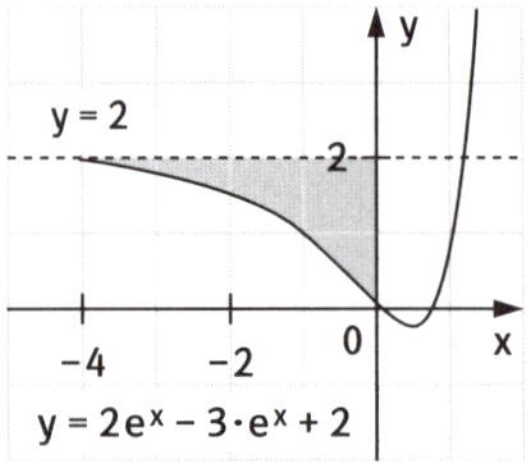

Aufgabe 5

$$A(z) = \int_1^z \frac{1}{\sqrt{x}}\,dx = \int_1^z x^{-\frac{1}{2}}\,dx = \left[2 \cdot x^{\frac{1}{2}}\right]_1^z$$

$$= \left[2\sqrt{x}\right]_1^z = 2\sqrt{z} - 2$$

Für $z \to +\infty$ strebt $A(z) \to +\infty$.

Die Fläche hat also keinen endlichen Inhalt.

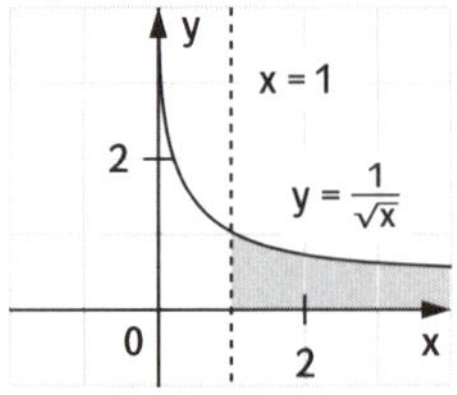

Mittelwert einer Funktion

Aufgabe 1

a) $$\overline{m} = \frac{1}{8-0} \int_0^8 \frac{1}{4}x(8-x)\,dx$$

$$= \frac{1}{8}\int_0^8 \left(2x - \frac{1}{4}x^2\right)dx$$

$$= \frac{1}{8}\left[x^2 - \frac{1}{12}x^3\right]_0^8$$

$$= \frac{1}{8}\left(64 - \frac{512}{12}\right) = \frac{8}{3}$$

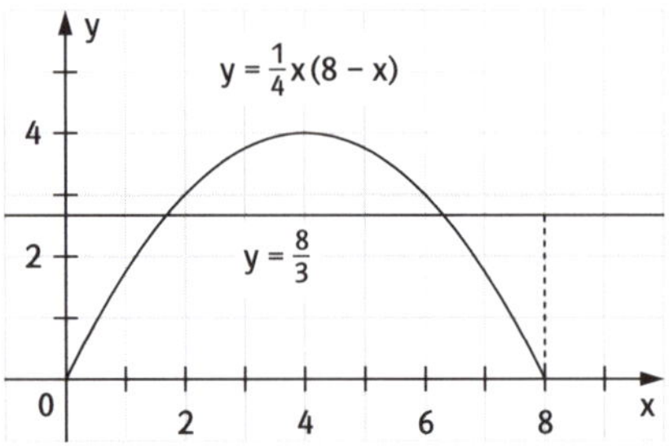

b) $$\overline{m} = \frac{1}{1{,}5-0}\int_0^{1{,}5} (x^3 - x^2 + 1)\,dx$$

$$= \frac{2}{3} \cdot \left[\frac{1}{4}x^4 - \frac{1}{3}x^3 + x\right]_0^{1{,}5}$$

$$= \frac{2}{3} \cdot \left(\frac{1}{4} \cdot 1{,}5^4 - \frac{1}{3} \cdot 1{,}5^3 + 1{,}5\right)$$

$$= \frac{35}{32}$$

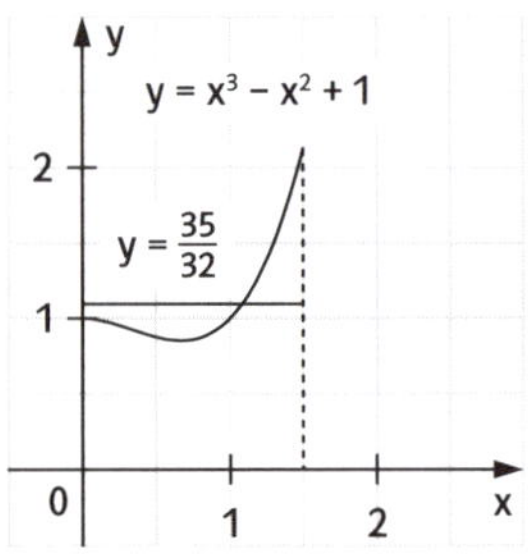

c) $\overline{m} = \frac{1}{\pi}\int_0^{\pi} \sin(x)\,dx$

$= \frac{1}{\pi}\left[-\cos(x)\right]_0^{\pi}$

$= \frac{1}{\pi}(1 + 1)$

$= \frac{2}{\pi} \approx 0{,}64$

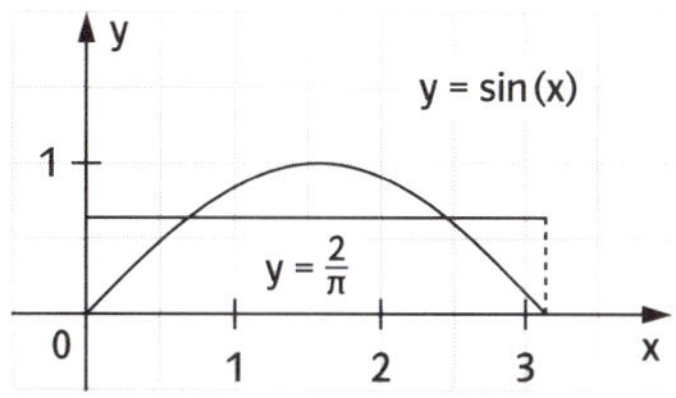

d) $\overline{m} = \frac{1}{5}\int_0^{5} \frac{80}{(x+4)^2}\,dx = \frac{1}{5}\left[\frac{-80}{x+4}\right]_0^5$

$= \frac{1}{5}\left(-\frac{80}{9} + \frac{80}{4}\right) = \frac{20}{9}$

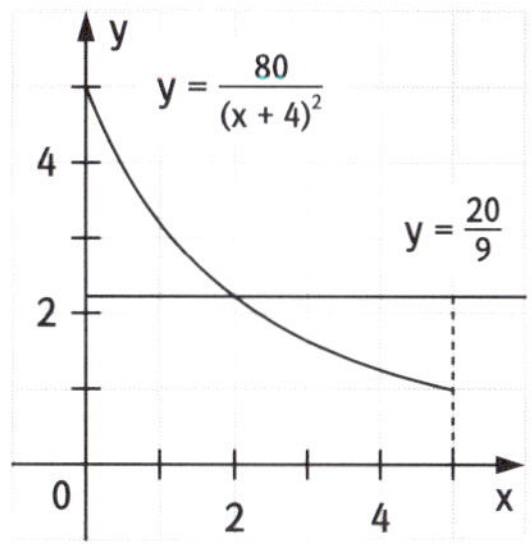

Aufgabe 2

$\overline{m} = \frac{1}{6}\int_0^{6} (4t^3 - 40t^2 + 100t + 50)\,dt$

$= \frac{1}{6}\left[t^4 - \frac{40}{3}t^3 + 50t^2 + 50t\right]_0^6$

$= \frac{1}{6}\left(6^4 - \frac{40}{3}\cdot 6^3 + 50\cdot 6^2 + 50\cdot 6\right)$

$= 86$

In den ersten 6 Stunden fließen durchschnittlich 86 m^3 Wasser pro Stunde in den See.

Aufgabe 3

$\overline{m} = \frac{1}{10}\int_0^{10} (20 - 15\cdot e^{-0,1t})\,dt = \frac{1}{10}\left[20t + 150\cdot e^{-0,1t}\right]_0^{10}$

$= \frac{1}{10}(20\cdot 10 + 150\cdot e^{-0,1\cdot 10} - 150)$

$= 5 + 15\cdot e^{-0,1} \approx 10{,}52$

Aufgabe 4

a) $F'(t) = -40\left(e^{-0,25\cdot t} + (t+4)\cdot e^{-0,25\cdot t}\cdot(-0,25)\right)$

$= -40\cdot e^{-0,25\cdot t}\left(1 - \frac{1}{4}t - 1\right) = 10t\cdot e^{-0,25\cdot t} = f(t)$

b) $\overline{m} = \frac{1}{15}\int_0^{15} 10t\cdot e^{-0,25\cdot t}dt = \frac{1}{15}\left[-40\cdot e^{-0,25\cdot t}(t+4)\right]_0^{15}$

$= \frac{1}{15}(-40\cdot e^{-3,75}\cdot 19 + 40\cdot 1\cdot 4)$

$= -\frac{152}{3}\cdot e^{-3,75} + \frac{32}{3} \approx 9,48$

Rotationsvolumen

Aufgabe 1

a) $V = \pi\int_0^4\left(\frac{1}{4}x^2 + 2\right)^2dx = \pi\int_0^4\left(\frac{1}{16}x^4 + x^2 + 4\right)dx$

$= \pi\left[\frac{1}{80}x^5 + \frac{1}{3}x^3 + 4x\right]_0^4$

$= \pi\left(\frac{1}{80}\cdot 4^5 + \frac{1}{3}\cdot 4^3 + 4\cdot 4\right)$

$= \frac{752}{15}\pi \approx 157,50$

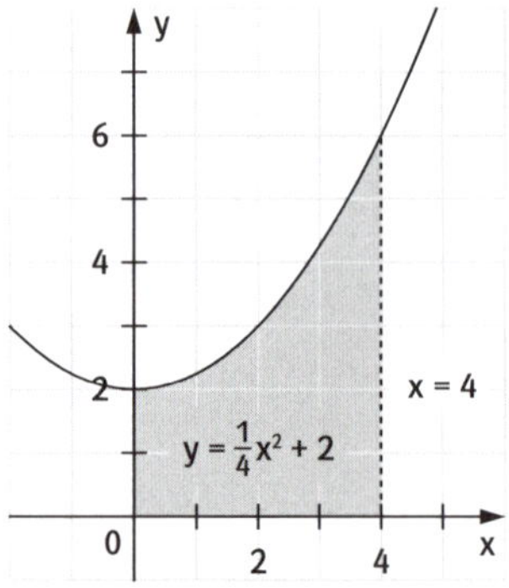

b) $V = \pi\int_1^5(2\sqrt{x-1})^2dx = \pi\int_1^5 4(x-1)\,dx$

$= \pi\int_1^5(4x-4)\,dx = \pi\left[2x^2 - 4x\right]_1^5$

$= \pi(50 - 20 - 2 + 4)$

$= 32\pi \approx 100,53$

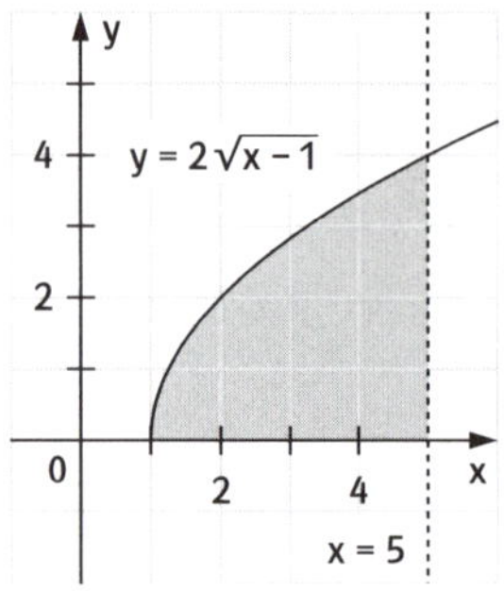

c) $V = \pi \int_0^4 (2 \cdot e^{0,25x})^2 dx = \pi \int_0^4 4 \cdot e^{0,5x} dx$

$= 4\pi [2 \cdot e^{0,5x}]_0^4 = 4\pi (2e^2 - 2)$

$= 8\pi (e^2 - 1) \approx 160,57$

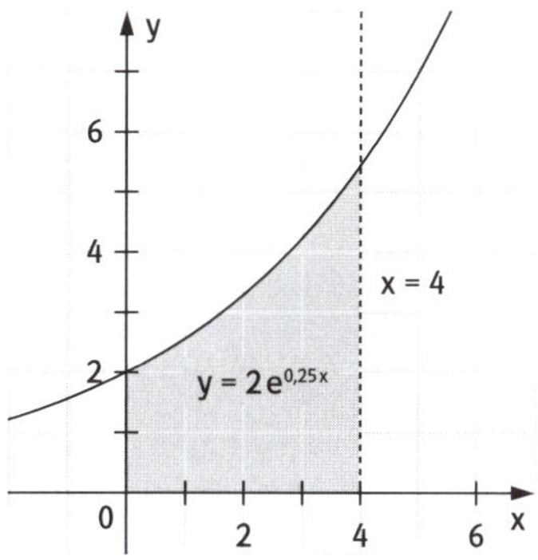

d) $V = \pi \int_0^{\pi} (3 \cdot \sqrt{\sin(x)})^2 dx = \pi \int_0^{\pi} 9 \cdot \sin(x) dx$

$= 9\pi [-\cos(x)]_0^{\pi} = 9\pi (1 + 1) = 18\pi \approx 56,55$

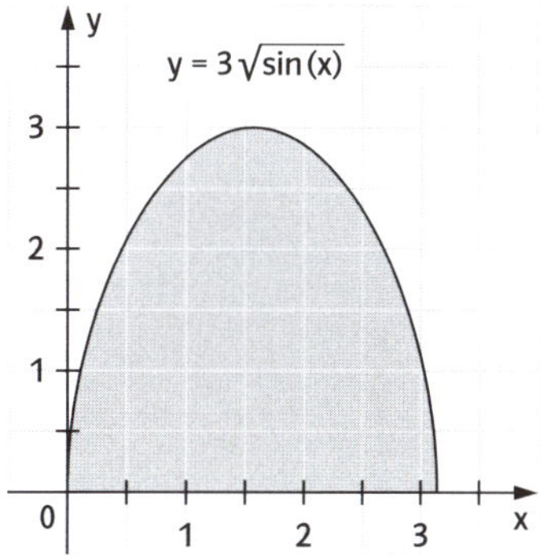

Aufgabe 2

a) Nullstellen: $x_1 = -2$; $x_2 = +2$

$V = \pi \int_{-2}^{2} (4 - x^2)^2 dx = \pi \int_{-2}^{2} (16 - 8x^2 + x^4) dx$

$= \pi \left[16x - \frac{8}{3}x^3 + \frac{1}{5}x^5\right]_{-2}^{2}$

$= \pi \left(\frac{256}{15} + \frac{256}{15}\right) = \frac{512}{15}\pi \approx 107,23$

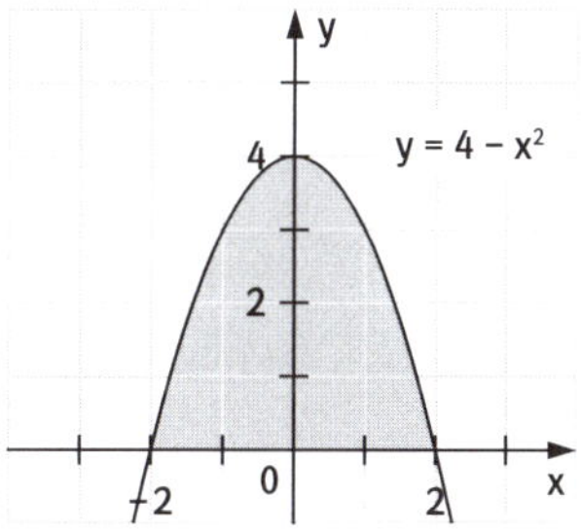

b) Nullstellen: $x_1 = 0$; $x_2 = 4$

$V = \pi \int_0^4 \left(x^2 - \frac{1}{4}x^3\right)^2 dx = \pi \int_0^4 \left(x^4 - \frac{1}{2}x^5 + \frac{1}{16}x^6\right) dx$

$= \pi \left[\frac{1}{5}x^5 - \frac{1}{12}x^6 + \frac{1}{112}x^7\right]_0^4$

$= \pi \left(\frac{1024}{105} - 0\right) = \frac{1024}{105}\pi \approx 30,64$

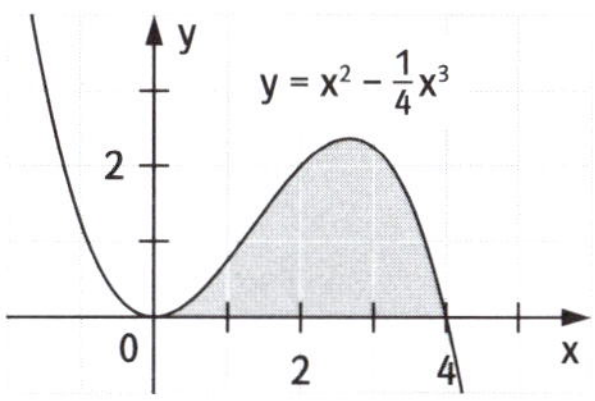

c) Nullstellen: $x_1 = 0$; $x_2 = 9$

$$V = \pi \int_0^9 \left(\frac{1}{4}x\sqrt{9-x}\right)^2 dx$$

$$= \pi \int_0^9 \frac{1}{16}x^2(9-x)\,dx = \pi \int_0^9 \left(\frac{9}{16}x^2 - \frac{1}{16}x^3\right) dx$$

$$= \pi \left[\frac{3}{16}x^3 - \frac{1}{64}x^4\right]_0^9$$

$$= \frac{2187}{64}\pi \approx 107{,}35$$

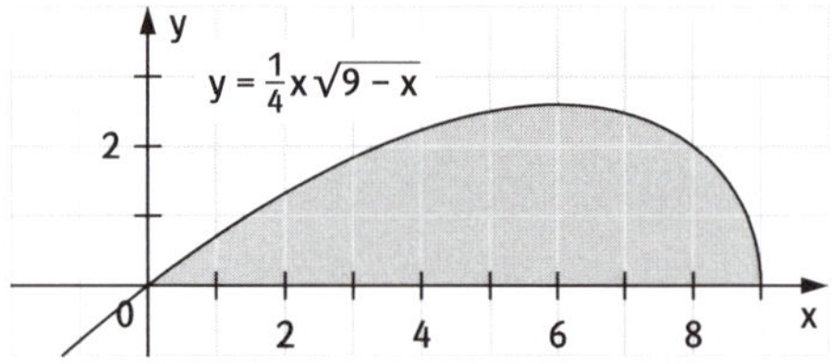

Aufgabe 3

a) $V = \pi \int_0^2 (4\sqrt{x+1})^2 dx - \pi \int_0^2 (x^2+1)^2 dx$

$$= \pi \int_0^2 16(x+1)\,dx - \pi \int_0^2 (x^4 + 2x^2 + 1)\,dx$$

$$= \pi\left[8x^2 + 16x\right]_0^2 - \pi\left[\frac{1}{5}x^5 + \frac{2}{3}x^3 + x\right]_0^2$$

$$= \pi \cdot 64 - \pi \cdot \frac{206}{15}$$

$$= \frac{754}{15}\pi \approx 157{,}92$$

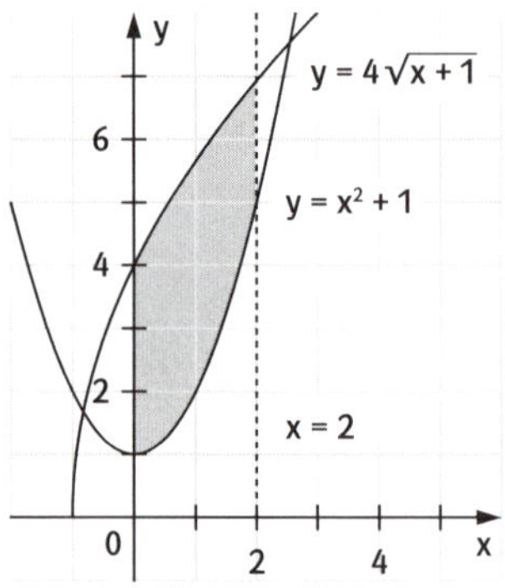

b) $V = \pi \int_0^5 (5 + e^{-0{,}5x})^2 dx - \pi \int_0^5 (4 - e^{-x})^2 dx$

$$= \pi \int_0^5 (25 + 10 \cdot e^{-0{,}5x} + e^{-x})\,dx - \pi \int_0^5 (16 - 8 \cdot e^{-x} + e^{-2x})\,dx$$

$$= \pi\left[25x - 20 \cdot e^{-0{,}5x} - e^{-x}\right]_0^5 - \pi\left[16x + 8 \cdot e^{-x} - \frac{1}{2} \cdot e^{-2x}\right]_0^5$$

$$= \pi\left(125 - 20 \cdot e^{-2{,}5} - e^{-5} + 20 + 1\right)$$

$$- \pi\left(80 + 8 \cdot e^{-5} - \frac{1}{2} \cdot e^{-10} - 8 + \frac{1}{2}\right)$$

$$= \pi\left(146 - 20 \cdot e^{-2{,}5} - e^{-5}\right) - \pi\left(72{,}5 + 8 \cdot e^{-5} - \frac{1}{2} \cdot e^{-10}\right)$$

$$= \pi\left(73{,}5 - 20 \cdot e^{-2{,}5} - 9 \cdot e^{-5} + \frac{1}{2} \cdot e^{-10}\right)$$

$$\approx 225{,}56$$

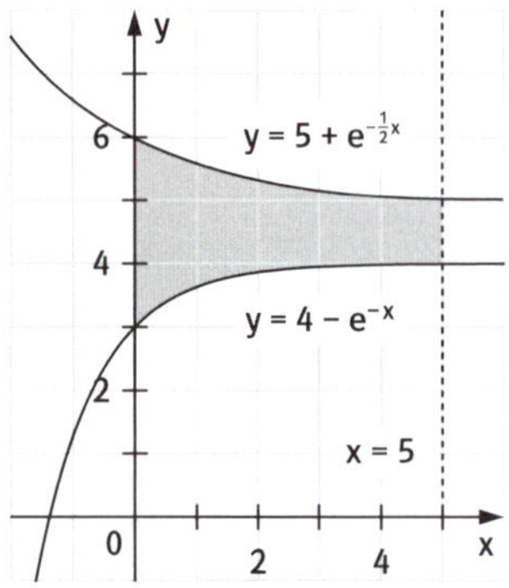

c) $V = \pi \int_1^4 \left(\frac{1}{10}x^2 + 5\right)^2 dx - \pi \int_1^4 (1 + e^{-x})^2 dx$

$= \pi \int_1^4 \left(\frac{1}{100}x^4 + x^2 + 25\right) dx - \pi \int_1^4 (1 + 2e^{-x} + e^{-2x}) dx$

$= \pi\left[\frac{1}{500}x^5 + \frac{1}{3}x^3 + 25x\right]_1^4 - \pi\left[x - 2e^{-x} - \frac{1}{2}e^{-2x}\right]_1^4$

$= \pi\left(\frac{1024}{500} + \frac{64}{3} + 100 - \frac{1}{500} - \frac{1}{3} - 25\right)$

$\quad - \pi\left(4 - 2e^{-4} - \frac{1}{2}e^{-8} - 1 + 2e^{-1} + \frac{1}{2}e^{-2}\right)$

$= \pi \cdot \frac{49\,023}{500} - \pi\left(3 + 2e^{-1} + \frac{1}{2}e^{-2} - 2e^{-4} - \frac{1}{2}e^{-8}\right)$

$= \pi\left(\frac{47\,523}{500} - 2e^{-1} - \frac{1}{2}e^{-2} + 2e^{-4} + \frac{1}{2}e^{-8}\right)$

$\approx 300{,}81$

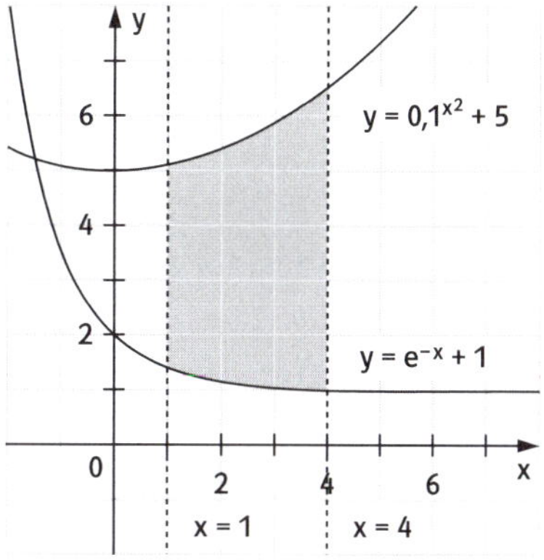

Integrationsverfahren

Aufgabe 1

a) $\int x(x-3)^4 dx = x \cdot \frac{1}{5}(x-3)^5 - \int \frac{1}{5}(x-3)^5 dx$

$= \frac{1}{5}x(x-3)^5 - \frac{1}{5} \cdot \frac{1}{6}(x-3)^6$

$= (x-3)^5 \cdot \left(\frac{1}{6}x + \frac{1}{10}\right)$

b) $\int -2x \cdot e^{-x} dx = 2x \cdot e^{-x} - \int 2 \cdot e^{-x} dx$

$= 2xe^{-x} + 2e^{-x} = e^{-x}(2x + 2)$

c) $\int x \cdot \sin(x) dx = -x \cdot \cos(x) + \int \cos(x) dx$

$= -x \cdot \cos(x) + \sin(x)$

d) $\int \frac{1}{x} \cdot \ln(x) dx = \ln(x) \cdot \ln(x) - \int \frac{1}{x} \cdot \ln(x) dx;$

$2\int \frac{1}{x} \cdot \ln(x) dx = \ln^2(x);$

$\int \frac{1}{x} \cdot \ln(x) dx = \frac{1}{2} \cdot \ln^2(x)$

Aufgabe 2

a) $\int 4x \cdot e^{1-x^2} dx = -2 \int e^z dz = -2e^z = -2e^{1-x^2}$

$1 - x^2 = z;\ z' = -2x$

b) $\int x^2 \cdot e^{x^3+1} dx = \frac{1}{3}\int e^z dz = \frac{1}{3}e^z = \frac{1}{3}e^{x^3+1}$

$x^3 + 1 = z;\ z' = 3x^2$

c) $\int \frac{x}{4x^2 - 3} dx = \frac{1}{8}\int \frac{8x}{4x^2 - 3} dx = \frac{1}{8}\ln(|4x^3 - 3|)$

Aufgabe 3

a) $\int x \cdot e^{2x} dx = \frac{1}{2}x \cdot e^{2x} - \frac{1}{2}\int e^{2x} dx = \frac{1}{2}x e^{2x} - \frac{1}{4} \cdot e^{2x} = e^{2x}\left(\frac{1}{2}x - \frac{1}{4}\right)$

$\int_0^1 x \cdot e^{2x} dx = \left[e^{2x}\left(\frac{1}{2}x - \frac{1}{4}\right)\right]_0^1 = e^2\left(\frac{1}{2} - \frac{1}{4}\right) + \frac{1}{4} = \frac{1}{4}e^2 + \frac{1}{4} \approx 2{,}097$

b) $\int 4x(3-2x)^6 dx = 4x \cdot \left(-\frac{1}{14}(3 - 2x)^7\right) + \frac{2}{7}\int (3 - 2x)^7 dx$

$= -\frac{2}{7}x(3 - 2x)^7 - \frac{1}{56}(3 - 2x)^8$

$= (3 - 2x)^7 \cdot \left(-\frac{2}{7}x - \frac{1}{56}(3 - 2x)\right)$

$= (3 - 2x)^7 \cdot \left(-\frac{2}{7}x - \frac{3}{56} + \frac{1}{28}x\right)$

$= (3 - 2x)^7 \cdot \left(-\frac{1}{4}x - \frac{3}{56}\right)$

$\int_{-1}^1 4x(3-2x)^6 dx = \left[(3 - 2x)^7 \cdot \left(-\frac{1}{4}x - \frac{3}{56}\right)\right]_{-1}^1 = \left(-\frac{1}{4} - \frac{3}{56}\right) - \left(5^7 \cdot \left(\frac{1}{4} - \frac{3}{56}\right)\right)$

$= -\frac{17}{56} - 5^7 \cdot \frac{11}{56} \approx -15\,346{,}29$

c) $\int \frac{6x}{(4 + 3x^2)^2} dx = \int \frac{1}{z^2} dz = -\frac{1}{z} = -\frac{1}{4 + 3x^2}$

$4 + 3x^2 = z;\ z' = 6x$

$\int_{-1}^1 \frac{6x}{(4 + 3x^2)^2} dx = \left[-\frac{1}{4 + 3x^2}\right]_{-1}^1 = -\frac{1}{7} + \frac{1}{7} = 0$

d) $\int \frac{e^{-x}}{2 + 3e^{-x}} dx = -\frac{1}{3}\int \frac{1}{z} dz = -\frac{1}{3}\ln(z) = -\frac{1}{3}\ln(2 + 3e^{-x})$

$2 + 3e^{-x} = z;\ z' = -3e^{-x}$

$\int_{-1}^2 \frac{e^{-x}}{2 + 3e^{-x}} dx = \left[-\frac{1}{3}\ln(2 + 3e^{-x})\right]_{-1}^2 = -\frac{1}{3}\ln(2 + 3e^{-2}) + \frac{1}{3}\ln(2 + 3e) \approx 0{,}48$

e) $\int \frac{x}{x^2+4}dx = \frac{1}{2}\int \frac{2x}{x^2+4}dx = \frac{1}{2}\ln(|x^2+4|)$

$$\int_1^2 \frac{x}{x^2+4}dx = \left[\frac{1}{2}\ln(|x^2+4|)\right]_1^2 = \frac{1}{2}\ln(8) - \frac{1}{2}\ln(5) \approx 0{,}235$$

f) $\int x \cdot \ln(x^2)\,dx = \frac{1}{2}\int \ln(z)\,dz = \frac{1}{2}(z \cdot \ln(z) - z) = \frac{1}{2}x^2 \cdot \ln(x^2) - \frac{1}{2}x^2$

$x^2 = z;\ \ z' = 2x$

$$\int_{-1}^{-\frac{1}{e}} x \cdot \ln(x^2)\,dx = \left[\frac{1}{2}x^2 \cdot \ln(x^2) - \frac{1}{2}x^2\right]_{-1}^{-\frac{1}{e}}$$

$$= \frac{1}{2} \cdot \frac{1}{e^2} \cdot \ln\left(\frac{1}{e^2}\right) - \frac{1}{2} \cdot \frac{1}{e^2} - \frac{1}{2}\ln(1) + \frac{1}{2}$$

$$= \frac{1}{2e^2} \cdot \ln\left(\frac{1}{e^2}\right) - \frac{1}{2e^2} + \frac{1}{2}$$

$$= \frac{1}{2e^2} \cdot (\ln(1) - 2 \cdot \ln(e)) - \frac{1}{2e^2} + \frac{1}{2}$$

$$= -\frac{1}{e^2} - \frac{1}{2e^2} + \frac{1}{2} = \frac{1}{2} - \frac{3}{2e^2} \approx 0{,}297$$

Modellieren mit ganzrationalen Funktionen

Aufgabe 1

a) Ansatz: $y = ax^2 + b$; Punkte: A(0|10); B(8|5)

Punktproben: $10 = a \cdot 0^2 + b$; $b = 10$; $5 = a \cdot 8^2 + 10$; $a = -\frac{5}{64}$

$y = -\frac{5}{64}x^2 + 10$

b) $V = 2\pi \int_0^8 \left(-\frac{5}{64}x^2 + 10\right)^2 dx = 2\pi \int_0^8 \left(100 - \frac{25}{16}x^2 + \frac{25}{4096}x^4\right) dx$

$= 2\pi \left[100x - \frac{25}{16} \cdot \frac{1}{3}x^3 + \frac{25}{4096} \cdot \frac{1}{5}x^5\right]_0^8$

$= 2\pi \left(800 - \frac{25}{16} \cdot \frac{512}{3} + \frac{5}{4096} \cdot 32768\right)$

$= 2\pi \left(800 - 25 \cdot \frac{32}{3} + 5 \cdot 8\right)$

$= 2\pi \left(840 - \frac{800}{3}\right) = \frac{3440}{3}\pi \approx 3602{,}4$

Das Volumen der Vase beträgt rund $3600\,\text{cm}^3$.

Aufgabe 2

a) Ansatz: $f(x) = ax^4 + bx^2 + c$; $f'(x) = 4ax^3 + 2bx$

Bedingungen:

$f(0) = 0{,}8$:	$c = 0{,}8$
$f'(0) = 0$:	$0 = 0$
$f'(1{,}4) = 0$:	$0 = 4a \cdot 1{,}4^3 + 2b \cdot 1{,}4$
$f(1{,}4) = 0$:	$0 = a \cdot 1{,}4^4 + b \cdot 1{,}4^2 + 0{,}8$

Hieraus folgt $a = \frac{500}{2401}$ und $b = -\frac{40}{49}$; also

$f(x) = \frac{500}{2401}x^4 - \frac{40}{49}x^2 + 0{,}8.$

b) $A = 2\int_0^{1{,}4} \left(\frac{500}{2401}x^4 - \frac{40}{49}x^2 + 0{,}8\right) dx$

$= 2\left[\frac{100}{2401}x^5 - \frac{40}{49} \cdot \frac{1}{3}x^3 + 0{,}8x\right]_0^{1{,}4} \approx 1{,}19$

Man benötigt rund $1{,}2\,\text{m}^2$ Glas.

Aufgabe 3

a) Ansatz: $f(t) = at^2 + bt + c$

Mit den drei Punkten A(0 | 4,9), B(2 | 3,5) und C(4 | 0,1) ergibt sich:

$4{,}9 = c$

$3{,}5 = 4a + 2b + c$

$0{,}1 = 16a + 4b + c$

Aus $4a + 2b = -1{,}4$ und $16a + 4b = -4{,}8$ folgt $a = -0{,}25$; $b = -0{,}2$.

$f(t) = -0{,}25t^2 - 0{,}2t + 4{,}9$

b) $G = \int_0^4 (-0{,}25t^2 - 0{,}2t + 4{,}9)\,dt = \left[-\frac{1}{12}t^3 - \frac{1}{10}t^2 + 4{,}9t\right]_0^4$

$= -\frac{64}{12} - \frac{16}{10} + 19{,}6 = \frac{38}{3} \approx 12{,}7$

In 4 Stunden sind rund 12,7 Liter Wasser aus dem Tank geflossen.

Modellieren von Wachstums- und Zerfallsprozessen

Aufgabe 1

a) $f(t) = 5000 \cdot 1{,}05^t \approx 5000 \cdot e^{0{,}049 \cdot t}$

b) $f(5) = 5000 \cdot e^{0{,}049 \cdot 5} \approx 6388{,}11$

c) $f(t+1) - f(t) = 500$

Aus $5000 \cdot e^{0{,}049 \cdot (t+1)} - 5000 \cdot e^{0{,}049 \cdot t} = 500$ folgt $10 \cdot e^{0{,}049 \cdot t}(e^{0{,}049} - 1) = 1$ und hieraus

$e^{0{,}049 \cdot t} = \frac{1}{10 \cdot (e^{0{,}049} - 1)}$ bzw. $t = \frac{1}{0{,}049} \cdot \ln\left(\frac{1}{10 \cdot (e^{0{,}049} - 1)}\right) \approx 14{,}06$.

Aufgabe 2

a) $\frac{173}{300} \approx 0{,}577$; $\frac{101}{173} \approx 0{,}584$; $\frac{58}{101} \approx 0{,}574$; $\frac{33}{58} \approx 0{,}569$

Wachstumsfaktor: $a \approx 0{,}576$

Zerfallskonstante: $k = \ln(a) \approx -0{,}552$

Zerfallsfunktion: $f(t) = 300 \cdot 0{,}576^t \approx 300 \cdot e^{-0{,}552 \cdot t}$

Mit ExpReg erhält man mit dem GTR: $f(t) = 301{,}06 \cdot 0{,}577^t$.

b) Beim Übergang von Tagen zu Stunden ist der Wachstumsfaktor $a^{\frac{1}{24}}$.

$f^*(t^*) = 300 \cdot \left(0{,}576^{\frac{1}{24}}\right)^{t^*} \approx 300 \cdot 0{,}977^{t^*}$ bzw.

$f^*(t^*) = 300 \cdot e^{\frac{1}{24} \cdot \ln(0{,}576) \cdot t^*} \approx 300 \cdot e^{-0{,}023 \cdot t^*}$.

Beim Übergang von Tagen zu Wochen ist der Wachstumsfaktor a^7.

$f^*(t^*) = 300 \cdot (0{,}576^7)^{t^*} \approx 300 \cdot 0{,}021^{t^*}$ bzw.

$f^*(t^*) = 300 \cdot e^{7 \cdot \ln(0{,}576) \cdot t^*} \approx 300 \cdot e^{-3{,}862 \cdot t^*}$.

Aufgabe 3

Es sei f(x) die Anzahl der Fische im Teich nach x Jahren.

a) Aus $500 = 200 \cdot e^{4k}$ folgt

$$k = \frac{1}{4} \cdot \ln\left(\frac{5}{2}\right) \approx 0{,}2291.$$

b) Für die Anzahl der Fische nach 3 Jahren gilt

$$f(3) = 200 \cdot e^{0{,}2291 \cdot 3} \approx 398,$$

d.h. nach 3 Jahren sind etwa 400 Fische im Teich.

c) Man erhält

$$f(x) = \begin{cases} 200 \cdot e^{0{,}2291\,x} & \text{für } x \leqq 4 \\ 500 \cdot e^{-0{,}15\,(x-4)} & \text{für } x > 4 \end{cases}$$

und den nebenstehenden Graphen.

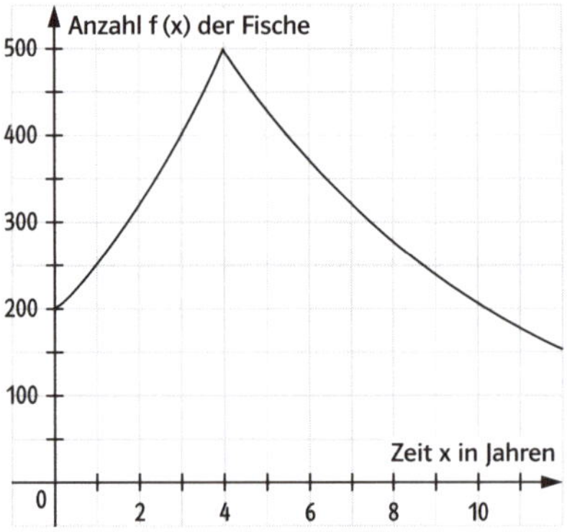

d) $f(x) = 200$ und $x > 4$ ergibt

$$200 = 500 \cdot e^{-0{,}15\,(x-4)}$$

und damit $x = 4 + \frac{-1}{0{,}15} \cdot \ln\left(\frac{2}{5}\right) \approx 10{,}1$;

d.h. nach etwa 10 Jahren ist der Fischbestand wieder auf den Anfangswert von 200 Fischen abgesunken.

Modellieren von beschränktem Wachstum und Zerfall

Aufgabe 1

a)

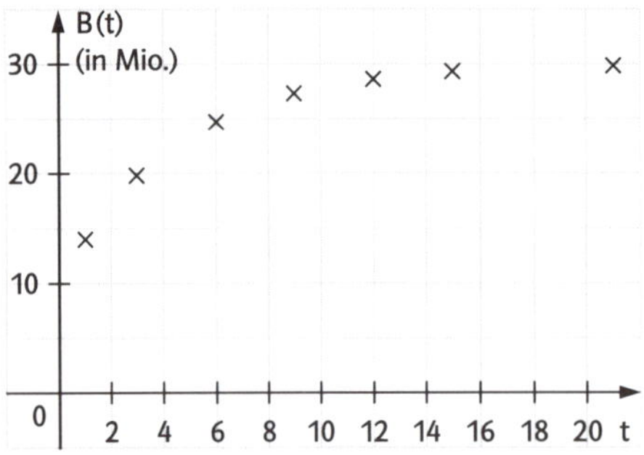

Sättigungsgrenze S = 30

b) $B(t) = 30 - c \cdot a^t$

Mit A(1 | 14) und B(12 | 28,6) ergibt sich:

$14 = 30 - c \cdot a$; $\quad c \cdot a = 16$,

$28{,}6 = 30 - c \cdot a^{12}$; $\quad c \cdot a^{12} = 1{,}4$.

Damit: $a^{11} = \frac{1{,}4}{16}$; $a \approx 0{,}801$; $c \approx 19{,}98$;

$B(t) = 30 - 19{,}98 \cdot 0{,}801^t$; $\quad B(t) = 30 - 19{,}98 \cdot e^{-0{,}222 \cdot t}$.

c) $B(6) \approx 24{,}72$; $B(15) \approx 29{,}28$

Die Übereinstimmung ist sehr gut.

d) 80 % der Sättigungsgrenze sind 24.

$30 - 19{,}98 \cdot e^{-0{,}222 \cdot t} = 24$; $19{,}98 \cdot e^{-0{,}222 \cdot t} = 6$;

$t = -\frac{1}{0{,}222} \cdot \ln\left(\frac{6}{19{,}98}\right) \approx 5{,}42$

e) $B'(t) = -19{,}98 \cdot e^{-0{,}222 \cdot t} \cdot (-0{,}222) \approx 4{,}436 \cdot e^{-0{,}222 \cdot t}$

$B'(3) = 4{,}436 \cdot e^{-0{,}222 \cdot 3} \approx 2{,}28$

Die Wachstumsgeschwindigkeit des Bestandes zum Zeitpunkt $t = 3$ beträgt rund 2,3 Mio. pro Stunde.

Aufgabe 2

Anfangsbestand: $B(0) = 2c - c = c$

$B(t_1) = 2c - c \cdot e^{-t_1}$; aus $2c - c \cdot e^{-t_1} = \frac{3}{2}c$ folgt

$t_1 = -\ln\left(\frac{1}{2}\right) = \ln(2) \approx 0{,}693$.

Aufgabe 3

a) $h(t) = S - c \cdot a^t$

$h(0) = 120$: $S - c = 120$

$h(1) = 138$: $S - c \cdot a = 138$

$h(2) = 153$: $S - c \cdot a^2 = 153$

Mit $S = 120 + c$ ergibt sich

$120 + c - c \cdot a = 138$; $c(1 - a) = 18$;

$120 + c - c \cdot a^2 = 153$; $c(1 - a^2) = 33$.

Aus $\frac{1 - a^2}{1 - a} = \frac{33}{18}$ folgt $1 + a = \frac{33}{18}$ bzw. $a = \frac{33}{18} - 1 = \frac{5}{6}$.

Damit $c = 18 \cdot 6 = 108$; $S = 120 + 108 = 228$;

$h(t) = 228 - 108 \cdot \left(\frac{5}{6}\right)^t \approx 228 - 108 \cdot e^{-0{,}182 \cdot t}$.

b) $\lim\limits_{t \to +\infty} h(t) = 228$

Die Pflanze wird rund 2,30 Meter hoch.

c) 90 % von 228 sind 205,2.

$228 - 108 \cdot e^{-0{,}182 \cdot t} = 205{,}2$; $108 \cdot e^{-0{,}182 \cdot t} = 22{,}8$;

$t = -\frac{1}{0{,}182} \cdot \ln\left(\frac{22{,}8}{108}\right) \approx 8{,}55$

d) $h'(t) = -108 \cdot e^{-0{,}182 \cdot t} \cdot (-0{,}182) \approx 19{,}656 \cdot e^{-0{,}182 \cdot t}$;

$h'(0) = 19{,}656$

Die Wachstumsgeschwindigkeit zum Zeitpunkt der Pflanzung beträgt rund 19,7 cm pro Monat.

Modellieren mit der allgemeinen Sinusfunktion

Aufgabe 1

$a = \frac{1}{2}(17{,}9 - 0{,}1) = 8{,}9;\ d = 0{,}1 + 8{,}9 = 9{,}0$

$b = \frac{2\pi}{12} = \frac{\pi}{6};\ c = 6{,}5 - \frac{1}{4} \cdot 12 = 3{,}5$

$f(x) = 8{,}9 \cdot \sin\left[\frac{\pi}{6}(x - 3{,}5)\right] + 9{,}0 \approx 8{,}9 \cdot \sin(0{,}52x - 1{,}83) + 9{,}0$

Mit SinReg erhält man: $y = 9{,}04 \cdot \sin(0{,}52x - 1{,}84) + 9{,}06$.

Aufgabe 2

$a = \frac{1}{2}(16{,}32 - 8{,}15) = 4{,}085;\ d = 8{,}15 + 4{,}085 = 12{,}235;$

$b = \frac{2\pi}{365} \approx 0{,}017;\ c = 182 - \frac{1}{4} \cdot 365 = 90{,}75$

$f(x) = 4{,}085 \cdot \sin[0{,}017(x - 90{,}75)] + 12{,}235$

$\approx 4{,}085 \cdot \sin(0{,}017x - 1{,}543) + 12{,}235$

Mit SinReg erhält man: $y = 4{,}09 \cdot \sin(0{,}02x - 1{,}31) + 12{,}14$.

Modellieren mit e-Funktionen

Aufgabe 1

a) Legt man das Koordinatensystem symmetrisch, sind folgende Punkte gegeben:

$A(-20\,|\,30);\ B(20\,|\,30);\ C(0\,|\,22)$.

Ansatz: $f(x) = \frac{a}{2}(e^{kx} + e^{-kx})$

Punktproben:

$f(0) = 22$: $\quad 22 = \frac{a}{2}(e^0 + e^0);\ a = 22$

$f(20) = 30$: $\quad 30 = 11(e^{20k} + e^{-20k})$

Aus der letzten Gleichung folgt $e^{20k} + e^{-20k} = \frac{30}{11}$.

Mit $e^{20k} = z$ folgt $z + \frac{1}{z} = \frac{30}{11}$ mit den Lösungen $z_1 = 2{,}29;\ z_2 = 0{,}437$. Damit:

$e^{20k} = 2{,}29;\ k \approx 0{,}041;$

$e^{20k} = 0{,}437;\ k \approx -0{,}041.$

$f(x) = 11(e^{0{,}041x} + e^{-0{,}041x})$

b) $f'(x) = 11\,(0{,}041 \cdot e^{0{,}041x} - 0{,}041 \cdot e^{-0{,}041x})$

$f'(20) = 11 \cdot (0{,}041 \cdot e^{0{,}82} - 0{,}041 \cdot e^{-0{,}82}) \approx 0{,}82$

Aus $\tan\alpha \approx 0{,}82$ folgt $\alpha \approx 39{,}5°$.

Das Seil bildet mit der Horizontalen in einem der Aufhängepunkte einen Winkel von rund 39,5°.

Aufgabe 2

a) Ansatz: $f(x) = ax^2 \cdot e^{-b \cdot x} + c$

Bedingungen:

$f(0) = 29$: $\quad 29 = c$

$f(50) = 38$: $\quad 38 = a \cdot 50^2 \cdot e^{-50b} + c;\quad 9 = 50^2 \cdot a \cdot e^{-50b}$

$f(100) = 31$: $\quad 31 = a \cdot 100^2 \cdot e^{-100b} + c;\quad 2 = 100^2 \cdot a \cdot e^{-100b}$

Durch Division ergibt sich:

$\frac{9}{2} = \frac{50^2}{100^2} \cdot e^{-50b-(-100b)};\ \frac{9}{2} = \frac{1}{4} \cdot e^{50b};\ b = \frac{1}{50} \cdot \ln(18) \approx 0{,}0578;$

$a = \frac{9}{50^2} \cdot e^{50b} = \frac{9}{50^2} \cdot 18 = \frac{162}{2500} \approx 0{,}0648$

$f(x) = 0{,}0648 \cdot x^2 \cdot e^{-0{,}0578 \cdot x} + 29$

b) $f(20) = 0{,}0648 \cdot 20^2 \cdot e^{-0{,}0578 \cdot 20} + 29 \approx 37{,}16$

Im Jahr 2020 muss man nach diesem Modell mit einer jährlichen CO_2-Emission von rund 37,2 Milliarden Tonnen rechnen.

c) $f'(x) = 0{,}0648 \cdot [2x \cdot e^{-0{,}0578 \cdot x} + x^2 \cdot e^{-0{,}0578 \cdot x} \cdot (-0{,}0578)]$

$= 0{,}0648 \cdot e^{-0{,}0578 \cdot x}\,(2x - 0{,}0578 \cdot x^2)$

Aus $2x - 0{,}0578x^2 = 0$ folgt $x_1 = 0;\ x_2 \approx 34{,}6$.

Ungefähr in der Mitte des Jahres 2034 ist die CO_2-Emission am größten.

Aufgabe 3

a) Graph: Siehe Fig.

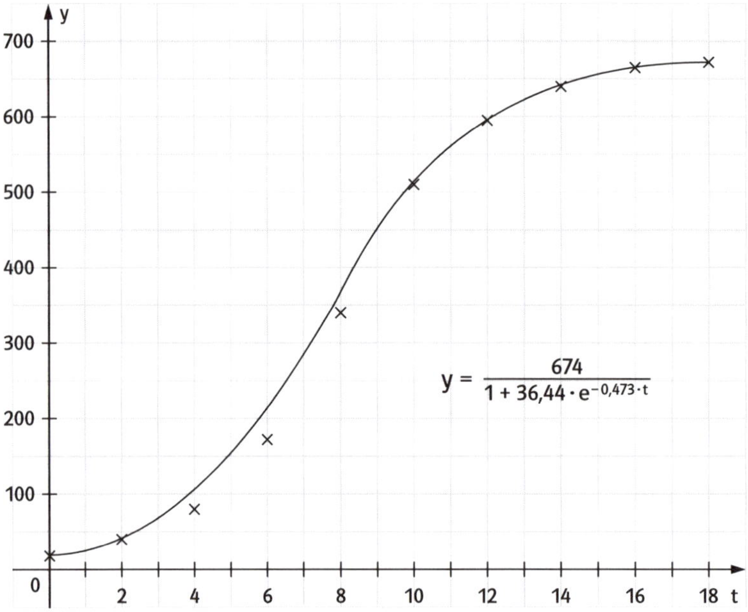

b) a = 674

Ansatz: $f(x) = \frac{674}{1 + b \cdot e^{-cx}}$

Punktproben mit A(0 | 18), B(10 | 510):

$18 = \frac{674}{1 + b}$; $510 = \frac{674}{1 + b \cdot e^{-10c}}$.

Hieraus folgt: $b = \frac{656}{18} \approx 36{,}44$;

$510 \approx \frac{674}{1 + 36{,}44 \cdot e^{-10c}}$; $c \approx 0{,}473$.

Damit: $f(x) = \frac{674}{1 + 36{,}44 \cdot e^{-0{,}473 \cdot x}}$

Graph: Siehe Fig.

c) $f(x) = \frac{a}{1 + b \cdot e^{-cx}} = a \cdot (1 + b \cdot e^{-cx})^{-1}$

$f'(x) = \frac{a \cdot (-1) \cdot b \cdot e^{-cx} \cdot (-c)}{(1 + b \cdot e^{-cx})^2} = \frac{abc \cdot e^{-cx}}{(1 + b \cdot e^{-cx})^2}$

$f''(x) = abc \frac{-c \cdot e^{-cx}}{(1 + b \cdot e^{-cx})^2} + \frac{2bc \cdot e^{-2cx}}{(1 + b \cdot e^{-cx})^3}$

Aus $-c \cdot e^{-cx} \cdot (1 + b \cdot e^{-cx}) + 2bc \cdot e^{-2cx} = 0$ folgt $e^{-cx}(2bc - bc) = c$ bzw. $e^{-cx} \cdot b = 1$.

Hieraus dann $x = \frac{1}{c} \cdot \ln(b)$.

Weiterhin ist $f\left(\frac{1}{c} \cdot \ln(b)\right) = \frac{a}{1 + b \cdot e^{-\ln(b)}} = \frac{a}{1 + b \cdot \frac{1}{b}} = \frac{a}{2}$.

d) $f'(t) = \frac{abc \cdot e^{-ct}}{(1 + b \cdot e^{-ct})^2}$

$= \frac{674 \cdot 36{,}44 \cdot 0{,}473 \cdot e^{-0{,}473 \cdot t}}{(1 + 36{,}44 \cdot e^{-0{,}473 \cdot t})^2}$

$\approx \frac{11\,617{,}14 \cdot e^{-0{,}473 \cdot t}}{(1 + 36{,}44 \cdot e^{-0{,}473 \cdot t})^2}$

$f'(8) = \frac{11\,617{,}14 \cdot e^{-0{,}473 \cdot 8}}{(1 + 36{,}44 \cdot e^{-0{,}473 \cdot 8})^2} \approx 79{,}0$

Die Wachstumsgeschwindigkeit der Hefekultur nach 8 Stunden beträgt ungefähr 79 mg pro Stunde.

e) Der Zeitpunkt ergibt sich aus dem x-Wert des Wendepunktes.

$t_1 = \frac{\ln(b)}{c} = \frac{\ln(36{,}44)}{0{,}473} \approx 7{,}6$

Ungefähr 7,6 Stunden nach Beginn des Versuchs wächst die Hefekultur am schnellsten.

Register

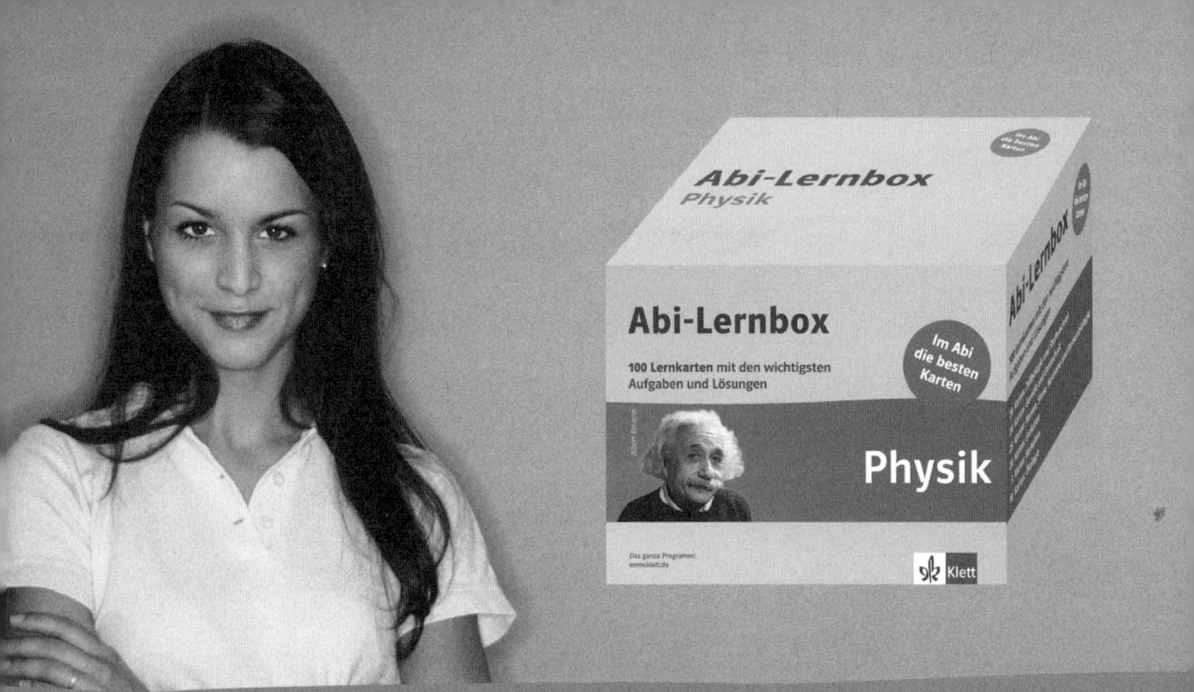

Die besten Karten im Abi

Die ersten Lernkarten fürs Abitur mit den 100 wichtigsten Aufgaben, die man im Abitur beherrschen muss. Die Karteikarten im A6-Format beinhalten Aufgaben, Lösungen und, auf der aufklappbaren Innenseite, ausführliches Wissen zum jeweiligen Thema.

AUFGABEN **21**

Physik | Magnetisches Feld | Halleffekt

Die folgende Abbildung zeigt einen Versuchsaufbau zum Halleffekt.

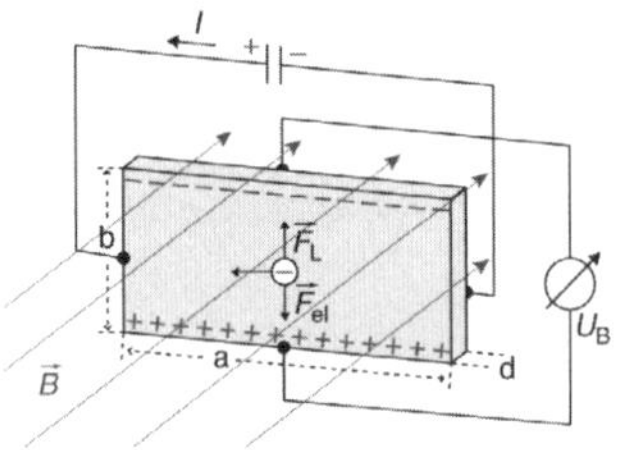

1. Was versteht man unter dem Halleffekt ?
2. Erläutern Sie das Zustandekommen der Hallspannung.
3. In der Formelsammlung findet man für die Hallspannung folgende Formel:

$$U_H = \frac{V}{N \cdot e} \cdot \frac{I \cdot B}{d} = R_H \cdot \frac{I \cdot B}{d}.$$

Leiten Sie diese Formel aus der Formel $U_H = v_D \cdot B \cdot b$ her.

?

Abi-Lernbox © Klett Lernen und Wissen, Stuttgart 2008 – 978-3-12-929970-8 Klett

Abi-Lernbox Physik
100 Lernkarten mit den wichtigsten Aufgaben und Lösungen
ISBN 978-3-12-929970-8 | 19,95 Euro

Im Buchhandel erhältlich. **Weitere Informationen unter www.klett.de/lernhilfen**